Christel Walter

Technik, Studium und Geschlecht

Geschlecht und Gesellschaft

Herausgegeben von

Ilse Lenz
Michiko Mae
Sigrid Metz-Göckel
Ursula Müller
Marlene Stein-Hilbers

Band 11

Christel Walter

Technik, Studium und Geschlecht

Was verändert sich im Technik- und Selbstkonzept der Geschlechter?

Leske + Budrich, Opladen 1998

Gedruckt auf säurefreiem und altersbeständigem Papier.

ISBN 978-3-8100-1907-3 ISBN 978-3-322-97396-2 (eBook)
DOI 10.1007/978-3-322-97396-2

Inhalt

Verzeichnis der Abbildungen und Tabellen

Einleitung

„Die existentielle Bedrohung der Schöpfung, der Menschheit, des blauen Planeten - wie immer wir es formulieren wollen - durch eine technikabhängige Zerstörung zwingt zum Umdenken. Und zwar Frauen und Männer. Frauen sind gefordert, hier den Ton anzugeben: Technikerinnen und Nicht-Technikerinnen brauchen gemeinsame Ziele, um die männliche Technikdomäne zu besetzen und menschendienlich umzubauen. Das Ansinnen, zum Aufbruch in die zivilisatorische Wende zu motivieren, zwingt alle zu einer radikalen Neuorientierung." (Janshen und Mitautorinnen, 1990, S.28)

Dieser Appell aus der „Denkschrift für eine andere technische Zivilisation" verdeutlicht mit einem solcher Textgattung eigenen Impetus, daß das Thema „Frauen und Technik" eine wichtige Rolle in der feministischen Wissenschaft spielen sollte, darüber hinaus alle an der humanen Gestaltung unserer Lebensverhältnisse Interessierte angeht. Wie bekannt ist, gibt es seit Ende der siebziger Jahre eine ganze Reihe bildungs- und arbeitsmarktpolitischer Maßnahmen, um das berufliche Spektrum für Frauen zu erweitern, um für sie naturwissenschaftlich-technische Bildungswege und Arbeitsgebiete zu öffnen, ihnen speziell auch die „neuen", zukunftsträchtigen Informations- und Kommunikationstechnologien zugänglich zu machen. Trotz derartiger Bemühungen sind aber Frauen in technisch-naturwissenschaftlichen Studiengängen und in qualifizierten technischen Berufen nach wie vor in der Minderheit; mehrheitlich stehen sie - als Hochschul- und als Berufsangehörige - im strengen Sinne des Wortes in Distanz zur Technik.

Zu der in der Denkschrift postulierten „radikalen Neuorientierung" scheint jedenfalls noch ein langer Weg zu sein, was selbstverständlich auch die Verfasserinnen konzedieren. Was kann eine feministisch inspirierte und orientierte Forschung beitragen, um die notwendigen frauen- und technikpolitischen Perspektiven weiterzuentwickeln, um praktisch wirksame Initiativen anzuregen, zu unterstützen und gegebenenfalls auch konstruktiv-kritisch zu begleiten? Nach meiner Überzeugung ist es eine zentrale Aufgabe feministischer Analysen und von feministischen Überlegungen angeregter empirischer Studien, in der gebotenen Differenziertheit eine Bestandsaufnahme der Folgen vorzunehmen, die sich aus der realen und/oder symbolischen Ausgrenzung von Frauen aus Naturwissenschaft und Technik für deren Selbstverständnis, für deren Technikhaltungen und für deren Umgang mit Technik ergeben. Mit der Betonung der „subjektiven“ Folgen ist keineswegs intendiert, gesellschaftstheoretische oder makrosoziologische Betrachtungsweisen zu negieren; beide Seiten - subjektive und objektive - sind kontingent, setzen sich gegenseitig voraus. Das ist zu bedenken, wenn man sich aus Gründen beschränkter Ressourcen nur mit einer dieser Seiten beschäftigt und trotzdem soziologische oder psychologische Überzeichnungen vermeiden möchte. Allerdings ist eine Technikpolitik, die auf Potentiale von Frauen setzt, in besonderem Maße gerade auf Studien angewiesen, die von der *Wirk*lichkeit und Subjektivität der Frauen ausgehen.

Mit meiner empirischen Untersuchung möchte ich zur Erweiterung des erfahrungswissenschaftlichen Fundaments der Frauenforschung beitragen. Ich gehe davon aus, daß auf diesem Gebiet Nachholbedarf besteht und auch gegenüber manchen grundsätzlichen Bedenken hervorgehoben, demonstriert werden sollte, daß empirische Fakten zwar nie theorielos existieren, aber mehr sind als eine mühselig gewonnene Kopie von dem, was man a priori weiß. Insbesondere historisch-gesellschaftstheoretisch angelegte Studien, die den geringen Anteil von Frauen in naturwissenschaftlich-technischen Studiengängen und Berufen zum Ausgangspunkt ihrer Analysen nehmen, kommen zu dem Resultat einer grundsätzlichen oder tradierten Diskriminierung von Frauen. Das Zurückverfolgen der Frauendiskriminierung auf der Zeitachse sollte aber nicht dazu verleiten, von der „sozialen Distanz“ der Frauen zur Technik auf eine subjektive Distanz zur Technik zu generalisieren. Das geschieht etwa als Unterstellung, Frauen hätten eine generell andere, distanzierte, negative Einstellung zur Technik; mit dieser Annahme wird wiederum - zirkulär - die „soziale Distanz“ von Frauen zur Technik zu erklären versucht. Den Frauen werden aufgrund ihrer geringen Präsenz in technischen Berufen und Studienfächern bestimmte Beweggründe und Haltungen zugeschrieben, ohne daß en detail und im sozialen Kontext untersucht wird, welche Merkmale die Haltungen von Frauen gegenüber Technik und technischen Arbeitsfeldern tatsächlich kennzeichnen. Bei der Beschäftigung mit dieser Thematik drängt sich hin und wieder der Eindruck einer tautologischen Argumentation auf, wenn das unbestreitbare empirische Faktum eines geringen Frauenanteils in naturwissenschaftlich-technischen Berufen und Studiengängen zum Ausgangspunkt und Endpunkt von Analysen wird. Vielleicht werden solche wenig produktiven Ableitungsversuche dadurch begünstigt, daß man neben den Gründen für die berufliche Diskriminierung der Frauen zugleich, mit ein und derselben Analyse, Vorschläge, Politiken zur Aufhebung der Diskriminierung liefern möchte, wenngleich die Erkenntnisansprüche die Aussagekraft und den außerwissenschaftlichen Wirkungsradius der Erkenntnisse übersteigen.

Ein Anliegen meiner empirischen Untersuchung von insgesamt 436 FachhochschulstudentInnen ist es zudem aufzuzeigen, daß quantifizierende Forschung nicht notwendigerweise zu instrumentalistischen Verkürzungen von Fragestellungen der Frauenforschung führen muß, sondern für sie durchaus neue, frauenpolitisch relevante Erkenntnisse beizusteuern vermag. Dem quantitativen Vorgehen, das auch in der sich entfaltenden Frauenforschung zunehmend anerkannt wird (vgl. z.B. Müller, 1994), liegt die Überzeugung zugrunde, daß Ergebnisse von Untersuchungen und deren Stellenwert für die Frauenforschung nicht an abstrakten methodologischen und methodischen Präskriptionen und Verboten gemessen, sondern aufgrund ihrer nachvollziehbaren Vorgehensweise und inhaltlichen Aussagekraft beurteilt und rezipiert werden sollten.

* * * * *

Ich komme nun zu den inhaltlichen Zielen und zu dem Aufbau meiner Studie. Als Ziel habe ich mir gesetzt, gestützt auf Annahmen und Ergebnissen der Frauenforschung, bei einer ausgewählten Stichprobe zu untersuchen, welche Haltungen zur Technik bei Frauen im Vergleich zu Männern bestehen, ob und wie sich die tradierte Ausgrenzung von Frauen aus der Naturwissenschaft und aus technischen Arbeitsfeldern „in" den Subjekten niederschlägt. Meine Ausgangshypothese ist, daß sich Frauen von Männern nicht generell durch technikdistante Haltungen unterscheiden, daß es vielmehr erforderlich ist, die Technikhaltungen nach verschiedenen Dimensionen zu differenzieren und die subjektiven Technikkonzepte genauer zu bestimmen, um ein möglichst angemessenes Bild des Verhältnisses „Frauen und Technik" und im Kontrast dazu von „Männern und Technik" zu erhalten. Für die Dimensionierung der Technikhaltungen werden in Anlehnung an Vorschläge der klassischen Einstellungsforschung eine kognitive, eine affektiv-evaluative und eine konative Ebene unterschieden sowie zusätzlich die Zentralität der Technik für die Person, von mir vor allem als Ich-Nähe von Technik erfaßt, berücksichtigt. Besonders eingehend soll darüber hinaus untersucht werden, bei welchen Aspekten der Technikkognitionen (des subjektiven Technikbegriffs und der Vorstellungen über technische Aufgaben und Probleme) die Geschlechter differieren. Weiterhin versuche ich in meiner Arbeit bei den befragten Studentinnen der Natur- und Ingenieurwissenschaften - wieder unter Bezugnahme auf die bisherigen Befunde der Frauenforschung - empirisch zu explorieren, wie „nicht-fachliche", habituelle, als maskulin geltende Anforderungen eines technischen Berufes bzw. Studiums mit prinzipiell inkompatiblen, traditionellen weiblichen Rollenmustern im Selbstkonzept ausbalanciert werden.

Die Lektüre des Buches möchte ich durch eine kurze Vorschau auf die einzelnen Kapitel erleichtern. In Kapitel I werden die zentralen Aussagen des feministischen Diskurses zum Verhältnis von Technik und Geschlecht nachgezeichnet. Das Kapitel ist in vier Abschnitte untergliedert und umreißt im ersten Abschnitt Ansätze feministischer Wissenschaftstheorie und Erkenntniskritik, die Korrekturen am „herrschenden" Bild von Naturwissenschaft und Technik vornehmen. Explizit wird hier vor allem auf die Arbeiten von Merchant (1987), Woesler de Panafieu (1987) und Scheich (1993) Bezug genommen. Im zweiten Abschnitt wird auf feministische Analysen zur Vergeschlechtlichung technischer Arbeitsfelder und deren Tradierung als „männliche" Domänen eingegangen und vor diesem Hintergrund die Diskriminierung von Frauen diskutiert. An Beispielen wie der Studie von Cockburn (1988) und den Überlegungen zum sogenannten Tokenismus werden Diskriminierungsmechanismen dargestellt, die Frauen den Zugang zu sowie die Arbeit in qualifizierten technischen Berufen erschweren können. Der dritte Abschnitt befaßt sich mit psychodynamischen Erklärungsversuchen für das im allgemeinen konstatierte unterschiedliche Verhalten von Frauen und Männern gegenüber der Naturwissenschaft und Technik. Ich beziehe mich in diesem Abschnitt im wesentlichen auf Thesen von Janshen (1986, 1989), Fox Keller (1986), Erdheim (1984) und Scheich (1993). Während in den ersten drei Abschnitten des Kapitels I Mechanismen der Ausgrenzung von Frauen aus Naturwissenschaft und Technik unter verschiedenen Blickwinkeln diskutiert werden, geht der vierte Abschnitt auf die Auseinandersetzung um die Konzeptualisierung des Zugangs von Frauen zur Technik ein. Ich konzentriere mich dabei auf das Konzept der „weiblichen Zugangsweise" (Schiersmann, 1987a,b) und auf das teilweise in Abgrenzung davon entstandene „Potentiale-Konzept" (Metz-Göckel, 1990a,b; Roloff & Metz-Göckel, 1995). Jeder der vier Abschnitte schließt mit Folgerungen, die sich aus den behandelten Ansätzen für meine eigene Untersuchung der Technikhaltungen von Frauen ergeben. Da es in meiner empirischen Studie um die *Differenzierung* von Technikhaltungen geht, möchte ich im „theoretischen" Teil der Arbeit die verschiedenen Herangehensweisen und Folgerungen innerhalb der Frauenforschung nicht einebnen, sondern unterschiedliche, zum Teil widersprüchliche Aussagen pointieren. Aus diesem Grunde habe ich es als notwendig erachtet, auch im weiteren Umkreis zu meinem Thema angesiedelte Ansätze zu rezipieren und die berücksichtigten Ansätze mit einer gewissen Ausführlichkeit darzulegen, mich nicht mit knappen, wenigzeiligen Verweisen auf die einschlägige Literatur zu begnügen. Dieses Vorgehen soll für die LeserInnen den Nachvollzug meiner Überlegungen vom theoretischen Ausgangspunkt über die Anlage der empirischen Untersuchung bis zur Intepretation der Ergebnisse erleichtern. Vor allem aber hat diese theorienbezogene Ausführlichkeit mir dann schließlich die Interpretation meiner relativ vielfältigen und komplexen Untersuchungsergebnisse erleichtert.

Kapitel II gibt einen Überblick über empirische Untersuchungen zum Verhältnis von Frauen und Männern zur Technik. Insgesamt wurden 32 Studien aus der Frauenforschung, der Umfrageforschung und der sozialwissenschaftlichen Technikforschung berücksichtigt, die Haltungen zur Technik, den Umgang mit Technik sowie das Verhältnis von Technik und Geschlecht zum Thema haben. Um die theoretisch und methodologisch unterschiedlichen Arbeiten ordnen und vergleichen zu können und zudem den Bezug zu meinem Frauenforschungsthema zu gewährleisten, habe ich mein eigenes methodologisches Untersuchungskonzept, das eine Differenzierung des Verhältnisses zur Technik nach vier Dimensionen vorsieht, in leicht modifizierter Form als Auswertungsraster an die einzelnen Untersuchungen angelegt. Damit wurden bewußt zugunsten des kategoriengeleiteten Vergleichs die Besonderheiten der einzelnen Studien zurückgestellt. Dieses Vorgehen erwies sich als praktikabel und erleichterte das Überschauen der zahlreichen Befunde. Die zentralen Ergebnisse der Auswertung werden in tabellarischer Form dargestellt. Die Tabelle enthält neben den wichtigsten Spezifika der einzelnen Studien (wie AutorIn, Thema, Population, Methoden, Technikbezug) sechs Kategorien, denen die Ergebnisse zugeordnet werden (z.B. kognitive Haltung zur Technik, affektiv-evaluative Haltung zur Technik, Persönlichkeitsbezug zu Technik, Geschlechtsrolle). Die Forschungsbefunde werden entlang dieser Ordnungskategorien interpretiert und ihr Ertrag für meine eigene empirische Studie diskutiert. Mit der Auswertung und Diskussion vorliegender empirischer Untersuchungen sollte in Ergänzung und weitgehend abstrahiert von dem in Kapitel I skizzierten theoretischen Diskurs ein Fazit aus dem möglichst repräsentativen Querschnitt empirischer Forschungsbefunde gezogen werden. Zusätzlich zu dieser auf den Fortgang meiner Studie gerichteten Intention habe ich mit der Übersicht über die Studien das Ziel verfolgt, unterschiedliche Forschungstraditionen, die sich mit dem Thema „Technik und Geschlecht“ empirisch auseinandersetzen, zusammenzubringen, einen Grundstein für eine systematische Sammlung der Studien und Ergebnisse zu legen, die sich ansonsten gegenseitig nur zum Teil zur Kenntnis nehmen. In diesem Sinne ist die vorgestellte Übersicht nicht Endpunkt, sondern Beginn von Dokumentations- und Systematisierungsbemühungen, die für Ergänzungen, Fort- und Weiterführungen offen sind.

Kapitel III konzentriert sich auf die Vorstellung meiner eigenen empirischen Untersuchung von FachhochschulstudentInnen. Das Kapitel ist in vier große Abschnitte untergliedert. In Abschnitt 1 wird die methodologische und methodische Anlage der Studie skizziert. Dieser Abschnitt beginnt mit einem kurzen Exkurs zum Verhältnis von „qualitativer“ und „quantitativer“ Forschungsstrategie in den Sozialwissenschaften. Im Kontext dieser Ausführungen wird meine eingangs formulierte Absicht, den Ertrag quantifizierender Methodik für die Frauenforschung auszuloten, präzisiert. Nach diesem Exkurs werden die eingesetzten Erhebungsverfahren vorgestellt sowie die Aufbereitung und Auswertung der Daten skizziert. Der verwendete Fragebogen für die schriftliche Befragung enthält drei Typen von Erhebungsmethoden und umfaßt sowohl standardisierte als auch nicht-standardisierte Verfahren. Mit dem aus der „etablierten“ Forschung übernommenen Semantischen Differential, mit offenen Fragen zum Technikverständnis und zur Berufsorientierung sowie mit einer Skala zur Erfassung der Ich-Nähe von „Technik“, „Weiblichkeit/Männlichkeit“ und von traditionell feminin und maskulin konnotierten Konzepten wurden die unterschiedenen Dimensionen der Technikhaltung erhoben. In meiner Untersuchung waren thematische Überschneidungen der Meßinstrumente unvermeidbar, aber auch erwünscht: Dieser Sachverhalt konnte zur „methodologischen Triangulation“ genutzt werden.

Die Anlage meiner Studie und die gewählten Verfahren machten eine quantitative Auswertungsstrategie erforderlich. Zur quantitativen Auswertung der Daten und zur Durchführung der angestrebten Gruppenvergleiche wurden, je nach Datenart und -qualität der berücksichtigten Variablen, bestimmte Verfahren der multivariaten Statistik eingesetzt. Die Konzentration auf eine quantitative Auswertung impliziert aber selbstverständlich nicht die Auffassung, daß durch dieses Vorgehen alle Informationen der umfangreichen Daten erschöpfend aufbereitet werden könnten. Allerdings habe ich auch im Rahmen meiner quantitativen Auswertung qualitative Elemente aufgenommen, das heißt, es wurden qualitative Auswertungsschritte eingebaut, um das breite Spektrum der Antworten der Studierenden in möglichst differenzierter Form weiterverarbeiten zu können. So wurde bei der Auswertung der offenen Fragen ein erweitertes inhaltsanalytisches Modell zugrundegelegt, das sich in einigen Varianten von den klassischen, prototypischen Modellen der Inhaltsanalyse abhebt. In meinem Vorgehen schloß sich mithin an die „qualitative“ Auswahl manifester wie latenter Untersuchungseinheiten eine quantitative Auswertungsphase an. Auf diese Weise versuchte ich, die Detailgenauigkeit und Sinnbezogenheit „qualitativer“, hermeneutischer Untersuchungsmethoden mit quantitativen Auswertungsverfahren zu verbinden. Im Vorgriff auf die Darstellung in Kapitel III sei darauf hingewiesen, daß dieser zweiphasige Auswertungsschritt einen beträchtlichen Teil des Zeitbudgets der Untersuchung in Anspruch genommen, dafür aber auch gut interpretierbare Ergebnisse ermöglicht hat.

Im letzten Teil des ersten Abschnitts werden der Ablauf der schriftlichen Befragung skizziert und die Charakteristika der Untersuchungsstichprobe beschrieben. Wie bereits erwähnt, wurden 436 Studierende aus verschiedenen Fachhochschulen und Fachrichtungen (Natur- und Ingenieurwissenschaften, Sozialarbeit/Sozialpädagogik, Verwaltungswissenschaften), zu etwa gleichen Anteilen Studentinnen und Studenten, befragt. Der größte Teil der Befragten kommt aus natur- und ingenieurwissenschaftlichen Studiengängen. Um neben der Kategorie „Geschlecht“ den Einfluß der „Fachkultur“ auf die Technikhaltungen feststellen zu können, wurden auch StudentInnen der Fächer Sozialarbeit/Sozialpädagogik und Verwaltung in die

Untersuchung einbezogen. Der Terminus „Fachkultur“ signalisiert, daß unterschiedliche Studienfächer nicht nur andere Studieninhalte implizieren, sondern auch eine (zum Teil vergeschlechtlichte) Strukturierung und Ritualisierung des Alltagslebens der betreffenden Fachangehörigen mit sich bringen. Eine detaillierte Erörterung und Untersuchung der Fachkulturen selbst wäre allerdings über den Rahmen meiner Arbeit hinausgegangen (vgl. hierzu Huber & Liebau, 1985; Engler, 1993). Den Zugang zur Untersuchungspopulation, die sich hinsichtlich der Nähe ihres Studienfachs zur Technik unterscheidet, verdanke ich meiner Lehrtätigkeit in verschiedenen Fachhochschulen und unterschiedlichen Fachbereichen.

In den Abschnitten 2 bis 4 werden jeweils die untersuchten Fragestellungen präsentiert, die dazugehörigen Hypothesen formuliert und die Ergebnisse der Befragung vorgestellt und diskutiert. Für die Präzisierung der Forschungsfragen, für die Formulierung von Hypothesen und für die Planung der Untersuchung waren neben feministischen Ansätzen und empirischen Analysen zum Thema „Frauen und Technik“ weitere sozialwissenschaftliche Konzepte hilfreich. Auf diese Konzepte wird jeweils in Verbindung mit den Fragestellungen exkursartig eingegangen. Die formulierten Hypothesen, die allerdings als explorative, nicht als Prüfhypothesen konzipiert sind, versuchen explizit, die empirische Studie mit den in Kapitel I und II diskutierten Analysen und Befunden der Frauenforschung zu verschränken. In jedem dieser drei Abschnitte wird der Versuch unternommen, möglichst in sich geschlossen jeweils eine Fragestellung zu entwickeln, die hierzu gewonnenen Daten zu präsentieren und sie unter Bezugnahme auf theoretische Ansätze und/oder andere Forschungsbefunde zu diskutieren.

Abschnitt 2 konzentriert sich auf die Frage nach der Bedeutung der Kategorie „Geschlecht“, wenn man die Haltung zur Technik mehrdimensional untersucht. Zur systematischen Herleitung und Bestimmung der unterschiedenen vier Dimensionen der Technikhaltung bot die Einstellungsforschung Anregungen. Wie sich die Technikhaltungen der Studentinnen und Studenten in mehrdimensionaler Perspektive darstellen und welcher Einfluß der Kategorie „Geschlecht“, welcher der Fachzugehörigkeit der Studierenden in diesem Zusammenhang zukommt, wird entlang der untersuchten Dimensionen, der affektiv-evaluativen Dimension, der kognitiven Dimension, der konativen Dimension sowie der „Nähe“ und dem „persönlichen Bezug“ zur Technik aufgezeigt und diskutiert. Der Abschnitt schließt mit einer zusammenfassenden Interpretation der Ergebnisse. Es wird in diesem Zusammenhang wie auch später bei den beiden folgenden Fragestellungen insbesondere erörtert, welche (konkurrierenden) Annahmen der Frauenforschung zum Verhältnis „Frauen und Technik“ durch meine Ergebnisse bestätigt, gestützt oder auch relativiert werden.

Bei der zweiten Fragestellung, die in Abschnitt 3 behandelt wird, geht es um die subjektiven Technikkonzepte der befragten Studierenden und somit auch darum festzustellen, ob es überhaupt dasselbe ist, wenn Frauen und Männer über Technik sprechen. Es sollten die geschlechtsspezifischen Ausgestaltungen des Technikkonzepts in Erfahrung gebracht, denotative wie konnotative Bedeutungsvarianten und -nuancen von Technik erfaßt und die Vorstellungen über die Entwicklung und Steuerung von Technik und technischen Abläufen ermittelt werden. Im Rahmen dieser Fragestellung wurde u.a. auf das *locus of control*-Konzept eingegangen, das Anregungen für die Untersuchung von Kontrollwahrnehmungen in bezug auf Technik beisteuerte. Die Antworten der Studierenden werden entsprechend der erfragten und angesprochenen Themen geordnet und präsentiert. Der erste Teil des Abschnitts gibt Auskunft über die „weiblichen" und „männlichen" Ausprägungen des subjektiven Technikbegriffs. Im zweiten Teil wird über Technikassoziationen der Studierenden berichtet und diskutiert, inwieweit die Studentinnen und Studenten das klassische Stereotyp von Technik reproduzieren und ob sie auf der assoziativen Ebene eine Verbindung zwischen „Technik" und „Männlichkeit" charakterisierenden Stereotypen herstellen. Der dritte Teil informiert darüber, welche Risiken der technischen Entwicklung befürchtet und welche Aufgabenschwerpunkte für künftige Entwicklungen von den befragten Studentinnen und Studenten genannt werden. Wie die Studierenden die Möglichkeit der Steuerbarkeit von Technik einschätzen und welche geschlechtsspezifischen Präferenzen sich zeigen, wird im vierten Teil entlang der beiden Kategorien *internal control* und *external control* erörtert.

Der 4. Abschnitt befaßt sich vornehmlich mit einer Teilstichprobe, mit den Studentinnen der Natur- und Ingenieurwissenschaften. Es geht in dem Abschnitt um die Frage, wie die Studentinnen die habituell maskulin geprägten Anforderungen ihrer Fachkultur mit traditionell weiblichen Rollenerwartungen in ihrem Selbstkonzept ausbalancieren. Ich habe als einen sozusagen topologischen Aspekt des Selbstkonzepts die Ich-Nähe von „Technik" und von „Weiblichkeit" sowie mentale Repräsentationen von Konzepten wie Emotionalität, Stärke, Sensibilität erhoben. Die Beziehung und Abgrenzung dieses Untersuchungsteils zur Identitäts- und Selbstkonzeptforschung werden im Rahmen der Fragestellung erörtert. Anhand der Befragungsergebnisse wird schließlich aufgezeigt, wie die Studentinnen Technik und Weiblichkeit zu ihrem Ich anordnen, welche Identitätsmuster sich unterscheiden lassen und welche Affinität die einzelnen Identitätsmuster zu geschlechtlich geprägten Konzepten haben. Zudem werden Hinweise darauf gegeben, wie die eruierten Identitätsmuster mit anderen Haltungen und Einschätzungen der Studentinnen (z. B. ihrem Technikverständnis, den Technikassoziationen, der Studienfachwahlmotivation) korrespondieren.

Im abschließenden IV. Kapitel werden die Untersuchungsresultate zusammengeführt und Folgerungen und Perspektiven skizziert, die sich aus meiner Studie für die Frauenforschung ergeben. Die Folgerungen aus den

Ergebnissen werden in Pointen zugespitzt, die manche Denkgewohnheiten in Frage stellen sollen und neue Forschungsanstrengungen provozieren möchten.

Wenn die drei ersten zentralen Kapitel meiner Studie sukzessive „abgearbeitet“ werden, hat das damit zu tun, daß die empirische Untersuchung theoriegeleitet erfolgte, was auch implizierte, daß vorliegende Forschungsbefunde mitberücksichtigt wurden. Die Annahmen und Ergebnisse der Frauenforschung zum Verhältnis von „Frauen und Technik“ leisteten eine Vorstrukturierung der danach vorgestellten empirischen Untersuchung. Allerdings bedeutet „theoriegeleitet“ selbstverständlich nicht, daß die theoretisch erarbeiteten Annahmen sämtliche Ergebnisse präjudizieren oder daß sich der Theorie-Empirie-Bezug zeitlich strikt linear abspielte. Die Verknüpfung zwischen theoretischen Überlegungen und empirischem Vorgehen verlief eher spiralförmig, wie es für die empirische Forschung zumindest in theoretisch offenen bzw. pluralen Gebieten wie der Frauenforschung typisch sein dürfte. Nach der Rezeption der einschlägigen Literatur wurden grobe Leitfragen, der Untersuchungsplan und die Untersuchungsinstrumente entwickelt. Die endgültige Präzisierung der Untersuchungsfragen, die Formulierung von Hypothesen wiederum erfolgte erst nach erneuter detaillierter Beschäftigung mit den berücksichtigten Theorieansätzen und Analysen im Zuge der inhaltsanalytischen Auswertungsschritte und vor der statistischen Datenauswertung, die ja ohne theoriegeleitete - und theoriebezogen spezifizierte bzw. eingegrenzte - Fragestellungen bei dem vorliegenden umfangreichen Datensatz ausgeufert wäre. Ich habe mich trotz des spiralförmigen Verlaufs der Arbeit für die lineare Abfolge Theorie-Empirie bei der Darstellung entschieden, um den Entwicklungsprozeß der Arbeit in seiner Haupttendenz nachzuzeichnen und die Arbeitsergebnisse möglichst nachvollziehbar und übersichtlich vorzustellen.

Zum Abschluß der Einleitung möchte ich noch einen redaktionellen Hinweis geben: Die einzelnen Kapitel der Arbeit sind vom Ablauf her miteinander verschränkt; insofern stellt die Arbeit eine Einheit dar. Die Kapitel können aber, mit Ausnahme von Kapitel IV, das eine knappe Zusammenschau meiner empirischen Untersuchungsergebnisse zu den drei Fragestellungen enthält, für sich gelesen werden. Bei Kapitel III ist zu beachten, daß die Lektüre der einzelnen Teiluntersuchungen und ihrer Ergebnisse die Kenntnis der Untersuchungsanlage voraussetzt, die den Abschnitten mit den Untersuchungsergebnissen vorangestellt ist.

I. Feministischer Diskurs über „Technik und Geschlecht“

1. Feministische Erkenntnis- und Wissenschaftstheorie - Korrekturen am Bild von Naturwissenschaft und Technik

Feministische Überlegungen zur Erkenntnistheorie und Wissenschaftsgeschichte, wie sie etwa von Fox Keller, Merchant, Harding, hierzulande von Woesler de Panafieu oder Scheich angestellt oder - angesichts der noch vergleichsweise jungen Tradition dieses Gebietes - „angedacht“ werden, bemühen sich, patriarchale Strukturen von Wissenschaft und Wissen zu analysieren und zu kritisieren. Ausgangspunkt und auch bisheriger Endpunkt dieser Überlegungen ist, in den Strukturen neuzeitlicher Naturwissenschaft und Technik und damit auch im wissenschaftlichen Erkenntnisprozeß, also in den Methoden wie in den Ergebnissen des Erkennens, „Distanzierungen“ gegenüber Frauen aufzudecken und nachzuzeichnen.

Die Kritik der „androzentrischen Verzerrungen“ richtet sich mithin gegen die scheinbar selbstverständlichen Voraussetzungen und Standards von Wissenschaft und Technik. Rationalität, Objektivität und Universalität werden wegen ihrer verdeckten geschlechtsspezifischen Kontingenz in Zweifel gezogen:

„Die neuzeitliche Wissenschaft hat spezifische Trennungen von Subjekt und Objekt, eine spezifische Abstraktionsleistung und einen auf instrumentelle Verfügung reduzierten Rationalitätsbegriff hervorgebracht, der auf der Leugnung weiblichen Wissens und weiblicher Fähigkeit beruht, sowie auf der Unterdrückung der eigenen kindlichen und körperlich-emotionalen Erfahrungen. In der Philosophie wird der Androzentrismus sichtbar durch die Trennung von Sein (Ontologie) und Wissen (Epistemologie) sowie die Trennung des Wissens von Ethik und Politik. Diese spezifischen Trennungen sind es, die ein positives, scheinbar abstraktes und universelles Wissen hervorbringen.“ (Woesler de Panafieu, 1987, S.89)[1]

---

1 Die Autorinnen bezeichnen den Gegenstand ihrer Analysen und Kritik an verschiedenen Stellen unterschiedlich, als „neuzeitliche Wissenschaft“, als „Wissenschaft“ oder als „Naturwissenschaft“, zu der sich auch die „Technik“ gesellt. Diese begriffliche Unschärfe hat zum einen mit den gewählten Methoden der Analyse, zum anderen mit der Geschichte der Wissenschaft zu tun.
So stellt sich die „feministische Erkenntnistheorie“ die Aufgabe, wissenschaftliches Vorgehen generell, ja Selbstverständlichkeiten des modernen Denkens und Erfahrens überhaupt zu hinterfragen. Die Konzentration der Kritik auf kategoriale Voraussetzungen (wissenschaftlichen) Erkennens läßt sich trennscharf kaum mehr bestimmten Gruppen von Wissenschaftsdisziplinen

Wie der Ertrag der bisherigen wissenschafts- und erkenntniskritischen Arbeiten aussieht, welche „Formen der Ausgrenzung des Weiblichen aus der Wissenschaft“ (Beer, 1987, S.7; vgl. auch Fox Keller, 1986; Woesler de Panafieu, 1987; Merchant, 1987; Harding, 1990, 1994; Scheich, 1985, 1987, 1993; Hickel, 1992) und welche Konsequenzen für die Frauen herausgearbeitet wurden, wird im folgenden skizziert. Daraus werden Anhaltspunkte für die theoretische Verankerung meiner eigenen Untersuchung und für die Präzisierung der Fragestellungen gewonnen.

In der feministischen Erkenntnistheorie und -kritik lassen sich verschiedene Perspektiven und Suchbewegungen unterscheiden, mit deren Hilfe naturwissenschaftliche Prinzipien und Denkformen gefaßt werden, die Weiblichkeit ausgrenzten und diese in der Negation zugleich konstituierten.[2]

1.1 Naturmetapher und Weiblichkeit

Mit den ökonomischen und sozialen Veränderungen zwischen 1500 und 1700 vollzog sich nicht nur eine Umgestaltung des gesellschaftlichen Verhältnisses zur Natur, sondern auch ein Wandel der entsprechenden Metaphern, die Transformation eines animistischen, „organischen“ in ein mechanisches bzw. mechanistisches Naturbild. Mit der organischen Naturvorstellung waren im wesentlichen zwei Metaphern einer als weiblich gedachten Natur assoziiert:

> „Im Mittelpunkt der organischen Theorie stand die Gleichsetzung der Natur, zumal der Erde, mit einer nahrungsspendenden Mutter, [die] in einem planvoll geordneten Universum für die Bedürfnisse der Menschheit sorgte.“ (Merchant, 1987, S.17)

---

zuordnen; trotz der produktiven Ergebnisse dieses Ansatzes ergibt sich daraus die Schwierigkeit, mit dem In-Frage-Stellen des wissenschaftlichen Erkennens den Maßstab für die Einordnung der gewonnenen kritischen Erkenntnisse selbst neu definieren zu müssen (zur weiteren Diskussion dieser Frage vgl. auch Kulke, 1988; Kulke & Scheich, 1992; Seifert, 1992; Ostner & Lichtblau, 1992).

Die mangelnde Trennschärfe von Wissenschaft und Naturwissenschaft hat, wie gesagt, auch wissenschaftshistorische Gründe. Die erfahrungswissenschaftlichen und „rationalen“ Methoden, deren Nutzung etwa seit Bacon und Galilei zur allmählichen Ablösung scholastischen Denkens führten, entwickelten die Naturwissenschaft und Technik zum „Erfolgsmodell“ weiter. Diese Entwicklungsdynamik beeinflußte später mehr oder weniger sämtliche Wissenschaften und deren Ausdifferenzierung. Die Facetten dieser szientifischen oder - in erkenntnistheoretischer, auch stärker polemischen Terminologie - positivistischen Zurichtung der Wissenschaften, auch der Sozialwissenschaften, wurden in der Nachfolge von Horkheimers grundlegendem Aufsatz über „Traditionelle und kritische Theorie“ ([1937], 1977) eingehend untersucht.

2 Woesler de Panafieu hat einen metaphorischen, werttheoretischen, psychoanalytischen, sexuell-erotischen Ansatz unterschieden (1987, S.89). Ich orientiere mich teilweise an dieser Untergliederung.

Der reproduktiven Eigenschaft der Natur war die Vorstellung von der chaotischen, unbezähmbaren Natur zur Seite gestellt. Das organische Naturbild verschwand mit der sich entwickelnden neuzeitlichen Wissenschaft, die als Ausdruck und zugleich als Movens der Mechanisierung und Rationalisierung der gesetzlosen, chaotischen Natur und Welt interpretiert werden kann. „Mutter Natur", die in der organischen Auffassung als lebendige, kreative Kraft verstanden wurde, wurde zur toten, passiven Materie transformiert - was letztlich die erfolgreiche Etablierung der modernen Wissenschaft ermöglichte, gleichzeitig aber auch bereits die heutige Krise der Naturwissenschaften vorbereitete. So wurden „zwei neue Ideen, die des Mechanismus und die der Naturbeherrschung und -bemächtigung zu zentralen Konzepten der modernen Welt" (Merchant, 1987, S.116/117). Einerseits wurde nunmehr das Wirken stabiler mathematischer Gesetze und Identitäten in der Natur angenommen; Kräfte wurden als von außen auf die Materie wirkend verstanden. Andererseits legitimierte die Konzeption der Natur als leblose Materie die Manipulation der Natur (vgl. Merchant, 1987, S.193).

In Verbindung mit diesen Veränderungen wurden neue Wissenschaftskonzeptionen etabliert: In wissenschaftsmethodischer und -methodologischer Hinsicht verhalf die neue Vorstellung von der Natur als Materie dem empirischen und experimentellen Vorgehen zum Durchbruch. Es entstand die Forderung nach Objektivität, nach Kontextunabhängigkeit; die Trennung von Subjekt und Objekt wurde konstitutiv für wissenschaftliches Vorgehen generell.

> Die Rolle des Menschen „wandelt sich vom Beobachter und Interpreten der Naturgesetze, die durch die Natur selbst geliefert werden, zu einem aktiv Eingreifenden mit Hilfe mechanischer Gesetze, durch die der formbaren Materie ihre spezifische Gestalt gegeben wird." (Woesler de Panafieu, 1987, S.92)

Das Wirken des Menschen in weltlichen Angelegenheiten, das Interesse an technischen Verbesserungen, an der Beobachtung der Geheimnisse der Natur zum menschlichen Nutzen wurden so legitimiert und gefördert; Mathematik und die „Wissenschaften der rationalen Mechanik" fungierten als Instrumente bei diesem Vorhaben (vgl. Merchant, 1987, S.240). Die Vorstellung von der Maschine als Metapher errang darüber hinaus als Modell für wissenschaftliche wie gesellschaftliche Vorgänge überragende Bedeutung. Natur, menschlicher Körper, aber auch die Gesellschaft setzten sich nach diesem Bild aus austauschbaren atomisierten Teilen zusammen, die dementsprechend auch von außen repariert oder ersetzt werden konnten.

Die Neuinterpretation der Natur bedeutete weiterhin, daß moralische Beschränkungen wegfielen, die Materie auszubeuten, daß neue (konstruktive wie destruktive) Formen der Naturaneignung möglich wurden. Die organische weibliche Metapher hatte zuvor offenbar der Ausbeutung der Natur Beschränkungen auferlegt - das, obwohl die Frau selbstverständlich auch in der vormodernen Gesellschaft untergeordnet war, jedoch eine bestimmte Eigenständigkeit hatte, auf die Rücksicht zu nehmen war:

„Die Veränderungen in der Metaphorik und Einstellung zur Erde waren mit fortschreitender Mechanisierung der Natur von enormer Tragweite. Das Bild von der nahrungsspendenden Erde wirkte nicht länger als normative Handlungshemmung, als aus der Erde ein unbeseeltes, totes physikalisches System wurde." (Merchant, 1987, S.34)

Trotz der Negierung des weiblichen Charakters der Natur blieb das Weibliche weiterhin mit Natur assoziiert.[3] Im Übergang zur bürgerlichen Gesellschaft wurde die Natur der Frau auf die physiologischen Funktionen - Fortpflanzung und Kinderaufzucht - beschränkt. „Mutter Natur" wurde zur sorgenden, untergeordneten passiven Mutter und Ehefrau. Damit konstituierte sich ein Weiblichkeitsideal, das bis heute in traditionellen Geschlechtsrollenstereotypen konserviert wird (vgl. Woesler de Panafieu, 1987, S.92 ff.). Es sind Merkmale einer domestizierten, untergeordneten, passiven Natur, die als Assoziation von Weiblichkeit und Natur erhalten bleiben und gleichzeitig die Frauen aus der Wissenschaft ausgrenzen. Diese Vorstellung von der weiblichen, aber passiven Natur ist im übrigen nicht als neuzeitliche „Erfindung" zu betrachten. Bereits in der platonischen und neuplatonischen Symbolik galten Natur und Materie als weiblich, während die Ideen männlichen Charakters waren. In dieser Tradition pflegte man im 16. Jahrhundert die Fortpflanzung als die Vermählung und Schwängerung der weiblichen Erde durch die höheren männlichen Himmel zu beschreiben. Die Bewegung der Himmel produzierte nach diesem Sprachbild Samen, der in Form von Tau auf die empfangende, weibliche Erde fiel. Dem Weiblichen bzw. der Erde wurde die beschränkte Rolle eines passiven Aufnahmeorgans zugedacht (vgl. auch Merchant, 1987, S.23 ff.).

Für meine Arbeit ist es wichtig festzuhalten, daß mit dem Wandel der Naturmetapher ein verändertes Weiblichkeitsideal korrespondierte, was eine metaphorische wie reale Ausgrenzung des „Weiblichen" aus der Wissenschaft bedeutete und zugleich die geschlechtsspezifische Arbeitsteilung in der Gesellschaft neu begründete und legitimierte. Während Frauen als Teil der Natur mit der Reproduktion der lebendigen Natur betraut wurden, etablierte sich Wissenschaft als etwas, das rational, objektiv, unabhängig über

---

3 Zur Klarstellung sei hinzugefügt, daß die Negierung des Weiblichen sich bekanntlich nicht auf die metaphorische Ebene beschränkte. Die Hexenprozesse sind Zeugnisse dafür, daß die in die Figur der Hexe projizierte gesetzlose, chaotische und deshalb zu beherrschende Natur auch ganz brachial bekämpft wurde. Bei Bacon scheint die traditionelle Assoziation von „Natur" und „Frau" noch durch; allerdings erscheinen beide „Naturgewalten" beherrschbar geworden zu sein: Er spricht von der Natur, „die mit mechanischen Vorrichtungen gefoltert werden muß" und der man „ihre Geheimnisse auf ähnliche Weise entreißen müsse, wie man die Geheimnisse des Hexenwesens durch inquisitorisches Verhör entschleiert habe." (Bacon zitiert nach Merchant, 1987, S.178)

die Natur herrschte. Indem Wissenschaft und Technik sich als etwas definierten, das Frauen ausgrenzte, wurde zugleich auch ein Unverhältnis gegenüber Frauen begründet. Das „Andere“ von Wissenschaft und Technik wurde gewissermaßen zum Weiblichen aggregiert (vgl. Scheich, 1993, S.87ff.). Verloren gingen die im weiblich gedachten, organischen Naturbild enthaltenen anderen Merkmale im Verhältnis zur Natur, die vormodernen Formen der Naturaneignung. Die neuzeitliche Wissenschaft und der mit ihr verbundene Einsatz technischer Hilfsmittel ignorierte gestalterische und eigenständige Momente der weiblichen Naturaneignung.[4] Dieses Wissen ist heute - mangels konsequenter Weiterentwicklung und Förderung - teilweise in esoterische Zirkel abgedrängt und kann nicht als der wissenschaftlichen Rationalität gleichgestellt gedacht werden. Wenn sich in der Gegenwart an der Wertschätzung solchen „weiblichen Wissens“ etwas geändert hat, dann weniger, weil dieses Wissen jetzt völlig bahnbrechende neue Erkenntnisse bereitstellte, sondern weil Wissenschaft und Technik selbst den Nimbus des Unangreifbaren verloren, angesichts von Fehlentwicklungen, Irrtümern, Unanschaulichkeit und Unüberschaubarkeit einen Akzeptanzverlust erfahren haben.

1.2 Die Folgen der „Vergeschlechtlichung“ von Wissenschaft und Technik

In der heutigen Wissenschaft und Wissenschaftssprache wurde die Assoziation von „Natur“ und „Weiblichkeit“ oder auch die Vorstellung einer „göttlichen Natur“ zurückgedrängt. An die Stelle solcher - uns blumig anmutender - Metaphern ist eine abstrakte, nicht-personifizierte Begrifflichkeit getreten. Naturwissenschaftlich-technische Grundbegriffe wie „Energie“, „Geschwindigkeit“ und „Power“ bedürfen schon gewisser hermeneutischer Anstrengung, um in ihnen neue geschlechtlich geprägte Metaphern, ihre Affinität zu Virilität und Macht zu entschlüsseln (vgl. Woesler de Panafieu, 1987, S.94). Jenseits dieses wissenschaftsinternen Jargons gelten jedoch bis heute im Alltagsverständnis Natur- und Ingenieurwissenschaften wie Männer stereotyp als „hart“, Naturwissenschaft und Technik mithin auch als „männlich“. Und es ist nach wie vor im Common sense geläufig, eine wissen-

---

4 Daß es zuvor und auch später alternative Vorstellungen gab, die sich nicht durchsetzen konnten, sei nur am Rande erwähnt. So bestand die antike Gnosis auf der Einheit der Gegensätze und der Gleichberechtigung von männlichem und weiblichem Prinzip. Diese Tradition führte in der Renaissance zu einer andersartigen Vorstellung von Fortpflanzung und einer positiveren Einstellung gegenüber der Weiblichkeit der Natur (vgl. Merchant, 1987, S.29 ff.). Und die Romantiker des frühen 19. Jahrhunderts wandten sich gegen das mechanistische Denken, wandten sich wieder der Vorstellung eines beseelten Lebensprinzips zu (ebd., S.114).

schaftlich oder objektiv denkende Frau als eine Person anzusehen, die sich wie ein Mann verhält (vgl. Fox Keller, 1986, S.82).

Die latent bis manifest androzentrischen Denk- und Sprachgewohnheiten sind nach Auffassung der feministischen Erkenntnistheorie Ausdruck eines grundlegenden „androzentrischen *bias*“ der Wissenschaft (Woesler de Panafieu, 1987, S.107 f.). Für eine Wissenschaftsideologie, die die Welt in „den Wissenden (den Geist) und das Wißbare (die Natur)“ aufteilt, Geist und Natur ein Geschlecht zuweist, ist nach Fox Keller (1986, S.84) charakteristisch, den Erkenntnisprozeß durch eine spezifische Trennung von Subjekt und Objekt, von Verstand und Gefühl, von Beobachtung und unmittelbarer sinnlicher Erfahrung aufzuspalten. Die wissenschaftlichen Kriterien von Rationalität, Objektivität und Universalität beruhen mithin auf einer männlich geprägten Abstraktion, die die sinnlichen, affektiven, unbewußten Seiten der menschlichen Existenz ausblendet.[5]

Mit dem vorherrschenden Verständnis von Objektivität ist ein bestimmtes Verständnis von Autonomie, Kontrolle, Herrschaft bzw. Macht[6] verbunden, wobei Fox Keller männliche Identität - entsprechend der männlichen Geschlechterideologie - mit einer bestimmten Form der Autonomie, einer statischen, statt dynamischen Autonomie verbunden sieht. Die programmatische Unpersönlichkeit zeigt sich in den Definitionsmerkmalen von Vernunft, Verstand und Wissenschaft, die gebunden sind „an einen öffentlichen Raum allgemeiner Grundsätze des Handelns und damit an die Transzendenz subjektiver Neigungen und Gefühle, partikularer Leidenschaften - die Welt der Frauen, wie Männer sie sehen und für Frauen geschaffen haben.“ (Scheich, 1993, S.52).

Wissenschaftliche Rationalität transzendiert demnach Weiblichkeit, die „von vornherein als Abweichung von allgemeiner gesellschaftlicher Subjektivität und vernünftigem Selbstbewußtsein“ (ebd., S.53) begriffen wird. Es kann von einer Sexualisierung der Wissenschaft, der Denkprozesse gene-

---

5 Empirischen Forschungsergebnissen zufolge zeigt sich die wechselseitige Beziehung zwischen „der objektiven Struktur der Naturwissenschaft, in der die emotional-expressive und soziale Dimension menschlicher Existenz als zu minimierende Störvariable erscheint“ (Brämer & Nolte, 1983, S.12/13) und der männlichen Geschlechterideologie im „Fachcharakter“ des „typischen Naturwissenschaftlers“: Die untersuchten Studenten naturwissenschaftlicher Fächer wiesen eine „extreme Fachorientierung und Distanzlosigkeit zu ihren Bezugswissenschaften“ auf, fühlten sich „häufig schüchtern und gehemmt“, waren „kontaktarm und relativ uninteressiert an zwischenmenschlichen Beziehungen“, mieden „emotionale Situationen und Konflikte, um nicht irritiert zu werden“ und „verliehen ihren Gefühlen nur ungern Ausdruck“ (ebd., S.12; vgl. auch Neef, 1990). Solche Merkmale finden sich nach Schurz & Pflüger (1987, S.44 ff.) auch im Persönlichkeitstypus von Informatikstudenten, der sich durch „mechanisches Denken“ auszeichnet.

6 Die seit Max Weber (1976, S.28 ff.) geläufige und in der Soziologie eingehend diskutierte Unterscheidung von Macht und Herrschaft fehlt bei Fox Keller (1986). Sie versteht unter Herrschaft schlicht „Macht über andere“ (ebd., S.103).

rell gesprochen werden, indem nämlich die intellektuelle Haltung geschlechtlich spezifiziert und abgegrenzt wird. Die Bestimmung von Weiblichkeit als etwas, das der Verstandestätigkeit entgegengesetzt ist, impliziert prinzipiell ein asymmetrisches Verhältnis von Frauen zu Naturwissenschaft und Technik.

Frauen sind als „Teil der Natur" per definitionem von der Naturbeherrschung durch die neuzeitliche Wissenschaft ausgeschlossen. Denkt man die Analysen und Überlegungen, die in Verbindung mit der Geschlechtsspezifik der Naturmetapher angestellt wurden, konsequent weiter, befinden sich Frauen in einer widersprüchlichen Situation: Betreiben sie Naturwissenschaft und Technik nach dem vorherrschenden Paradigma, müssen sie ein objektives Verhältnis, eine Distanz zur Natur und zu den technisch konstruierten Gegenständen herstellen, sich dadurch „wider die weibliche Natur" und entgegen den „weiblichen" Prinzipien des Naturumgangs verhalten, sie müssen sozusagen sich selbst unterwerfen. Dieser Widerspruch verschwindet zwar nicht, verliert aber an Bedeutung, wenn man bedenkt, daß es sich beim Reden über die „weibliche Natur" um einen metaphorischen Sprachgebrauch mit einer bestimmten Entstehungsgeschichte handelt.

Aus methodologischer Sicht ist zu berücksichtigen, daß Metaphern stets Analogien, Strukturähnlichkeiten darstellen, aus denen sich keine streng logischen Zusammenhänge ableiten lassen.[7] Der Bezug auf Metaphern birgt generell die Gefahr, sprachliche Analogien als Pars pro toto zu verabsolutieren, im konkreten Fall die verräterische Eindeutigkeit der Metaphern über das Verhältnis von Frau, Wissenschaft, Natur in eine scheinbar geschichtslose, düstere Wirklichkeit der Frau zu übersetzen oder die weibliche Naturnähe überzubewerten.

Weiterhin ist zu bedenken, daß das traditionelle Weiblichkeitsideal, das die Ausgrenzung weiblicher Prinzipien aus der (wissenschaftlichen) Vernunft stützt, zugleich aber auch Ausdruck männlicher Zuschreibungen und Wunschprojektionen ist. Es sind damit keine unentrinnbaren weiblichen „Wesensmerkmale" bestimmt, eher gesellschaftliche Barrieren und Zuschreibungen verklausuliert definiert, die von Frauen aufgegriffen und - wenigstens prinzipiell - in Fähigkeitspotentiale „umgeschrieben" werden könnten (vgl. Wajcman, 1994, S.196 ff.). Von daher betrachtet, könnte die Beschäftigung mit Naturwissenschaft und Technik für Frauen geradezu moti-

---

7 Ob das von den zitierten Autorinnen intendiert ist oder ob man Analogien vertraut, ist allerdings eine weitere Frage, gerade wenn der Androzentrismus des logozentrischen Weltbildes zur Diskussion steht. Die Betonung von Metaphern in diesem Zusammenhang macht allerdings insofern Sinn, als damit der Diskurs über die Rolle der Frau um eine metaphorische Ebene erweitert wird: Weiblichkeitsmetaphern könnten sich mithin in gesellschaftlichen Institutionen sedimentieren und wirksam bleiben, auch wenn sie mit aktuellen Geschlechtsrollenorientierungen von Frauen nicht mehr völlig kongruent sind. Eine solche Folgerung legen im übrigen auch meine später vorgestellten empirischen Ergebnisse nahe.

vierend und ermutigend sein. Ob es Frauen gelingt, eine „andere“ Naturwissenschaft und Technik zu schaffen, muß allerdings offenbleiben.

1.3 Wertgesetz, Wissenschaft und Weiblichkeit

Um die gesellschaftlichen Prozesse zu verstehen, die zur frauendiskriminierenden Metaphorik im Zuge der Wissenschaftsentwicklung führten und die, über die symbolische Ebene hinausgehend, die reale Ausgrenzung der Frau aus der Wissenschaft mit sich brachten, knüpfen Vertreterinnen der feministischen Erkenntnistheorie an Sohn-Rethels (1972, 1978) werttheoretische Überlegungen an. Sohn-Rethels Ansatz arbeitet unter der begründeten Prämisse, daß die Entwicklung der modernen Wissenschaft nicht eigenständigen Gesetzmäßigkeiten folgt, sondern durch den gesellschaftlichen Zusammenhang, in dem sie entstand, geprägt wird, dementsprechend von den in der kapitalistischen Tauschgesellschaft vorherrschenden Gesetzmäßigkeiten abhängig ist. Die genuine Leistung Sohn-Rethels besteht darin, den „formgenetischen“ Zusammenhang zwischen den naturwissenschaftlichen Kategorien und den Möglichkeiten moderner Naturerkenntnis auf der einen Seite und dem Funktionieren der kapitalistischen Aneignung bzw. Verwertung auf der anderen Seite herausgearbeitet, belegt zu haben.

Der gesellschaftliche Tausch von Waren ist danach als ein Abstraktionsprozeß zu sehen, der

- die Qualität und den Gebrauch der Objekte auf Warenquantitäten reduziert,
- die zwischenmenschlichen Relationen auf die von Warenbesitzern gründet und
- die in der Warenproduktion entäußerte Arbeit selbst zur Ware macht, deren Wert sich nach Geldeinheiten bemessen läßt (vgl. Woesler de Panafieu, 1987, S.103).

Diese Entfremdungen und Verdinglichungen sind für Sohn-Rethel die - wenn auch grundsätzlich unerkannte[8] - Basis der formalistischen naturwissenschaftlichen Kategorien und Denkformen. Augenfällig wird dieser Nexus

---

8 „Unerkannt“ kann selbstverständlich nicht heißen, daß dieser Zusammenhang im wissenschaftshistorischen und -theoretischen Diskurs heute völlig ausgeklammert würde. Es ist vielmehr so, daß die gesellschaftliche Formbestimmtheit wissenschaftlicher Kategorien nicht erkannt werden kann, weil man nach der vorherrschenden Logik des Erkennens dann Gesellschaft und Wissenschaft gewissermaßen von außen beobachten müßte, was aber angesichts der Gesellschaftlichkeit der Wissenschaft und des erkennenden Subjekts ausgeschlossen ist. Allerdings wäre es gerade auch für die Frauenforschung eine durchaus interessante Frage, im Detail zu untersuchen, wie das zunehmende Wissen um die gesellschaftliche Kontingenz von moderner Wissenschaft auf diese und deren Selbstverständnis zurückwirkt.

etwa in den wissenschaftlichen, speziell physikalischen Meßoperationen, die Bestimmungsmerkmale der Ware reproduzieren. Als Konsequenz daraus ergibt sich,

„...daß in die grundlegenden Konzepte der exakten Naturwissenschaften kein Gramm Natur eingegangen ist. Die Gesetze der 'zweiten Natur' sind es, die über die erste herrschen. Darin liegt der Kern der erkenntnistheoretischen Verdinglichung der exakten Naturwissenschaften." (Woesler de Panafieu, 1987, S.104)[9]

Ihre Bestimmtheit von den Wertgesetzen des gesellschaftlichen Tausches verkennend, konstituiert die Naturwissenschaft Natur als bloße Objektwelt. Im Begriff der Naturobjekte scheint damit jeglicher Bezug zum gesellschaftlichen Leben ausgelöscht zu sein.[10]

Die vom werttheoretischen Ansatz herausgearbeitete Naturalisierung gesellschaftlicher Verhältnisse ist für Scheich und für Woesler de Panafieu der Fixpunkt, um, über Sohn-Rethel hinausgehend, die Ausgrenzung des Weiblichen aus dem Zentrum der Gesellschaft und damit auch aus der modernen Wissenschaft zu verstehen. Es kann dabei mit Scheich (1993, S.49) von einer „doppelten Negation weiblicher Gesellschaftlichkeit" gesprochen werden: Zum einen erscheint die Arbeit der Frau - d.h. weiblicher Lebenszusammenhang, Hausarbeit, generative Fähigkeit - als Naturprozeß; ihr „Produkt", der lebendige Mensch, erhält den Status einer Naturressource. Das Tun der Frau erhält den Charakter des Unmittelbaren, Naturwüchsigen. Zum anderen impliziert die Naturalisierung des menschlichen Daseins die Verdrängung der Frau aus den Bereichen produktiver Tätigkeit, ihren Ausschluß von einer sich durch Warentausch und Verfügung über Geld definierenden Gesellschaft. Die Frau wird in der bürgerlichen Gesellschaft somit in eine eigene, private Sphäre, die der Reproduktion, abgedrängt. Die weibliche Wirklichkeit wird zur anderen Seite von Ökonomie, Geschichte und Kultur, repräsentiert gewissermaßen auch das „Unbewußte" der Wissenschaften (vgl. Scheich, 1993, S.8).

Aus dem so weitergeführten werttheoretischen Ansatz ergeben sich nach Woesler de Panafieu (1987, S.106/107) drei grundlegende Formen der Aus-

---

9 Allerdings belegt die metaphorische Benutzung des physikalischen Maßes „Gramm", daß zumindest eine Wechselbeziehung zwischen ökonomischen und wissenschaftlichen Begriffen anzunehmen ist, da der werttheoretische Ansatz offenbar nicht ohne (polemische) Anleihen bei den kritisierten Naturwissenschaften auskommt.

10 In diesem Sinne vollzieht etwa „Newton ... in der Formulierung des Trägheitsgesetzes, ... den Übergang von Geld zum Kapital, den Übergang vom Kaufmanns- zum Industriekapital. In seiner Formulierung des Trägheitsgesetzes sowie der Kategorien vom absoluten Raum, der absoluten Zeit und Bewegung wird keine Ursache mehr für die Erhaltung der Bewegung angegeben. Bewegungsveränderung geschieht nur noch als Änderung einer äußeren Kraft ...[so] wird der nicht-empirische Charakter des reinen Bewegungsschemas deutlich." (Woesler de Panafieu, 1987, S.105/106)

grenzung von Frauen aus den Naturwissenschaften und deren Erkenntnisprozessen:

- Es handelt sich zum einen um die Ausgrenzung des Wissens der Frau. Erfahrungsbezogene, auch alchimistische Wissensformen von Frauen vornehmlich in der Geburtshilfe und in der Medizin wurden aus der entstehenden Wissenschaft zurückgedrängt und entfernt. Während das naturwissenschaftliche Vorgehen das Erlernen abstrakter mathematischer Gesetze und die Übernahme theoretischer Konstrukte voraussetzt, wird erfahrungsbezogenes Wissen kontextbezogen und durch die praktische Erfahrung erworben. Erfahrungsbezogenes Wissen ist exklusiv mit der Person und der beruflichen Biographie des Wissensträgers bzw. der Wissensträgerin verknüpft. Daraus resultiert auch ein anderes Verhältnis zur Natur, das von Woesler de Panafieu als unterstützend, helfend, manipulierend, pragmatisch, als „weder ausbeuterisch noch instrumentell" charakterisiert wird.[11]
- Die Ausgrenzung erfolgte weiterhin in der spezifischen Form der Ausbeutung der weiblichen Arbeitskraft. Zwar wurden auch Frauen in der vorindustriellen und industriellen Produktion als Arbeitskräfte eingesetzt und in gleicher Weise wie Männer ausgebeutet; aber der gesellschaftlich als weiblich definierte Bereich der Reproduktion wurde negiert, galt als nicht wertschaffend und damit auch im Wert nicht bestimmbar. In der mit der abstrakten Verwertung verbundenen und darauf technisch anwendbaren (z.B. im Taylorismus) naturwissenschaftlichen Erkenntnislogik bleibt die „weibliche" Reproduktionssphäre ausgespart; allenfalls ihre Funktion als gesellschaftliche Ressource spiegelt die naturwissenschaftliche Begrifflichkeit enigmatisch wider.
- Schließlich wurde die Frau ihrer „Natur" vollends enteignet, indem die reproduktive Leistung der Frau, die Mutterschaft der männlichen Definitionsmacht unterworfen wurde. Die Frau wurde durch die wesensmäßige Festlegung auf Mutterschaft der Möglichkeit, selbständig zu existieren, beraubt. Formgenetisch entspricht diesem Prozeß in der Wissenschaftsgeschichte die Subsumtion der organischen Natur und auch der Frau und deren Tätigkeit unter eine mechanische Naturkonzeption (von Woesler de Panafieu als Transformation eines gebrauchsbezogenen in ein tauschbezogenes Naturkonzept verstanden). Die Frau unterliegt mithin auch der naturwissenschaftlichen Abstraktion und der wissenschaftlichen-technischen Verfügungsgewalt.

---

11 Zur generellen Kritik an vereinfachenden, nur positiven Deutungen des Verhältnisses von Frauen und Natur vgl. Teubner (1987).

Folgerungen für die Fragestellung der empirischen Studie

In zugespitzter Form postulieren die skizzierten erkenntniskritischen Analysen ein generelles Unverhältnis der modernen Naturwissenschaft und Technik zu Frauen. Die symbolische wie reale Ausgrenzung von Frauen wird historisch als dem Prozeß der Entstehung und Entwicklung von Naturwissenschaft und Technik inhärent aufgefaßt. „Weiblichkeit", Frau-Sein, wird als etwas konstruiert, das im Gegensatz zu Naturwissenschaft und Technik steht. Die Distanz zur Naturwissenschaft und Technik betrifft demnach die gesamte Person der Frau. Ihre emotionalen Äußerungen, Verhaltensweisen wie auch ihr Wahrnehmen, Urteilen und Denken werden als der naturwissenschaftlichen Rationalität, deren Begriffen, Methoden, Metaphern, diametral entgegengesetzt betrachtet.

Trotz des Substanzgewinns der feministischen Erkenntnistheorie im Fortgang vom „metaphorischen" zum „werttheoretischen" Ansatz bleiben die Abstraktionen von der historischen Dynamik und von der - wohl nicht total gesellschaftlich konditionierten - menschlichen resp. weiblichen Subjektivität zu beachten. Somit liefern die Ergebnisse feministischer Erkenntnistheorie in erster Linie Hypothesen, Denkmöglichkeiten, bieten nicht schon Antworten, wenn man sich für das heutige Verhältnis von Frauen (und Männern) zur Technik interessiert. Die Ergebnisse der feministischen Erkenntnistheorie werden zwar nicht widerlegt, in ihrer Geltung aber eingeschränkt, wenn man die Geschichte der weiblichen Unterdrückung und Ausgrenzung unter erweiterten Blickwinkel betrachtet. So potenziert etwa die von Becker-Schmidt (1987a) hervorgehobene „doppelte Vergesellschaftung" der Frauen, ihre Verortung sowohl in der Produktions- wie auch in der Reproduktionssphäre, zwar Unterdrückung und Belastung, bringt gleichzeitig aber auch einen Kompetenzzuwachs mit sich. Zudem ist zu überlegen, wie das „Weibliche" künftig zu denken ist, wenn neue Anwendungsgebiete (z.B. Reproduktionstechnologien) entstehen und Frauen in größerer Anzahl in naturwissenschaftlichen und technischen Bereichen vertreten sind.

Vor dem Hintergrund dieser Überlegungen war es für meine Untersuchung interessant, Frauen zu befragen, die sich mit Naturwissenschaft oder Technik beruflich befassen. Die soziale Identität (vgl. Goffman 1975) dieser Frauen sollte - folgt man der erkenntnistheoretischen bzw. -kritischen Analyse - wie die anderer Frauen eine Distanz zur Technik und deren männlichen Habitus beinhalten. Dagegen sollten diese Frauen aber aufgrund ihrer Biographie in ihrer persönlichen Identität ein anderes Verhältnis zur Technik entwickeln, andere (stärker positive) Technikeinstellungen und andere (komplexere) Technikkognitionen aufweisen. Ob es bei diesem Personenkreis tatsächlich Indikatoren für einen Konflikt zwischen sozialer und persönlicher Identität gibt und welche Folgen Konfliktlösungsversuche haben, läßt sich nicht a priori entscheiden. Das ist eine empirische Frage.

Im Gegensatz zu den Frauen decken sich bei Männern, wenn sie sich für einen naturwissenschaftlich-technischen Beruf entschieden haben und mit der „männlichen" Rationalität konfrontiert sind, grundsätzlich normative Rollenerwartungen mit persönlichen Orientierungen, soziale und persönliche Identität. Es sei denn, die von feministischer Seite angestoßene Kritik des androzentrischen Weltverständnisses hätte bereits zu Erosionen des männlichen Selbstverständnisses geführt, was männliche Distanzierungsreaktionen gegenüber Technik und technischer Rationalität begünstigen könnte.

2. Technik, Macht und Männlichkeit

Während die feministische Wissenschafts- und Erkenntniskritik subtiler Analyse bedurfte, um den androzentrischen „Bias" hinter scheinbar unverdächtigen Prinzipien von Rationalität, Objektivität, Universalität aufzuspüren, ist selbst dem Common sense die Affinität von Technik und Männlichkeit geläufig - zu offensichtlich ist die zahlenmäßige Überrepräsentation von Männern in der Technik, in Entwicklungs- und Anwendungsbereichen gleichermaßen. Anders als in der wissenschaftskritischen Diskussion, in der es vorrangig um den Nachweis der androzentrischen Verzerrungen im naturwissenschaftlich-technischen Denken geht, ist in frauenpolitisch bis feministisch orientierten Ansätzen über Technik und Männlichkeit das Ziel enthalten, den tradierten, auch heute noch weithin akzeptierten Konnex von Technik und Männlichkeit (ideologie-)kritisch aufzubrechen und die soziale Konstruktion dieses Zusammenhangs aufzuspüren, zumal die technischen Kompetenzen von Frauen in männlich dominierten Arbeitsfeldern inzwischen vielfach nachgewiesen wurden (vgl. zusammenfassend z.B. Alt, 1986; Alt et al., 1988; Janshen & Rudolph, 1988; Bruder, 1990). Zudem gibt es eine Reihe technischer Berufe, die hauptsächlich von Frauen ausgeübt werden.

Gegenstand der Analyse sind einerseits die Inhalte technischer Entwicklungsprozesse und die mit Technik verbundenen Arbeitsformen, andererseits die männliche Kultur, die den Habitus qualifizierter technischer Berufe prägt. Eine zentrale Frage der feministischen Technikkritik ist in diesem Kontext, inwieweit infolge der Dominanz von Männern im technischen Bereich die Technik selbst inhärent patriarchal ist (vgl. Wajcman, 1994, S.29). Einbezogen in die feministische Technologiekritik ist zudem die „Macht", die - wie auch in der sozialwissenschaftlichen Technikdiskussion - als eng mit Technik verbunden angesehen wird (vgl. z.B. Weizenbaum, 1980; Marcuse, 1967; Bruder, 1990; Becker-Schmidt, 1991a). An das Entschlüsseln der Beziehungsstruktur von Technik, Macht und Männlichkeit ist die Erwartung geknüpft, die Ausgrenzung von Frauen aus der Technik zu verstehen und (vorerst gedanklich) aufzuheben. Eine derart erweiterte und differenzierte Perspektive vermeidet es, die sogenannte Technikdistanz von Frauen gemäß dem Common sense primär an der weiblichen Persönlichkeitsstruktur, an „weiblichen Defiziten" festzumachen. Gegenstand der Debatte und empirischer Untersuchungen sind dann vielmehr pluriforme (Distanzierungs-)Reaktionen von Frauen auf Technik. Analytisch ist also die Geschlechtsspezifik der Technik und der Technologien vom tatsächlichen Handeln der Individuen beiderlei Geschlechts in technischen Berufs- und Tätigkeitsfeldern zu unterscheiden.

2.1 Zur Vergeschlechtlichung technischer Berufe

Janshen (1986, S.283 f.) macht auf die Herkunft des Ingenieurberufs aufmerksam. So waren die ersten großen Ausbildungsstätten für Ingenieure im 19. Jahrhundert, die sogenannten Ingenieurcorps, in das Militär eingebunden. Auch die Ausbildung von Zivilingenieuren in der preußischen Reformbürokratie war nach dem Muster des Militärs organisiert. Durch diese Tradition sieht Janshen nicht nur das Spektrum technischen Wissens, „sondern auch die Verhaltensmuster jener technischen Eliten und Männerkulturen geprägt", die in der zweiten Hälfte des 19. Jahrhunderts die Etablierung des Ingenieurwesens an den Universitäten durchsetzten. Zum berufsständisch definierten Profil des Ingenieurs gehörten nicht nur technische Qualifikationen, sondern auch Dispositionen und Kompetenzen wie „nüchternes Kalkulieren, Risikobereitschaft und Kampfgeist", „fortschritts- und erkenntnishungriger Erfindergeist", aber auch der „strategische Umgang mit gesellschaftlicher Macht" (Janshen, 1986, S.284). Geprägt durch die militärische Vergangenheit und ausgestattet mit diesen Attributen[12] wurde der Ingenieur in der Industriegesellschaft zur Symbolfigur par excellence der technischen, generell der modernen Zivilisation.

Cockburn (1988), die die technische Entwicklung vom Neolithikum bis in die heutige Zeit nachzuzeichnen versucht, versteht Technologie als „Vermittler von Macht und Stärke" und subsumiert darunter technische Artefakte (Maschinen, Werkzeuge etc.) ebenso wie das technische Know-how.[13]

12 Attribute, die ob ihrer inhaltlich unbestimmten Funktionalität - in Anlehnung an Musils Romanwerk - gemeinhin als Merkmale des „Mannes ohne Eigenschaften" gelten.

13 Zur Kritik an dem überdimensionierten, deshalb kursorisch ausfallenden historischen Rekonstruktionsversuch vgl. Knapp (1989a) und Aulenbacher (1993). Im übrigen wird hier wie in

Maschinen, Werkzeuge, Waffen verstärken demnach allgemein menschliche Körperkraft, physische Macht des Staates und ökonomische Macht. Darüber hinaus ermöglichen technologische Kenntnisse und Kompetenzen Macht über Dinge und Menschen. Technologische Kompetenz spielt für Cockburn eine zentrale Rolle für die Geschlechteridentität und für die geschlechtsspezifische Segmentierung von Berufen:

Im Geschlechterverhältnis „potenziert die technologische Kompetenz, die den Männern als Geschlecht zukommt und die den Frauen als Geschlecht fehlt, die physische Macht von Männern über Frauen." (Cockburn, 1988, S.17)

Auch wenn mit der Entstehung des Kapitalismus ein völlig neues Arrangement von Wissenschaft, Technik und Produktion erfolgte, konnten die Männer ihr bereits vor der industriellen Revolution vorhandenes Monopol über handwerklich-technische Fertigkeiten auf die neuen, durch die Einführung von Maschinen geschaffenen Fertigkeiten ausdehnen, sich damit zugleich auch neue Kompetenzen aneignen. Die Männer konnten zudem ihre Interessen an Besitzstandswahrung im Kapitalverhältnis durch den ursprünglichen Ausschluß von Frauen aus berufsständischen und gewerkschaftlichen Organisationen absichern (ebd. S.46 ff.; vgl. auch Schlüter, 1987 und Weber, 1987). Der Beitrag von Frauen zur technologischen und, allgemeiner, naturwissenschaftlichen Entwicklung wurde „analog zur gesellschaftlichen Minderbewertung ihrer Tätigkeiten in Produktion und Reproduktion und gestützt durch eine fast ausschließlich von Männern verfaßte Technikgeschichte verdrängt" (Aulenbacher, 1993, S.23; vgl. auch Maurer, 1986; Wajcman, 1994). Durch die von der Frauenforschung betriebene „Spurensuche" nach der „verborgenen Geschichte" von Frauen in Naturwissenschaft und Technik wurde überhaupt erst aufgezeigt, daß neben den allseits bekannten Frauen wie Hypatia von Alexandria, Madame Curie und Lise Meitner in den verschiedenen Geschichtsepochen eine bemerkenswerte Anzahl von Frauen an der Entwicklung von Naturwissenschaft und Technik beteiligt war und zum Teil herausragende Leistungen erbrachte (vgl. Mozans, 1974; Feyl, 1983; Rothschild, 1983; Alic, 1987; Hoffmann, 1987).

Auch an aktuellen technologischen Veränderungen läßt sich nach Cockburn belegen, daß es Männern gelingt, durch „horizontales oder vertikales Ausweichen" Frauen auf Distanz zu halten, die technischen Arbeitsfelder in Konstruktion, Fertigung, Marketing, Installation, Wartung und Management als „männliche" zu tradieren.

Zwei dynamisch ineinandergreifende Faktoren stützen nach Cockburn diese Prozesse: Zum einen sind technische Berufs- und Arbeitsfelder durch

---

der deutschen Ausgabe des Cockburnschen Buches die „wörtliche" Übersetzung von *technology* verwendet; im Deutschen wäre eigentlich je nach Zusammenhang zwischen „Technik" und „Technologie" zu differenzieren.

die langwährende Verbindung mit den Männern ideologisch als „männlich" symbolisiert und vergeschlechtlicht, werden durch die traditionelle Geschlechterideologie gefestigt und legitimiert. Dabei läßt die generelle geschlechtsspezifische Typisierung außer acht, wie die konkreten beruflichen Anforderungen im Einzelfall aussehen und wie sich die hier arbeitenden Personen individuell verhalten.[14] In den jeweiligen Arbeitskontexten wird dann der zweite Mechanismus bedeutsam: So gestattet es „... die hierarchische Struktur der Arbeitsplätze mit ihren verschiedenen Abstufungen und Ebenen bei gleichzeitiger beständiger Neudefinition, Unterverteilung und Fragmentierung der Arbeitsprozesse" (Cockburn, 1988, S.230) den Männern, dem direkten Vergleich mit Frauen auszuweichen.

In einer Befragung von Ingenieuren und Technikern belegt Cockburn diese Prozesse.[15] Es ergaben sich im Querschnitt beinahe beliebig erscheinende Versuche der Befragten, um die technologische Sphäre mit Männlichkeit zu besetzen. Vielen galt etwa schwere körperliche Arbeit, die durch die Maschinenkraft und technische Kenntnisse potenziert wird, als Symbol für Männlichkeit. Sie hoben mitunter die Größe und Stärke der Maschinen hervor, die männliche Körperkraft erforderten und Männer für solche Arbeitsplätze prädestinierten. Zum Teil wurde die Kenntnis der Hardware, zum Teil die von der Software als typisch männliches Tätigkeitsfeld beschrieben. Frauen wurde häufig in klischeehafter Form technisches Verständnis und Interesse abgesprochen; es wurde ihnen beispielsweise unterstellt, sie wären von Natur aus technisch unbegabt oder könnten Maschinen nicht ausstehen. Auch wenn die Interviewpartner Cockburns konzedierten, daß ein Teil ihrer Arbeit von Frauen ausgeführt werden könnte, liefen die männlichen Bemühungen insgesamt darauf hinaus darzulegen, daß ein respektabler Rest an Arbeitsanforderungen verbliebe, der Fähigkeiten und technische Kompetenzen erfordere, die Frauen grundsätzlich fehlten. Bei der „Monopolisierung technischer Kompetenz" (Zachmann, 1992, S.74) durch die Männer variieren also je nach Arbeitskontext die Kriterien, nach denen definiert wird, was als technisch oder nicht-technisch, was als männlich oder weiblich zu gelten habe.

---

14 In anderen theoretischen Ansätzen werden solche Vorgänge als Prozesse „sozialer Schließung" konzeptualisiert (vgl. Offe & Hinrichs, 1984; Windolf & Hohn 1984; Kreckel, 1983, 1992; Cyba, 1993; Wetterer, 1993) oder unter dem Begriff des „Habitus" (als Verbindung von Qualifikationen und „äußerlichen" Merkmalen wie Kleidung, Jargon etc.) zusammengefaßt (vgl. Bourdieu, 1987a, 1987b; Janshen, Rudolph et al., 1987).

15 Cockburn untersuchte unter anderem computerunterstützte Schnitt- und Zuschneideverfahren in der Bekleidungsindustrie, computerisierte und mechanisierte Materialführungsprozesse im Lager von Versandhäusern und computerunterstützte Tomographie auf Röntgenstationen in Krankenhäusern.

2.2 *Stereotype über Technik*

Wie flexibel Deutungsmuster, Stereotype benutzt werden, um Frauen aus technologischen Karrieren auszugrenzen und als „nicht-technisch" erscheinen zu lassen, illustriert Cockburn anhand von Assoziationen zum polaren Adjektivpaar „hart-weich" (ebd., S.191 ff.). So wurde in Cockburns Studie das Adjektiv „hart" von Männern gebraucht, um Ingenieurarbeit als männlich zu charakterisieren, indem es etwa mit beruflichen Eventualitäten wie „Härte im Nehmen", „gefährliche Arbeit", „Schmerz ertragen", „Schmutz", „Kraft" assoziiert wurde.

Wechseln Ingenieure in leitende Positionen und verlassen die „harte Welt" der Werkstatt, um in die „weiche Welt der Rechenschieber, Computer, Konsolen und Schreibtische" einzutreten (ebd., S.195), werden zusätzliche „ideologische Manöver" erforderlich, um die alten Stereotype, mithin die traditionelle männliche Identität und Hegemonie aufrechtzuerhalten. Dann wird innerhalb des Spektrums von „Kopfarbeit" Hartes und Weiches geschieden: z.B. gilt nach den von Cockburn herangezogenen Belegen die theoretische Physik als härter, damit auch als prestigeträchtiger als die experimentelle Physik.

Eine weitere Strategie besteht darin, die Hart-weich-Assoziationen durch die Dichotomie „intellektuell vs. nicht-intellektuell" zu ersetzen oder zu ergänzen:

> „Einmal also werden Physis, Muskelkraft, Wagemut und manuelle Fähigkeiten mit unwiderruflich männlichen Werten belegt und die Frauen gelten als schwache und unfähige Wesen. Ein anderes Mal werden Intellektualität und analytische Fähigkeiten mit Männlichkeit besetzt. In diesem Fall werden Frauen zu physischen Wesen, gebunden an organische Prozesse wie Geburt, Nähren und Säubern." (Cockburn, 1988, S.196)

Die von Cockburn postulierte dualistische und flexible Struktur stereotyper Merkmale von Technik und technischen Arbeitsfeldern und, in Verbindung damit, von Weiblichkeit und Männlichkeit betrachtet Knapp als typisch für gesellschaftliche Bereiche, in denen Konkurrenz- und Vergleichsverhältnisse unmittelbar gegeben sind. Sie sieht im „Mechanismus der Stereotypisierung" und in der „Struktur des kulturellen Fundus an Geschlechterklischees" eine Beweglichkeit angelegt, die sie funktional werden läßt, um Herrschafts- und Dominanzverhältnisse unter widersprüchlichen Bedingungen zu legitimieren. Für solche Fälle stünden „genügend stereotype Oppositionspaare zur Verfügung, die je nach konkreter Bedarfslage zitiert und ausgetauscht werden können" (Knapp, 1989a, S.414).

Berücksichtigt man andere Forschungskontexte, scheinen allerdings der Variabilität von geschlechtlich „aufgeladenen" Stereotypisierungen von Technik und technischen Bereichen Grenzen gesetzt zu sein. Folgt man den im 1. Abschnitt skizzierten erkenntnistheoretischen bzw. wissenschaftshistorischen Analysen, basieren die Stereotypenbildungen im Zusammenhang mit Wissenschaft und Technik auf der grundlegenden androzentrischen Prägung von Wissenschaft und Technik. Der in Cockburns Studie diskutierte Wechsel der Technikassoziationen von „weich-hart" zum Begriffspaar „intellektuell-nicht-intellektuell" wäre demnach weniger Ausdruck einer flexiblen männlichen Dominanzstrategie, eher eine Bewegung im semantischen Raum androzentrisch geprägter Stereotype über Technik. Zu dieser Folgerung berechtigen auch - häufig erwähnte, selten referierte - sozialpsychologische Studien über das konnotative Bedeutungsfeld respektive über die Stereotype von Begriffen und Objekten. In den sechziger und siebziger Jahren untersuchte Hofstätter (1979) Stereotype mit einem „Semantischen Differential", das heißt, 25 polaren Eigenschaftspaaren; unter anderem wurden so die Assoziationen zum Technikbegriff gemessen. Neben der auch von Cockburn berichteten Affinität mit „hart" wurde „Technik" (ich nenne nur die zutreffenden Eigenschaftspole) vor allem mit „nüchtern", „geordnet", „klar", „robust", „herrisch" assoziiert. Den durchgeführten Faktorenanalysen zufolge entspringen die Technikassoziationen einem einzigen Faktor, der als *Potency*- oder „Stärke"-Faktor bezeichnet wird und sich in vielen Untersuchungen mit Semantischen Differentialen findet. Interessant an Hofstätters Ergebnissen ist weiterhin die enge Verwandtschaft der Stereotypen von Männlichkeit und Technik: Die Assoziationen zu „Mann" bzw. „männlich" und das entsprechende Profil für „Technik" gleichen sich,[16] während die Profilkorrelation zwischen „Technik" und „weiblich" negativ ausfällt. Ebenso zeigt sich eine starke Ähnlichkeit der Stereotypen von „Intelligenz" und „Männlichkeit", während „Intelligenz" und „Weiblichkeit" unkorreliert bleiben. Beinahe identische Ausprägungen und Beziehungen der Stereotype wie 1979 ergaben sich bereits in einer Studie Hofstätters 15 Jahre zuvor.

Diese Ergebnisse belegen eindrucksvoll - gerade weil sie mit einem relativ einfachen begrifflichen Instrumentarium arbeiten - die Stabilität und Affinität der Stereotypen von „Technik" und „Männlichkeit" und sprechen mittelbar für eine gemeinsame Herkunft und Verankerung der Konzepte im kognitiven Bezugssystem des Common sense.[17]

---

16 Vgl. hierzu auch Bammé et al. (1986, S.180), die bei ihrer Diskussion des männlichen „Maschinenmenschen" die konstatierte Nähe zwischen „Männlichkeitskriterien" und „Maschinenkriterien" mit Hofstätters Ergebnissen belegen.

17 Der mögliche Vorwurf an die Adresse Hofstätters, er würde Stereotype reproduzieren, weil er nach ihnen frage, scheint angesichts der zahlreichen Belege für ein relativ schlicht strukturiertes Bezugssystem der Konnotationen von Begriffen ins Leere zu laufen. Eine andere Frage ist, welchen Stellenwert man den gefundenen Stereotypen beimißt, ob man sie wie Hofstätter beinahe als so etwas wie anthropologische Konstanten begreift, die durch aufgeklärte Rationalität nur zu kanalisieren sind, oder ob man Rationalität und Stereotype als demselben gesellschaftlichen Entstehungszusammenhang zugehörig betrachtet.

2.3 *Die Frau als* token *im technischen Beruf*

Die geschilderten Prozesse der beruflichen und symbolischen Abgrenzungen von Technik und Weiblichkeit lassen folgenden Schluß zu:

„Weiblichkeit ist mit technologischer Kompetenz unvereinbar, technisch sachverständig sein, heißt männlich sein." (Cockburn, 1988, S.22)

Ist diese Folgerung richtig, kann sich für Frauen, die in einem für das eigene Geschlecht unüblichen Tätigkeitsfeld, in einer Männerdomäne arbeiten, eine doppelte Schwierigkeit ergeben, wenn sie gleichermaßen als Frau und als technisch kompetente Kollegin akzeptiert werden möchten. Es kann gerade aber auch deshalb für Frauen eine Herausforderung sein, einen prestigeträchtigen, oft interessanten und gut bezahlten Männerberuf zu wählen und die Rolle einer „Pionierin" zu übernehmen.

Die paradoxe Situation von Frauen in männlich dominierten Bereichen hat Kanter (1977a,b) bereits Mitte der 70er Jahre mit ihrem Konzept des *tokenism* analysiert. Als *token* wird eine Person bezeichnet, die aufgrund von askriptiven Merkmalen zur Minderheit in einer Gruppe gehört. In ihrer Studie über Ingenieurinnen diskutiert Berg-Peer (1981, S.100 ff.) die Folgen für Frauen, die ihre Berufswahl in die Situation eines *token* brachte. Ingenieurinnen sind demnach aufgrund ihrer Minderheitenposition einer erhöhten Sichtbarkeit und Aufmerksamkeit ausgesetzt, die sie in ihren Handlungsspielräumen einschränken können. Sie repräsentieren im Beruf die Kategorie „Frau" und werden mit stereotypen Erwartungen an Frauen konfrontiert. Ingenieurinnen werden primär in ihrer sogenannten Frauenrolle wahrgenommen und nicht in ihrer Berufsrolle, wodurch ihre technischen Kompetenzen eine geringere Beachtung erfahren. Die soziale Sichtbarkeit kann den Frauen allerdings auch Vorteile bringen, impliziert aber einen hohen Leistungsdruck, wenn sie ihre fachliche Kompetenz beweisen wollen. Sie dürfen dabei auch die männliche Überlegenheit nicht in Frage stellen, wenn sie Sanktionen vermeiden möchten.

Unter „Polarisierung" versteht Berg-Peer, daß das Vorhandensein von *token* bei der (männlichen) Mehrheit erst ein Bewußtsein für Gemeinsamkeit schaffen kann. Das heißt, die Minderheit bewirkt in der Mehrheit Abgrenzungsreaktionen - abwertende oder aggressive Äußerungen, Ausschluß von informellen Kommunikationsprozessen - und trägt somit mittelbar auch zur Stabilisierung der dominanten männlichen Kultur der Technik bei. Berg-Peer sieht verschiedene Verhaltensmöglichkeiten für Frauen: Sie können Polarisierungsreaktionen „auffangen", indem sie ihre Isolation akzeptie-

---

Hinzu kommt, daß Hofstätters Ergebnisse Interpretationsspielräume offenlassen; das wird sich bei der Vorstellung meiner eigenen Untersuchungsergebnisse zeigen, die explizit auf Hofstätters Studien Bezug nehmen.

ren und damit ihren beruflichen Erfolg erschweren. Sie können aber auch versuchen, zum „Insider“ zu werden, sich an die männliche Kultur anzupassen bzw. sich mit dieser zu identifizieren, z.B. dadurch, daß sie sich selbst als Ausnahme darstellen und männliche Stereotypisierungen über Frauen auf andere Frauen übertragen. Ingenieurinnen können schließlich auch von der männlichen Mehrheit integriert werden, wenn sie bereit sind, einem traditionellen weiblichen Stereotyp[18] zu entsprechen, sich damit aber selbst in ein Rollenschema zu zwängen.

Neuere Befragungsergebnisse von Teubner (1989, S.68 ff.) bestätigen, daß Ingenieurinnen sich ihrer Situation als *token* bewußt werden, wenn sie ihre eigene Position im Beruf mit „Exotin“ oder „Pionierin“ umschreiben. Es wird darauf verwiesen, daß die Zahl der Ingenieurinnen bisher offensichtlich noch zu gering ist, um „veränderte Erwartungs- und Verhaltensweisen in der Profession zu hinterlassen“ (Janshen, Rudolph et al., 1987, S.231). Folgt man den Überlegungen des *token*-Konzepts, ist davon auszugehen, daß Frauen vorerst in und zu der Technik kein ungebrochenes Verhältnis entwickeln können, daß sie folglich der Technik und technischen Arbeitsbereichen mit einem höheren Maß an Ambivalenz als Männer begegnen dürften (vgl. z.B. Wagner, 1986a,b) - was zwar eine Benachteiligung der Frauen darstellt, aber nicht grundsätzlich als Nachteil interpretiert werden muß. Zudem ist zu diesem eher idealtypischen bzw. zuspitzenden Konzept zu bemerken, daß *token*-Positionen nicht als unentrinnbares Schicksal begriffen werden sollten, daß sich trotzdem gesellschaftliche Adaptionsprozesse beispielsweise an die zunehmende Existenz von Frauen in technischen Berufen abspielen dürften. Es ist daher in den jeweiligen Arbeitskontexten zu untersuchen, wie Frauen mit ihrer *token*-Situation umgehen.

2.4 Technik, ein multidimensionales Konstrukt

Auch wenn Männer zur Zeit zweifellos die naturwissenschaftlichen und technischen Institutionen dominieren, ist es denkbar und - werden entsprechende frauenpolitische Bemühungen der letzten Jahre fortgesetzt - zu erwarten, daß sich die Anzahl und der Status der Frauen in diesen Institutionen künftig verändern werden. Ob sich dann auch die Technik zum Positiven wenden, humane, sozialverträgliche, kurz weniger androzentrische Entwicklungen verstärken werden - wie dies feministische Überlegungen und Visionen nahelegen -, bleibt zu hoffen, kann aber nicht sicher prognostiziert werden (vgl. z.B. Janshen und Mitautorinnen, 1990; Hickel, 1992; Wajc-

18 Berg-Peer (ebd. S.107 ff.) unterscheidet unter Bezugnahme auf Kanter (1977b) vier weibliche Rollenmuster, „Mutter“, „Sex-Objekt“, „Maskottchen“, „Emanze“, die nach ihrer Ansicht den Frauen angeboten werden.

man, 1994). Die für die Vergangenheit evidente Festlegung der Frauen bzw. des Weiblichen auf das „Andere“ von Technik berechtigt allein noch nicht, von einer wünschenswerten Mehrbeteiligung von Frauen an technischen Entwicklungen unvermittelt eine alternative Technik zu erwarten[19]. Wajcman jedenfalls bleibt in dieser Hinsicht skeptisch, warnt vor verkürzten Schlußfolgerungen:

„Es ist unmöglich, die Geschlechterverhältnisse, die in Technologien zum Ausdruck kommen und diese prägen, von den umfassenderen gesellschaftlichen Strukturen zu trennen, von denen sie hervorgebracht und aufrechterhalten werden. Wenn wir eine Theorie über den vergeschlechtlichten Charakter der Technik entwickeln, laufen wir unweigerlich Gefahr, entweder einen essentialistischen Standpunkt einzunehmen, der Technik als inhärent patriarchal sieht, oder durch eine Überbetonung der historischen Veränderbarkeit der Kategorien 'Frauen' und 'Technik' die Struktur der Geschlechterbeziehungen aus den Augen zu verlieren.“ (Wajcman, 1994, S.43/44)

Stattdessen verlangt Wajcman (ebd., S.30 ff.) eine differenzierte, empirisch fundierte Analyse der Verhältnisses von Technik und Geschlecht. Ein erstes Anliegen dabei ist, die Ergebnisse der sozialwissenschaftlichen Technikforschung zur Kenntnis zu nehmen. Dadurch soll erreicht werden, technischen Wandel nicht nur als Resultat eines abstrakten rationalen Kalküls zu begreifen, sondern eingebettet in gesellschafts- und machtpolitische Entscheidungsprozesse und Kompromisse. Darüber hinausgehend sollte nach Wajcman eine feministische Technikforschung konkret - man könnte auch sagen, unbefangen - an den Fragen weiterarbeiten, die die Frauenforschung bisher mehr aufgeworfen als beantwortet habe: Das betrifft unter anderem die Frage nach den Gründen für die Unterbewertung weiblicher Arbeit, die Behandlung der Affinität von „Männlichkeit“ und „Technik“ unter Vermeidung von Tautologien oder die Frage nach den Fraueninteressen bei der Gestaltung von Technik.

Um dies tun zu können, ist es zu allererst erforderlich, sich des Bedeutungsspektrums von Technik zu vergewissern und in Analysen eine entsprechend differenzierte Vorstellung von Technik zu berücksichtigen, zumal sich dann das Verhältnis von Frauen *und* Männern zur Technik weit differenzierter darstellen dürfte, als es die „gängigen Theoreme und Interpretationsraster“ (Knapp, 1989b, S.224) nahelegen. So wäre es etwa wünschenswert zu überprüfen, wie sich die Geschlechterdichotomie auf den Dimensio-

19 Dies konzedieren unter anderem auch Woesler de Panafieu (1987) und Scheich (1993) in bezug auf die Naturwissenschaft, obwohl ihre wissenschaftskritischen Analysen eine total andere „weibliche“ Wissenschaft nahelegen. Überlegungen zu einer „weiblichen“ Technikentwicklung lassen sich am ehesten ökofeministischen Ansätzen entnehmen, die ein fundamental anderes Verhältnis von Frauen zur Natur und zu den Dingen postulieren. Es wird vorausgesetzt, daß Frauen prinzipiell verantwortungsbewußt, nicht zerstörerisch mit der Natur umgehen. Vertreterinnen dieses Ansatzes lehnen allerdings eine vermehrte Beteiligung von Frauen an der herrschenden, männlich dominierten Technik ab (vgl. z.B. Mies, 1983, 1985).

nen bzw. Varianten des Technikbegiffs „abbildet". Unterscheiden könnte man zu diesem Zweck mit der Techniksoziologie zwischen einem engeren Technikbegriff (sog. Sachtechnik) und einem weiteren Technikbegriff, der alle Verfahrensweisen eines Handelns und Denkens umfaßt, die methodischen Operationsregeln folgen und strategisch einen bestimmten Zweck anstreben; davon kann nochmals ein für postindustrielle Gesellschaften zunehmend relevant werdender informations- und systemtheoretischer Technikbegriff abgehoben werden (vgl. Rammert, 1989, S.724 ff.). In bezug auf die Informatik unterscheidet Erb (1994, S.33) bei Technik die drei Dimensionen Artefakt, Verfahren, instrumentelles Handeln.

Schon um über mißverständliche Interpretationen von Aussagen zur „Technik" hinauszugelangen, dürfte es für Analysen angebracht sein, die Komplexität des Technikbegriffs zu berücksichtigen. Zu bedenken ist in diesem Zusammenhang außerdem - insbesondere auch mit Blick auf empirische Untersuchungen -, daß von einzelnen Personen das Abstraktum „Technik" durch jeweils unterschiedliche konkrete Phänomene und Prozesse, die Segmente des Begriffsspektrums darstellen, inhaltlich gefüllt wird (vgl. z.B. Schimpf-Hunnius & Hunnius, 1990; Scheuch, 1990; EMNID-Institut, 1991). Erb (1994) vertritt die Ansicht, ein „nebulöser" Technikbegriff würde die Mystifizierung von Technik begünstigen und die Stereotype männlicher Technikdominanz und weiblicher Technikdistanz verstärken. Ähnlich äußern sich Dippelhofer-Stiem & Odebrett. Sie halten es für angezeigt, den

> „Technikbegriff der Frauen näher zu beleuchten, den Konnotationen und Assoziationen nachzugehen und hierin nach den Wurzeln für Ambivalenzen und Distanzierungen, aber auch für Kompetenzbewußtsein zu suchen." (Dippelhofer-Stiem & Odebrett, 1994, S.130)

Folgerungen für die Fragestellung der empirischen Studie

Die Vergeschlechtlichung technischer Arbeitsfelder und die männliche Kultur der Technik belegen in immer neuen Varianten das augenscheinliche Faktum einer sozialen Distanz von Frauen zur Technik. Aus den referierten Ansätzen und Befunden ergibt sich allerdings für das (subjektive) Verhältnis von Frauen und Männern zur Technik kein einfaches, eindeutiges Muster.

Der Sachverhalt, daß Männer die heutige Technik prägten und ihre Entwicklung kontrollierten, könnte nahelegen, daß sie im allgemeinen auch über eine breitere, komplexere Vorstellung von Technik verfügen. Bezogen auf meine empirische Untersuchung heißt das, daß sie unter Technik eine größere Anzahl von Phänomenen subsumieren müßten, als dies Frauen tun. Weiterhin ließe sich annehmen, daß Männer Technik eher für kontrollierbar und steuerbar halten, zumindest in geringerem Maß als ein Phänomen ansehen, das menschlicher Kontrolle entgleitet. Allerdings dürften sich auch Frauen, die in den Natur- oder Ingenieurwissenschaften „zu Hause" sind, hinsichtlich der Komplexität der Technikvorstellungen und der Kontrollüberzeugungen von anderen Frauen unterscheiden, sich in ihren Haltungen Männern annähern. Denn es ist eher unwahrscheinlich, daß sich eine Frau für ein Ingenieurstudium entscheidet und gleichzeitig davon überzeugt ist, Menschen könnten technische Entwicklungen nicht steuern.

Bei einer Differenzierung des Technikbegriffs könnten sich Annahmen über geschlechtsspezifische Unterschiede ebenfalls als ergänzungsbedürftig erweisen. Es ist aufgrund der androzentrisch geprägten Technikgenese naheliegend, daß Frauen mit Technik andere Vorstellungen, das heißt, andere Technologien, andere Weiterentwicklungs- und Fortschrittsideen verbinden als Männer. Neuere Arbeiten (Erb, 1994; Dippelhofer-Stiem & Odebrett, 1994; Wajcman, 1994), auch wenn sie keine erschöpfenden Antworten auf diese Frage geben, sprechen jedenfalls dafür, hier genauere Untersuchungen anzustellen. Auch in Hinblick auf die potentiell von Frauen erwarteten technischen Innovationen kann eigentlich der erste Schritt nur sein, sich dessen zu vergewissern, was Frauen bislang konkret unter Technik verstehen.

In diesem Zusammenhang ist auch die Frage nach geschlechtsspezifischen wie geschlechterdiskriminierenden Technikassoziationen von Belang. Über Technikassoziationen erfaßt man subjektive Verarbeitungen, Stereotypisierungen der gesellschaftlichen Kategorie „Technik“. Während die Arbeit Cockburns (1988) von Assoziationen berichtet, die sowohl geschlechtsspefizisch benutzt und frauendiskriminierend eingesetzt werden, legen die Befunde Hofstätters (1979) nur geschlechtsdiskriminierende Assoziationen nahe, die einer allgemein-gesellschaftlich verankerten stereotypen Vorstellung über die Männlichkeit von Technik bzw. über deren beider Affinität entspringen und daher - führt man Hofstätters Überlegungen weiter - auch bei Frauen nachweisbar sein müßten. Die Befundlage ist allerdings bisher zu gering, um sich überzeugend der einen oder anderen Position anzuschließen. Angesichts der Beliebtheit, mit der immer wieder Stereotype von „Technik“ und von „Männlichkeit“ bemüht werden, besteht hier dringender Klärungsbedarf.

Das token-Konzept schärft den Blick dafür, daß Ingenieurinnen - wie Frauen in Männerdomänen generell - sich nicht nur zu den fachlichen und habituellen Anforderungen der Berufe, sondern auch zu weiblichen Geschlechtsrollenstereotypen verhalten müssen. Wie sich das Verhältnis von Ingenieurinnen zur Technik gestaltet, dürfte mit davon abhängen, wie diese Frauen in ihrem Selbstkonzept die rollennonkonformen beruflichen Anforderungen und die normativen Geschlechtsrollenerwartungen ausbalancieren.

3. Zur Psychodynamik von Wissenschaft und Technik

Die strukturellen Verbindungslinien von Technik und Männlichkeit lassen sich nicht nur an Programmatiken, Überzeugungen und bewußten bzw. bewußtseinsfähigen Stereotypen belegen. Zudem können „darunterliegende" psychodynamische, unbewußte Prozesse vermutet werden, die die Entsprechung objektiver Ausschlußmechanismen von Frauen aus der Technik und geschlechtsspezifischer subjektiver Haltungen plausibel machen, damit die - zumal angesichts der Auflösung von Traditionen und Tabus - irrationale Trennung von Frau und Technik stabilisieren.

3.1 Weibliche und männliche Objektbeziehungen

Fox Keller möchte die Ursachen der stabilen Verbindung von Männlichkeit und moderner Wissenschaft erklären, indem sie die „emotionale Substruktur" analysiert, die „unsere Geschlechtererfahrung mit unserer Verstandeserfahrung verbindet" (Fox Keller, 1986, S.85). Bei diesem Vorhaben erweitert sie Überlegungen der psychoanalytischen Theorie der Objektbeziehungen wie sie bereits von Chodorow, Dinnerstein, Benjamin und Flax angestellt wurden.[20]

Fox Keller arbeitet einen Zusammenhang zwischen der Bildung von Objektbeziehungen, der Konstitution von Identität und wissenschaftlicher Erfahrung und Erkenntnis heraus. Ausgangspunkt ist die psychoanalytische Grundannahme, daß die frühe Mutterbindung wie die Trennung von der Mutter die zentrale Erfahrung für die Bildung nachfolgender Objektbeziehungen und für die Identitätsentwicklung darstellt. Damit repräsentieren Frauen, die in der Regel in den ersten Lebensjahren die Pflege der Kinder übernehmen, „sowohl die körperlichen und sinnlichen Momente als auch die ersten Sozialbeziehungen" (Woesler de Panafieu, 1987, S.100). Die „Dialektik von Trennung und Bindung" bezüglich der Mutterfigur gestaltet sich für Jungen und Mädchen unterschiedlich. So sind bei Mädchen Bindungs- und Kooperationsprozesse akzentuiert. Das Bedürfnis nach Abgrenzung von der Mutter gilt bei ihnen als nicht so stark ausgeprägt wie bei Jungen. Kulturelle

---

20 Ihre Ausführungen beginnen somit in der präödipalen Entwicklungsphase und setzen einen feministischen Gegenakzent zur androzentrisch verzerrten Beschreibung der ödipalen Konstellation, die in der Neurosentheorie und generell im Werk Freuds eine zentrale Rolle spielt. Zu beachten ist beim Rückgriff auf psychoanalytische Ansätze generell, daß die ursprünglich im psychotherapeutischen Setting gewonnenen Konzepte eine eigentümliche empirische Grundlage besitzen, die sich von sonstigen sozialwissenschaftlichen Analysen unterscheidet. So ist für psychoanalytische Aussagen unter anderem charakteristisch, daß sie grundsätzlich überdeterminiert sind.

Faktoren können außerdem die weibliche Autonomieentwicklung behindern, wenn Abhängigkeit und Subjektivität als weibliche Attribute betont werden.

„In dem Maße, wie solche Merkmale internalisiert werden, können sie über Generationen weitergegeben werden, indem sie zu einer Verstärkung der Symbiose zwischen Mutter und Tochter führen." (Fox Keller, 1986, S.95; vgl. auch Chodorow, 1985).

Zur Ausbildung und Stabilisierung der männlichen Identität und speziell einer männlichen Geschlechtsidentität bedarf es dagegen einer „Desidentifizierung von der Mutter" (Fox Keller, 1986, S.94). In den Worten von Woesler de Panafieu:

„Der Individuationsprozeß des Jungen kann als Prozeß der Abtrennung und Abwertung des Weiblichen, verbunden mit Körperlichkeit, Sinnlichkeit und Sprachlosigkeit und der Aufwertung des Männlichen ... verstanden werden. In diesem Prozeß werden die weiblichen Momente im Jungen selbst gleichzeitig unterdrückt. Die sich so entwickelnde autonome Individualität geht auf einer neuen Grundlage Objektbeziehungen ein, auf der Grundlage von Dominanz, Macht, Selbstkontrolle und der Überbetonung des Mentalen vor dem Körperlichen und Sinnlichen. Die in der Trennung erlangte Autonomie des Männlichen hat die Unterdrückung der eigenen Emotionen, der Gefühle und der Körperlichkeit zur Grundlage. Auf dieser spezifischen Form der Trennung baut die männliche Erfahrungsgrundlage auf; in ihr haben Geist und Verstand Vorrang. Insofern kann eine Wissenschaft, die auf einer mentalen Erfahrungsgrundlage aufbaut, als männlich charakterisiert werden. Sie ist mächtig zugleich, da sie qua Geschlechtsüberbewertung die Definitionsmacht über Wirklichkeit und Wahrheit hat." (Woesler de Panafieu, 1987, S.100)

Berücksichtigt man die entwicklungspsychologische Dynamik, ergeben sich also aus der Beschaffenheit der frühkindlichen Beziehungen geschlechtlich akzentuierte oder geprägte Stile des Zugehens und - in bereits „vermännlichter" Diktion - des „Zugriffs" auf die Welt und die Dinge. Davon bleiben selbstverständlich auch die wissenschaftlichen Zugangsweisen zur Wirklichkeit nicht verschont. Das Rekurrieren auf die Psychoanalyse bedeutet allerdings nicht, daß sich die wissenschaftliche Entwicklung aus den individuellen und geschlechtsspezifischen Triebschicksalen erschöpfend ableiten ließe. Am Beispiel der Pflanzengenetikerin McClintock, die für ihre Entdeckung der sogenannten springenden Gene mit dem Nobelpreis ausgezeichnet wurde, erläutert Fox Keller (1986, S.168 ff.; vgl. auch Wajcman 1994, S.21; Heymann, 1991, S.60 f.), wie sie sich wissenschaftliches Denken vorstellt, das innerhalb der etablierten Wissenschaft zugleich über diese hinausweist. So sei die McClintocksche Entdeckung dadurch begünstigt worden, daß sie von den dogmatischen Ordnungsvorstellungen ihrer Disziplin Abstand genommen habe, die beobachteten genetischen Ausnahmeerscheinungen an Maispflanzen nicht als Abweichung von gültigen Gesetzmäßigkeiten, sondern - zunächst intuitiv, später systematisch - als Hinweis auf ein neues, übergeordnetes Ordnungsprinzip begriffen habe.

Dementsprechend wünscht sich Fox Keller eine andere Wissenschaft, die die Dichotomie von Männlichkeit und Weiblichkeit transzendiert:

„Meine Vorstellung von einer von geschlechtsspezifischer Prägung befreiten Wissenschaft ist nicht eine Nebeneinanderstellung oder gegenseitige Ergänzung von männlichen und weiblichen Sichtweisen, noch will sie eine Art von Engstirnigkeit durch eine andere ersetzen. Sie basiert vielmehr auf einer Umformulierung der Kategorien des Männlichen und Weiblichen und dementsprechend von Geist und Natur." (Fox Keller 1986, S.190)

3.2 Phantasmen der Naturbeherrschung und der Weiblichkeit

Die Ausführungen von Fox Keller sprechen dafür, daß die Verbindung von „Wissenschaft" und „Männlichkeit" bzw. „Emotionalität" und „Weiblichkeit" nicht als deterministische oder unaufhebbare Vorgänge interpretiert werden sollten. Daß trotz der postulierten Objektivität und Rationalität Wissenschaft nicht frei von Emotionalität und Empathie ist und „Unbewußtes" als Verdrängtes, Abgespaltenes in den Forschungsprozeß miteingeht, zeigen auch andere unkonventionelle, zum Teil psychoanalytisch inspirierte Deutungen wissenschaftlicher Rationalität (vgl. z.B. Böhme, 1980; Foucault, 1974; Erdheim, 1984).

Einschlägig ist hier besonders Erdheims Analyse des „gesellschaftlichen Unbewußten" unter Verwendung des von ihm eingeführten Begriffs „Phantasma". Unter Phantasmen werden Vorstellungen verstanden, die im Grenzbereich von Bewußtsein und Unbewußtem entstehen und für die Genese neuer Bewußtseinsstrukturen, neuer kognitiver Systeme eine wesentliche Rolle spielen. Erdheim hält Phantasmen, die für die „Unbewußtmachung" des verpönten Teils dieser Systeme sorgen, für den dauerhaften Bestand existierender Herrschaftsverhältnisse für unabdingbar, da sie die von diesen Verhältnissen hervorgerufene aggressive Auflehnung im Unbewußten zu halten vermögen. Erdheim betont die Ambiguität solcher Prozesse:

„Die gesellschaftliche Relevanz des Unbewußten wird durch seine doppelte Funktion bestimmt (...). Im ersteren Fall ist das Unbewußte der Ort, der, wie ein kosmisches schwarzes Loch, alle Phantasien, Wünsche und Wahrnehmungen aufschluckt, die das von der Gesellschaft mitgeprägte Bewußtsein nicht zulassen darf, und im zweiten Fall ist es der Ort, von dem die schöpferischen Impulse ausgehen, die zur Schaffung neuer Welten führen." (Erdheim, 1984, S.205)

Scheich versucht, das Phantasma-Konzept für die Analyse der Naturwissenschaften zu nutzen und fragt von dieser Perspektive aus nach der „Funktion der Geschlechterdifferenz und des Geschlechterverhältnisses für die unbewußten Strukturen wissenschaftlicher Erkenntnis" (Scheich, 1993, S.86). Das Phantasma der Naturbeherrschung ermöglicht „die Verschiebung der Machtwünsche vom Bereich des Gesellschaftlichen auf den der natürlichen Umwelt" (ebd., S.78). „Herrschaft" wird in der Naturwissenschaft versachlicht, in Technik und technische Machbarkeit umgewandelt. Im Selbstverständnis der „harten" Naturwissenschaften erscheint dieses Phantasma nur, insoweit die „dahinter“ oder „darunter“ liegenden Strebungen in methodische Bedingungen des Forschungsprozesses, Rationalität, Objektivität etc. übersetzt werden konnten. Die irrationalen Momente, Triebregungen, subjektiven Empfindungen finden in dieser Wissenschaft allenfalls als auszuschließende Störfaktoren Beachtung und werden ins Unbewußte abgedrängt und auf das „Andere“ der Wissenschaft, sinnfällig auf das Weibliche projiziert.[21]

„Die Verleugnung der menschlich-gesellschaftlichen Abhängigkeit von der natürlichen Umwelt und der Bedeutungen der subjektiven Empfindungen und Einstellungen für den wissenschaftlichen Denk- und Forschungsprozeß reicht hin bis zur regressiven Zerstörung der Natur durch Wissenschaft und Technik und auch der Zerstörung eines Wissens über Natur, dem diese Zusammenhänge noch bewußt waren.“ (ebd., S.79)

Die Destruktivkraft, die Wissenschaft und Technik entfalten können, ist für Scheich die eine Folge der phantasmagorischen Abspaltungsprozesse. Hinzu kommt, daß mit der Verdrängung von Intuition, Empathie und Verstehen kreative Potentiale aus dem Procedere der Naturwissenschaften ausgeklammert bleiben. Diese unbewußten Merkmale gelten zudem als „weibliche Charaktereigenschaften“, die auf der niederen Stufe des gesellschaftlichen Daseins, im Privatbereich lokalisiert werden, was nach Scheich (1993, S.87) auf die Aggressivität verweist, mit der sie unter Kontrolle gehalten werden müssen, um den gesellschaftlichen und damit auch den wissenschaftlich-technischen Status quo zu bewahren.

Das heuristische Phantasma-Konzept kann für die kritische Diskussion der Beziehung zwischen wissenschaftlicher Rationalität, Männlichkeit und Herrschaft in mehrfacher Hinsicht nützlich sein. Es zeigt auf, daß Wissenschaft nicht auf das reduziert werden sollte, als das sie sich darstellt.[22] Die Verdrängung bzw. gesellschaftliche Kanalisierung ihrer „Triebanteile“ sichert ihr die mittelbare Teilhabe an der gesellschaftlichen Herrschaft, beschränkt zugleich aber auch ihre Erkenntnisbemühungen. Die wissenschaftliche, szientifische Rationalität erscheint im Phantasma-Konzept nicht als die einzig und exklusiv mögliche Form des Umgangs des vergesellschafteten Individuums mit seiner „Umwelt“, sondern nur als dessen bewußtseinsfähige Oberfläche und als die unter der kapitalistischen, patriarchalischen Vergesellschaftung mögliche Option. Somit wird aber auch eine - von Herrschafts-

---

21 Weiblichkeit stellt damit nach Scheich das die Naturbeherrschung ergänzende Phantasma dar (ebd., S.93).

22 Allerdings sollte man nicht die Kehrseite der bestehenden Wissenschaft zur einzig möglichen Alternative stilisieren, wie dies etwa bei Mies (1983) beobachtet werden kann, wenn sie aus der biologischen Produktivität der Frau einen gänzlich anderen und a priori menschenfreundlichen Naturumgang „ableitet“. Eine solche Perspektive unterschätzt sowohl die Leistungsfähigkeit der etablierten Wissenschaft und Technik als auch die vielfältigen Voraussetzungen eines grundlegenden Neubeginns.

interessen auf der einen Seite, von der Psychodynamik auf der anderen Seite begrenzte - Veränderungsperspektive angezeigt, die in der Reflexion der unvollkommenen Rationalität der Wissenschaft ihr Remedium besitzt. Da Frauen gewissermaßen Träger der ins Unbewußte verdrängten Aspekte der wissenschaftlichen Produktion sind, könnte ihrem selbstbewußten Auftreten in der Wissenschaft eine besondere Bedeutung für das Propagieren und Wahrnehmen einer derartigen Veränderungsperspektive zukommen.

3.3 Technische Kreativität und Bedürfnisstruktur

Auf die unbewußten Anteile, die in technische Artefakte und Innovationen eingehen, wurde von Janshen (1986, 1989) aufmerksam gemacht. In Weiterführung von Gehlens Überlegungen (vgl. auch Bammé et al., 1986, S.311), wonach technische Entwicklungen in einer unbewußten, triebhaften Vitalität ihren Ursprung haben, und unter Hinweis auf Selbstdarstellungen berühmter Techniker versucht Janshen zu belegen, daß Technik „Ausdruck männlicher Ziele, Wünsche und Leidenschaften" (Janshen und Mitautorinnen, 1990, S.8) ist. Sie geht davon aus, daß technische Kreativität nicht nur durch professionelles Wissen zustandekommt, sondern auch Wünsche, Projektionen integriert. Männliche Größenphantasien, die den Beginn großer technischer Erfindungen markieren, knüpfen an körperliche Erfahrungen des Mannes und an Selbststilisierungen männlicher Kraft an, wobei „das Bedürfnis nach der Empfindung eigener Kraft oder der Wunsch nach mehr Kraft, respektive Macht auf die Maschine projiziert werden" können (Janshen, 1986, S.289). Mit den männlichen Omnipotenzphantasien gehen wiederum Beherrschungs- und Kontrolltendenzen gegenüber Natur und Technik einher. Hinzu kommt, „daß die in westlichen Kulturen weiblich imaginierte Maschine ähnlich wie der weibliche Körper männliche Bezwingungswünsche provoziert" (ebd.).

In den Worten der Unterzeichnerinnen der „Denkschrift für eine andere technische Zivilisation":

> „Der sich traditionell über seine Kraft und seine Mobilität definierende Mann entwarf für seine Projekte die Kraftmaschine. Kraft potenzierende Maschinen finden sich in der Fabrikhalle, auf dem Schlachtfeld, den Autostraßen usw. Der rationelle und technische Einsatz von Kraft verhilft Männern zur Beweglichkeit und Eroberung von Raum und Weltraum. Frauen fehlen nicht nur da, wo Technik entwickelt wird, sie fehlen auch dort, wo sie mit großem Heldenmut erprobt wird." (Janshen und Mitautorinnen, 1990, S.9)

Solche männlichen Größenphantasien spiegeln selbstverständlich nicht nur entsprechende Wünsche wider, sondern - so argumentieren die Autorinnen des Manifests weiter - weisen auf die Kehrseite des Wunsches, auf Angst vor Versagen und Ohnmacht hin:[23]

„Wir sehen nicht nur den starken Mann mit der 'großen' Technik, wir sehen auch den schwachen Mann, der Technik für seine Männlichkeitsposen in Anspruch nimmt, weil das gesellschaftlich verordnete Männlichkeitskonzept ihn überfordert. Die Fixierung auf Kampfgeist, Mut, Entscheidungskraft usw. kaschiert oft Angst, Ohnmacht und Unsicherheit des männlichen Menschen. Die herkömmliche Technikgeschichte bestätigt auch den Mann, der seine menschliche Selbstbeschränkung in der Gigantomanie seiner technischen Schöpfungen übermächtig ins Bild setzt." (ebd., S.10/11)

Im Zuge technologischer Entwicklungen und Veränderungen wird jedoch, wie Janshen schreibt, die „Kraftmaschine" zunehmend durch die „Kommunikationsmaschine" ersetzt, die „alle Aspekte von Kommunikation - Information, Interaktion, Organisation - effektiviert und potenziert" (Janshen, 1986, S.290), so daß andere - auch von Frauen ausgehende - Phantasien und Bedürfnisstrukturen für die technische Kreativität relevant werden könnten. Das anfängliche, signifikante Interesse von Frauen an der Informatik deutet auf solche Verschiebungen der durch Technik angeregten und die Technik anregenden Phantasien hin.[24] Die prinzipielle Offenheit der neuen Informations- und Kommunikationstechnologien für weibliche *und* männliche Kreativitätspotentiale scheint für Janshen und die Mitautorinnen der Denkschrift dann aber doch nicht mehr gegeben zu sein, da sie auch in der „Kopfmaschine" und damit in der Informationstechnik bereits „das Primat des bürgerlichen Mannes auf Rationalität und Wissen" verankert sehen (Janshen und Mitautorinnen, 1990, S.11).

Empirische Untersuchungsergebnisse (vgl. z.B. Weizenbaum, 1980; Turkle, 1984) machen darauf aufmerksam, daß bei der „Kopfmaschine" ebenfalls Allmachts- und Beherrschungsphantasien entstehen, bei Männern *und* bei Frauen. So belegt neuerdings Löchel (1994), daß Größen- oder Allmachtsphantasien im Umgang mit Technik kein männliches „Privileg" sein dürften und auch Frauen in ihrem Verhältnis zum technischen Objekt „Computer" nicht frei von aggressiven Regungen sind, die jedoch meist in verdeckter, indirekter und gehemmter Form zum Ausdruck kommen. Zwar überwog bei den von ihr befragten Computerbenutzerinnen vordergründig eine Ängstlichkeit im Umgang mit den Geräten. Aber gerade die verbreitete Angst der Frauen, etwas kaputtzumachen, läßt sich nach Löchel nicht nur

23 Vgl. hierzu die Reflexionen von Garbrecht, nach denen Ingenieure die Technik zum wohlgeordneten Bestandteil ihres schwachen Selbst machen. Gefühle von Angst und Ohnmacht können so überspielt und Aggressionen hinter dem „Anspruch auf wissenschaftliche Neutralität" und „Sachzwangdenken" ausgelebt werden (Garbrecht, 1980, S.41).

24 Allerdings hat sich der Anteil der Frauen in der Informatik mit deren zunehmender Etablierung wieder reduziert. Zur Diskussion dieses Phänomens vgl. Schmitt (1993).

als Ohnmachtsgefühl oder Unsicherheit werten, sondern im Gegenteil auch als - verklausulierte - Allmachtsphantasie interpretieren. Löchel vermutet hinter solchen Ängsten eine aggressiven Impulsen entspringende Selbstüberschätzung von Frauen, nicht nur einen Bedienungsfehler zu machen, sondern gewissermaßen mit einem einzigen Tastendruck alles im Computer zerstören zu können. Sie vermutet zudem, daß bei Frauen die Vorstellung „etwas aggressiv beherrschen zu wollen, aggressiv zupacken zu wollen" tabuiert ist, nicht bewußt werden darf und deshalb die „Angst" als Signal für aggressive Regungen fungiert (ebd., S.57).

Für die von Ritter (1994) untersuchten weiblichen Computerfans scheint der Computer ein omnipotentes Objekt zu sein, dessen „Maschinenmacht" einerseits Angst und Furcht, andererseits die Phantasie evoziert, mit Hilfe seiner Logik Probleme besser lösen zu können. Die Mädchen „eignen sich bei der Beschäftigung die Macht des Computers an und erleben so einen ungeheuren Zugewinn an persönlicher Subjekthaftigkeit" (ebd., S.203). Auch Janshen, Rudolph et al. (1987, S.264 f.) belegen in ihrer Ingenieurinnenstudie, daß sich bei Frauen, wenn auch in geringerem Maße, „Beherrschungslust im Umgang mit der Technik" zeigt.

Die bisher noch wenigen empirischen Befunde machen darauf aufmerksam, daß auch die weiblichen Phantasien, Wünsche, Bedürfnisse in bezug auf Technik eine detaillierte Untersuchung und Analyse erfordern, um Frauen nicht vorschnell auf einen herrschaftsfreien Umgang mit technischen Objekten zu verpflichten (vgl. Teubner, 1987, S.63).

Kritisch bleibt schließlich anzumerken, daß der offensichtliche Zusammenhang von Technik, (gesellschaftlicher) Macht und Männlichkeit dazu verführen könnte, die ergänzende sozialpsychologisch-psychoanalytisch ausgerichtete Suche von vorneherein auf entsprechende unbewußte Machtmotive einzuengen. So stellt der meines Wissens fast unbeachtet gebliebene Essay von Johnson (1980) die Frage, ob das Streben nach Macht tatsächlich die unhinterfragbare Triebkraft hinter dem Programmieren (und dem Umgang mit dem Computer) sein müsse. In seiner Auseinandersetzung mit Weizenbaums Bestseller „Die Macht der Computer und die Ohnmacht der Vernunft" (1980) kritisiert Johnson, daß vorschnell aus dem beobachtbaren, manifesten Zweck der Technik, die Welt zu gestalten und zu beherrschen, auf eine entsprechend omnipotente Bedürfnisstruktur des Technikers bzw. Programmierers geschlossen würde. Ein solches Vorgehen würde dem tatsächlichen Umgang des Programmierers am Gerät nicht gerecht und würde außerdem der technischen „Zweckrationalität zu viel Rationalität" zutrauen (Johnson, 1980, S.796; vgl. auch Bruder, 1988, S.61 f.). Der Reiz des Programmierens und die Psychodynamik des „zwanghaften Programmierers" liegt für Johnson denn auch nicht vorrangig in der Befriedigung von infantilen aggressiven und/oder Bemächtigungsbedürfnissen; für ihn deutet das (monomanische) Interesse am Programmieren - wie am wissenschaftlichen Tun generell - auf kindliche, regressive Bedürfnisse hin. Das Bedenkliche an diesem regressiven Tun ist für ihn denn auch nicht „das Monumentalwerden der Zweckrationalität" (ebd., S.797), sondern die Gleichgültigkeit gegenüber den angegebenen oder aufgetragenen Zwecken.[25]

Folgerungen für die Fragestellung der empirischen Studie

Befragungen von Frauen und Männern über ihre Haltung zur Technik liefern primär bewußtseinsfähige Aussagen, der eine unbewußte Psychodynamik gewissermaßen vorgelagert ist. Wissenschaftliches Denken und technische Kreativität als Ausdruck der aufgeklärten, modernen Gesellschaft entspringen demnach frühkindlichen Prägungen und Bedürfnissen, deren Fortbestehen auch in den fortgeschrittensten technischen Werken „durchscheint" und deren Ignorieren die Destruktivität in der wissenschaftlich-technischen Zivilisation mitbedingen dürfte. Die Analyse abfragbarer bewußtseinsfähiger Haltungen zur Technik bleibt trotzdem relevant, denn erst die Kenntnis und Klärung dieser Haltungen eröffnen den Zugang zu den „darunterliegenden" Prozessen, zu den - in psychoanalytischer Diktion - „Primärprozessen" und ermöglichen damit, Technik und Wissenschaft im Hinblick auf ihre phantasmagorischen Anteile zu reflektieren. Daß ein solcher gesellschaftlicher, auch frauenpolitischer Aufgabenkomplex nur in einer vielfältig verzweigten Arbeitsteiligkeit angegangen werden kann, darf als selbstverständlich vorausgesetzt werden.

Die Ausführungen zur Psychodynamik von Wissenschaft und Technik machen die irrationale und heute auch obsolet gewordene, trotzdem noch bestehende Trennung von Frau und Technik verständlich. Zum einen wird in der Entwicklung der frühkindlichen Objektbeziehungen die Basis für einen vergeschlechtlichten Umgang des Individuums mit seiner Umwelt geschaffen. Zum anderen begünstigte diese Basis - in der historischen Dimension - die Projektion des aus der Naturwissenschaft Ausgegrenzten, Abgedrängten auf die Kategorie „Frau". Die sozialpsychologische Diskussion legt nahe, daß die Trennung von Frau und Technik/Naturwissenschaft zwar nicht ausschließlich (wegen des skizzierten Sozialisationshintergrunds), aber doch vornehmlich durch die attribuierende Projektion von technikfernen Eigenschaften auf die Frau entsteht, durch Zuschreibungen also, die sich in traditionellen Geschlechtsrollenstereotypen und Rollenerwartungen konkretisierten. Vor dem sozialpsychologischen Hintergrund ist zu erwarten, daß durch diese traditionelle Verortung des männlichen und weiblichen Selbst die Be-

25 Vgl. zu den Ausführungen Johnsons Pflüger & Schurz (1987, S.61 ff.), Noller & Paul (1991, S.129 f.).

deutung der Technik für die Person „vergeschlechtlicht" sein könnte; dagegen sollten die Einstellungsdimensionen als solche (Technikkognitionen, -bewertungen, Verhaltensintentionen), die - in psychoanalytischer Diktion - „Sekundärprozesse" darstellen, nicht oder nur in geringerem Maß geschlechtlich geprägt sein und geschlechtlich diskriminieren.

Die alles in allem mehr durch nicht-kongruente Hypothesen als durch konsistente Ergebnisse bestimmte Diskussion um die Triebdynamik hinter technischen Entwicklungen mahnt zur Vorsicht, von Frauen a priori andere Haltungen zur Technik zu erwarten, das heißt, Frauen Haltungen zu unterstellen, die im Vergleich zu denen von Männern eine geringere Identifikation mit aggressiv-destrukiven, Machtmotive spiegelnden Potentialen von Technikentwicklungen aufweisen (vgl. auch Teubner, 1987; Schelhowe, 1993). Die Arbeiten von Löchel (1994) und Johnson (1980) zeigen - insbesondere im Hinblick auf „neue Technologien" - mit Nachdruck, daß beim Umgang mit psychologischen Aussagen zur Technik Sorgfalt geboten ist, da sich diese Aussagen mitunter nicht eindeutig interpretieren lassen (etwa „Angst" und „Allmachtsphantasie" ausdrücken) oder vereinfachende Interpretationen nahelegen, die durch Voreingenommenheiten der jeweiligen Interpretin/des Interpreten bedingt sind.

4. Konzepte des weiblichen Technikverhältnisses: Von der Differenz zur Latenz

Den bisher vorgestellten Ansätzen ist gemeinsam, Naturwissenschaften und Technik als androzentrisch geprägt bzw. verzerrt zu analysieren. In dieser Darstellungsperspektive bleiben Frauen grundsätzlich, real wie symbolisch, aus der Entwicklung von Naturwissenschaft und Technik ausgegrenzt. Demnach entstehen für Frauen erhebliche Schwierigkeiten, wenn sie sich bemühen, die „soziale Distanz" zu Naturwissenschaft und Technik individuell aufzuheben und entsprechende Berufe zu ergreifen. Zudem sind sie mit männlichen Abwehrreaktionen und -strategien konfrontiert.

Einen anderen Akzent setzen die im folgenden skizzierten Analysen, die gerade die Möglichkeiten und Potentiale von Frauen in naturwissenschaftlich-technischen Berufsfeldern untersuchen und diskutieren - ohne allerdings deswegen die Barrieren für Frauen zu ignorieren.

4.1 Weibliche Zugangsweisen zur Technik und weibliches Arbeitsvermögen

Seit Mitte der 80er Jahre versuchen bildungs- und arbeitsmarktpolitische Anstrengungen die beruflichen Chancen von Frauen in zukunftsorientierten technischen Berufen zu verbessern. Die Frauen sollten Fähigkeiten und Kenntnisse für den Umgang mit den neuen Informations- und Kommunikationstechnologien erwerben und für die Ausbildung in zukunftsträchtigen, hochqualifizierten technischen Berufen gewonnen werden. Sie sollten motiviert werden, sich „kritisch mit den Wirkungsweisen und den ökonomischen, politischen und sozialen Folgen der technologischen Entwicklung auseinanderzusetzen" (Schiersmann, 1987a, S.10). Im Kontext dieser Bemühungen und vor dem Hintergrund empirischer Forschungsergebnisse wurden globale Annahmen über Defizite oder eine generelle Technikdistanz[26] von Frauen relativiert und in Frage gestellt. Auch der am „Institut Frau und Gesellschaft" entwickelte Ansatz einer spezifischen „weiblichen Zugangsweise" bzw. „Aneignungsweise" von (Informations-)Technologien wandte sich dagegen, die Auseinandersetzung von Frauen mit Technik als defizitär zu charakterisieren. Die AutorInnen verstehen „die Beziehungen der Mädchen zu den neuen Technologien - ebenso wie das Verhältnis von Mädchen und Frauen zur Technik insgesamt - [als] ein Spannungsfeld widersprüchlicher und komplexer Orientierungen" (Schiersmann, 1987a, S.27). Ausgangspunkt war, daß durchaus auch Mädchen und Frauen sich für Computer interessieren, sie aber besondere Hemmschwellen überwinden müssen, weshalb gezielte Ermutigungsmaßnahmen erforderlich würden.[27]

Zentral für diesen differenztheoretisch ausgerichteten[28] Ansatz von der „weiblichen Zugangsweise" ist, den männlichen Zugang zur Technik nicht als einzig möglichen zu verallgemeinern:

> Ziel ist vielmehr, „die von Jungen bzw. Männern abweichenden weiblichen Aneignungsweisen von Technik und die frauenspezifischen Umgangsformen mit ihr stärker zu berücksichtigen und als notwendige und bewußte Differenz zu den männlichen Einstellungs- und Handlungsmustern zu entwickeln." (Schiersmann & Schreiber, 1987, S.2)

---

26 In diesem Zusammenhang sei auf die kritische Diskussion der These von der weiblichen Technikdistanz bei Metz-Göckel (1990a) hingewiesen.

27 Schiersmann differenziert in einer späteren Untersuchung zwischen „Zugangsweisen" und „Zugangsmöglichkeiten". Mit letzteren soll die Gestaltung des Zugangs zur Technik erfaßt werden. In bezug auf Bildungsprozesse heißt dies beispielsweise die Berücksichtigung der inhaltlichen, methodischen und organisatorischen Aspekte des Unterrichts sowie der Bedingungen für den praktischen Umgang mit Technik (Schiersmann, 1992, S.9 ff.; vgl. auch Heppner et al., 1990, S.30 ff.).

28 Zur Relativierung differenztheoretischen Vorgehens vgl. Gildemeister & Wetterer (1992) und Wetterer (1992).

Aus vorliegenden Untersuchungsergebnissen postuliert Schiersmann (1987a, S.32 ff.) in bezug auf Informationstechnologien eine Reihe von Besonderheiten der „weiblichen Zugangsweise“:

- ein anderer Denkstil, der etwa durch assoziativen Reichtum und Kontextgebundenheit gekennzeichnet ist;
- ein anderer „sanfter“ Programmierstil, der stärker auf Details, weniger auf Systematik um ihrer selbst willen achtet;
- Interessen, die weniger auf den spielerischen Umgang mit dem Computer und auf die Funktionsweise der Hardware als auf den pragmatischen Anwendungsbezug gerichtet sind;
- der Wunsch, kooperativ am Computer zu lernen und zu arbeiten;
- geringe Risikobereitschaft und große Angst, am Computer Fehler zu machen;
- vorwiegend berufliche Motive für die Beschäftigung mit neuen Technologien;
- Sensibilität für die sozialen Auswirkungen der neuen Technologien und generell für deren gesellschaftlichen Gebrauchswert.

Brandes faßt die weiblichen Zugangsformen folgendermaßen zusammen:

„Frauen denken weniger abgespalten, sie haben ein deutliches Interesse an durch Menschen (statt durch Maschinen) vermittelten Beziehungen, dementsprechend interessieren sie sich nicht für die Maschine als Maschine oder für das Programm als Programm; selbst hochqualifizierte Informatikerinnen und Software-Expertinnen arbeiten lieber theoretisch, sozusagen mit Papier und Bleistift, als mit den Maschinen, und sie widmen sich - wenn möglich - stärker technikfernen, theoretischen Analysen; sie gehen weniger spielerisch und experimentell mit Computern um und haben eine geringere Risikobereitschaft; bei ihnen dominiert die Orientierung am Gebrauchswert; sie haben einen stärkeren Realitätsbezug, neigen nicht zur Vermischung von Realität und Simulation, und ihre Problemlösungsstrategien sind umfassender und skrupulöser als die der Männer; sie bevorzugen kooperative Arbeitsformen, sie sind gefeit gegen Obsessionen, erliegen keinerlei Faszination der Computer-Technik und sind entsprechend skeptischer, was die Einschätzung der Möglichkeiten von Technologie betrifft, sowie kritischer gegenüber zukünftigen Entwicklungen.“ (Brandes, 1987, S.29)

Die „weibliche Zugangsweise“, das „andere“ Herangehen der Frauen an die neuen Technologien wird dabei weder als unveränderbares Set von Merkmalen begriffen, noch als a priori positiv bewertet. Auch wenn die formulierten weiblichen Differenzkriterien es nahelegen dürften, zumindest nach der Intention des Konzepts sollte dieses einer neuen, jetzt weiblich gewendeten Computermythologie vorbeugen und die Ambivalenz und Widersprüchlichkeit der Frauen im Umgang mit der Technik sichtbar werden lassen. In den Worten von Schiersmann:

„Entscheidend für die Erarbeitung bildungs- und gesellschaftspolitischer Strategien ist die Einschätzung, daß die Zugangsweisen von Mädchen und Frauen weder einseitig als defizitär noch ausschließlich als vorbildhaft zu beurteilen sind.“ (Schiersmann, 1987b, S.17/18)

Hinzu kommt, daß Schiersmann „weibliche Zugangsweisen" wenigstens prinzipiell nicht exklusiv auf weibliche Individuen beschränkt sehen wollte (vgl. auch Turkle, 1984):

„Dabei ist im Auge zu behalten, daß das Aufgreifen der als positiv bewerteten Dimensionen der weiblichen Aneignungsformen auch für das Lern- und Sozialverhalten von Jungen bzw. Männern - die längst nicht alle von Technik begeistert sind - nützlich und hilfreich sein kann." (Schiersmann, 1987b, S.18)[29]

Die „weiblichen Zugangsweisen" zur Technik und geschlechtsspezifische Berufswahlpräferenzen wurden unter Rückgriff auf das Konzept des „weiblichen Arbeitsvermögens" zu erklären versucht (vgl. Schiersmann, 1987a, S.28 ff.). Das Ende der 70er Jahre von Beck-Gernsheim und Ostner als Idealtypus im Weberschen Sinn formulierte Konzept (Beck-Gernsheim, 1981; Ostner, 1979, 1991) geht von zwei geschlechtsspezifisch segmentierten Arbeitsbereichen aus, von Erwerbsarbeit und Hausarbeit, die spezifische Arbeitsvermögen, das heißt, spezifische Fähigkeiten, Verhaltensweisen, Situationsdeutungen und Werthaltungen erfordern. Aufgrund der tradierten primären Zuständigkeit für die familiäre Hausarbeit wurde bei den Frauen davon ausgegangen, daß sie - vermittelt über die geschlechtsspezifische Sozialisation - bestimmte, auf den weiblichen Lebenszusammenhang bzw. die weibliche Kultur bezogene Bedürfnisse und Dispositionen entwickeln, die sie mehr für die familiär-reproduktionsbezogene als für die berufliche Arbeit qualifizieren:

„So sind z.B. eine Orientierung an der Gegenwart, am Konkreten, Vorfindbaren, am Erfolg, der unmittelbar aus jeweiligen Aufgaben kommt, eine Meisterschaft im Konkreten, Bewährten, ein Desinteresse am Expansiven, Zukünftigen, soweit es den Rahmen der augenblicklichen Aufgabe sprengt, so sind Empathie und Intuition, Erfahrung und divergentes Denken vor allem Qualitäten des weiblichen Arbeitsvermögens." (Ostner, 1979, S.189)

Die genannten, für den „Reproduktionsbereich Familie" relevanten Dispositionen sollten darüber hinaus auch das Berufswahlverhalten - in Richtung einer Präferenz typischer Frauenberufe - beeinflussen und weiterhin die Frauen auf andere Arbeitsweisen und Situationsdeutungen in beruflichen Situationen festlegen, die sie strukturell benachteiligten (vgl. Ostner, 1991, S.199; Beck-Gernsheim 1981, S.12).

Mit dem Konzept des „weiblichen Arbeitsvermögens" schien ein Ansatzpunkt gefunden zu sein, die von Frauen in Familie und Beruf geleistete Arbeit hervorzuheben, diese nicht länger als defizitär zu verstehen, sondern sie als der „Männerarbeit" gleichwertig anzusehen. Auch mit dem Konzept der „weiblichen Zugangsweise" zum Computer wurde eine Neubewertung weiblicher Eigenschaften, Werte und Verhaltensweisen vorgenommen.

---

29 In einer späteren Studie wendet sie sich gegen eine dichotome Gegenüberstellung „weiblicher" und „männlicher" Zugangsweisen zu neuen Technologien (Heppner et al., 1990, S.32).

Trotzdem wurden in der Frauenforschung zahlreiche Bedenken gegen diese Konzepte vorgebracht.[30]

Knapp monierte, das Konzept des weiblichen Arbeitsvermögens würde „Potentiale des Nicht-Identischen an Frauen, etwa Eigenschaften, die gesellschaftlich als männlich gelten (Mut, Logik, Stärke, Durchsetzungsvermögen)" ausblenden (vgl. Knapp, 1988, S.8/9). Überhaupt bestünde die Gefahr der Trivialisierung des Konzepts, wenn es als „Substanzaussage" über die Eigenschaften der Frau mißverstanden würde (vgl. Knapp, 1989b, S.209) und dann gängigen, traditionellen Stereotypen über Frauen sehr nahekomme.

Der Blick auf Persönlichkeitsmerkmale vernachlässigt tendenziell die gesellschaftliche Organisation des Geschlechterverhältnisses und die Produktionsverhältnisse. Im Gegensatz dazu berücksichtigt etwa das Theorem der „doppelten Vergesellschaftung" von Frauen (Becker-Schmidt, 1987a) deren „Doppelorientierung" auf den Berufs- und Reproduktionsbereich, die durchaus widersprüchliche Anforderungen stellen und von Frauen ein „höchst widersprüchliches" (Krüger, 1990, S.144) bzw. „komplexes Arbeitsvermögen" (Becker-Schmidt, 1987a, S.23) erfordern. Die beruflichen Zugangsweisen von Frauen würden sich danach gerade durch ihre gesellschaftlich definierte Doppelrolle verkomplizieren und vervielfältigen; Technikkompetenz und technisches Interesse könnten aus dieser Sicht durchaus Teil eines weiblichen Arbeitsvermögens werden.

Grundsätzlich ist aber zu bemängeln, daß ein auf Unterschiede zwischen Frauen und Männern gerichteter Blick Differenzen und Differenzierungen unter Frauen wie auch unter Männern kaum beachtet, was auch auf Desiderata der Frauenforschung hinweist (vgl. hierzu Knapp, 1989b; Lenz, 1992). Empirische Forschungsergebnisse, die Unterschiede zwischen den Geschlechtern relativieren und Differenzen innerhalb eines Geschlechts sichtbar machen, scheinen in den theoretischen Kategorien zu wenig Berücksichtigung zu finden.[31] So verweisen die Ergebnisse der von Brandes & Schiersmann durchgeführten Studie über „Frauen, Männer und Computer" (Brigitte, Brandes & Schiersmann, 1986) auf Unterschiede zwischen

---

30 Der Großteil der Kritik widmete sich explizit dem Konzept des weiblichen Arbeitsvermögens. Indirekt und vor allem von den Argumenten her trifft diese Kritik aber auch auf das Konzept der weiblichen Zugangsweise zu. Aus diesem Grund stelle ich die Kritik an beiden Konzepten zusammengefaßt dar. Eine ausführliche Auseinandersetzung mit den Konzepten findet sich bei Knapp (1987, 1988, 1989b); vgl. auch Bennholdt-Thomsen (1983); Hoffmann (1989); Krüger (1990); Gottschall (1990); Wetterer (1992).

31 Hagemann-White hat bereits 1984 in anderem Zusammenhang auf die hierzulande beobachtbare Neigung hingewiesen, das Differente zwischen Frauen und Männern zu betonen, wenngleich „die empirische Forschung insgesamt keine Belege für eindeutige, klar ausgeprägte Unterschiede zwischen den Geschlechtern liefert." (Hagemann-White, 1984, S.42)

Frauen, die durch Faktoren wie Alter, Bildungsstand, Erwerbstätigkeit bedingt waren.

Ostner (1991, 1992a) selbst reagierte inzwischen auf die am weiblichen Arbeitsvermögen vorgetragene Kritik. Auch sie berücksichtigt nunmehr explizit die doppelte Vergesellschaftung der Frauen und spricht sich für eine empirisch begründete Differenzierung ihres Konzepts im Sinne einer Pluralisierung von „Arbeitsvermögen" aus:

„Frauen sind mehr und anders als Männer doppelt vergesellschaftet: immer noch zuerst faktische und potentielle Sorgerinnen, dann alles andere. Diese Vergesellschaftung muß - wenn auch in Nuancen - zur Geltung kommen. Wie dies geschieht, ist eine empirische Frage." (Ostner, 1991, S.205)

4.2 Das Potentiale-Konzept

Die apriorische Festlegung frauenspezifischer Eigenschaften und Fähigkeiten versucht der Potentiale-Ansatz, wie er am Hochschuldidaktischen Zentrum der Universität Dortmund (vgl. Metz-Göckel, 1990a,b; Roloff, 1990; Roloff & Metz-Göckel, 1995) entwickelt wurde, zu vermeiden. Der Ansatz geht von gleichen Entwicklungsmöglichkeiten beider Geschlechter aus. Angenommen wird deswegen eine Latenz von technischen Kompetenzen bei Frauen, die allerdings nicht vollständig entwickelt werden, sondern sich über den Prozeß der Sozialisation ausschnitthaft manifestieren. Roloff & Evertz bestimmen die Zielsetzung des Konzepts folgendermaßen:

„Das Latenz-Konzept macht nicht von vorneherein generalisierende Annahmen über männliche und weibliche Fähigkeiten und Differenzen, sondern setzt für beide Geschlechter die gleichen Anlagen zur Interessenentwicklung und Fähigkeitsausbildung voraus. Für die Ausprägung geschlechtstypischer Relevanzen, Fachvorlieben und Entscheidungen wird vielmehr das Geschlechterverhältnis und werden die sozialen Prozesse und Interaktionen, die sich darin abspielen, hinterfragt. Somit werden nicht Ursachen - Defizite oder Differenzen - bei Frauen aufzuspüren versucht, sondern es können ursächliche Interdependenzen geortet werden, Interdependenzen zwischen strukturellen Rahmenbedingungen, strukturierenden Vorgaben und subjektiven Umgangsweisen, die wiederum die Strukturen (er-)schaffen, d.h. aufrechterhalten oder verändern." (Roloff & Evertz 1992, S.21/22)

Das Konzept berücksichtigt, daß zwar technische Entwicklung und Berufsausübung eng mit dem männlichen Geschlecht und der Ausgrenzung von Frauen verbunden sind, daß aber auch latente wie manifeste technische Kompetenzen von Frauen in Vergangenheit und Gegenwart ignoriert werden, da Technikinteresse und Technikkompetenz nicht in das herrschende Bild von Weiblichkeit passen. Metz-Göckel schließt sowohl aus gesellschaftstheoretischen, mit historischen Belegen arbeitenden Analysen über die Ausgrenzung von Frauen, als auch aus empirischen Studien zur Aktivität und Kompetenz von Frauen im technischen Bereich,

„daß nicht unvermittelt aus geringen Zahlen auf subjektives Unvermögen und aus persönlichen Interessen nicht direkt auf Chancen der Verwirklichung geschlossen werden darf. Da die historischen Bedingungen und Verhältnisse Männern Kompetenz auf diesen Gebieten zugeschrieben haben, haben sie diese erwartungsgemäß entwickelt. Die Einzelbeispiele der Ausnahmefrauen zeigen, daß die Fähigkeiten bei Frauen vorhanden sind. Wenn sie generell auch bei ihnen erwartet würden, führte dies sicherlich zu einer selbstverständlichen Entwicklung breiter Technikinteressen bei Frauen, aber auch zu einer Veränderung der technischen Kultur, zumindest der Arbeitsbedingungen. Der theoretische Blick, der von der Latenz der Begabungen ausgeht, sieht die Möglichkeit, daß sich Frauen auch auf neuen und technischen Gebieten engagieren, und befragt dann das Umfeld, weshalb dies nicht öfter vorkommt." (Metz-Göckel, 1990a, S.144/145)

Geschlecht wird hier zwar als strukturierende Größe[32] aufgefaßt, jedoch nicht in dem Sinne verstanden, daß damit fixe männliche oder weibliche Persönlichkeitsmerkmale tradiert und determiniert würden. Die Größe „Geschlecht" ist vielmehr in sozial organisierte Geschlechterverhältnisse eingebunden, die sich allerdings im Zuge sozialer Wandlungsprozesse je nach sozialer Lage in unterschiedliche Geschlechterverhältnisse ausdifferenzieren. Damit werden tendenziell stabile Zuordnungen nach Geschlecht aufgebrochen,

„so daß Männer und Frauen je individuell nicht mehr eindeutig dazu veranlaßt werden, nur einem vorgegebenen Muster der Geschlechteranordnung zu folgen (z.B. Mann im Beruf - Frau im Haushalt). Obwohl die männliche Vorrangigkeit betont wird, ist diese nicht durchgängig und zunehmend auch durchlässiger." (Metz-Göckel, 1990a, S.145 /146)[33]

Nach Metz-Göckel ist die Auseinandersetzung um ein verändertes Verhältnis von Frauen zu Naturwissenschaft und Technik ein Zeichen für diese Durchlässigkeit (ebd., S.146). Für die Analyse „differentieller Manifestationen" der Potentiale für Technik und Naturwissenschaften bei Frauen und Männern ist daher das Geschlechterverhältnis von zentraler Bedeutung; aber seine Berücksichtigung liefert nicht schon fertige Antworten. Metz-Göckel (1990b) schlägt vor, systematisch zu differenzieren:

„a) zwischen Technik- und Naturwissenschaftspotentialen als den bei Männern und Frauen prinzipiell gleichen Fähigkeiten;

b) zwischen den für Jungen und Mädchen geltenden Geschlechterstereotypen, die eine differentielle Realisierung dieser Potentiale als Interesse bei Mädchen und Jungen nahelegen;

---

32 In dieser Hinsicht rekurriert Metz-Göckel auf Becker-Schmidts (1987b, 1991b) Ansatz vom Geschlecht als „Strukturkategorie", die für gesellschaftliche Stratifikationseffekte verantwortlich und nicht als Set askriptiver Merkmale konzipiert ist. Wie die empirische Relation zu anderen Stratifikationskategorien aussieht, bleibt vorerst offen, zumal die Untersuchung sozialstruktureller Phänomene mit qualitativen Forschungsmethoden, die von Becker-Schmidt favorisiert werden, an Schranken stoßen dürfte.

33 Vgl. hierzu auch Lenz (1992); Roloff (1993).

c) zwischen solchen Selbstkonzepten der Individuen, die sich in Übereinstimmung mit den Geschlechterstereotypen befinden (dies ist die Mehrheit der Jungen, die sich für Mathematik, Technik- und Naturwissenschaften interessiert, und die Mehrheit der Mädchen, die es nicht tut), und solchen Selbstkonzepten, die sich in Abgrenzung zu den Geschlechterstereotypen befinden (dies sind bisher die Frauen, die sich für die Studiengänge der Ingenieur- und Naturwissenschaften entscheiden). So entsteht die Ambivalenz bzw. Habitus-Inkonsistenz bei diesen Fachfrauen;
d) und schließlich den realisierten Interessen, die wir als Ergebnisse von Untersuchungen vorliegen haben." (ebd., S.123)

Auch wenn man die eine oder andere Ergänzung[34] vorschlagen kann, der auf diese Weise „forschungsmethodologisch gewendete" Potentiale-Ansatz enthält jedenfalls Optionen für mehrere Untersuchungsrichtungen. Große Beachtung schenkt Metz-Göckel den Bedingungen, die die Entfaltung von Technikpotentialen von Frauen hemmen oder fördern können. Als hemmende Faktoren geraten die Geschlechterstereotype in den Blick. Im Zusammenhang mit Technikkompetenz haben die trotz ihrer Schlichtheit handlungsrelevanten - weil erfahrungsresistenten und mit normativer Potenz ausgestatteten - Geschlechterstereotype die Funktion, Frauen und Mädchen auf Distanz zu halten und die Geschlechterhierarchie zu stabilisieren. Mit der Berücksichtigung der latenten Potentiale und des Selbstkonzepts (als Medium der Reflexion und Selbststeuerung) eröffnet der Ansatz aber Perspektiven für Frauen und Männer jenseits der geltenden Geschlechterhierarchie.

Eine gewisse Nähe hat der Potentiale-Ansatz zu postmodernen Dekonstruktionsversuchen des Konzepts der Zweigeschlechtlichkeit, wenngleich er sich auf den gesellschaftlichen Bereich von Naturwissenschaften und Technik konzentriert und auf literaturwissenschaftliche Pointierungen verzichtet.[35] Wie diese derzeit viel diskutierten Versuche strebt der Potentiale-Ansatz an, die bestehenden Geschlechterverhältnisse kritisch zu analysieren und gleichzeitig auf (postindustriell an Bedeutung zunehmende) Lebensentwürfe zu verweisen, die jenseits eingeschränkter, umgedeuteter oder neu bewerteter Geschlechterdualismen liegen. Es wird nach Differenzen zwischen

34 Dies erfolgt im Zusammenhang mit der Darstellung und Diskussion meiner eigenen Untersuchungsergebnisse.

35 Das Dekonstruktionskonzept hat vor allem (trotz seiner bisher begrenzten empirischen „Unterfütterung") eine allgemeinere Stoßrichtung. Es zielt darauf ab, die Grenzziehungen zwischen sozialem Geschlecht (gender) und biologischem Geschlecht (sex) aufzubrechen: „Geschlecht ist ein ganzes Unternehmen und sogar eine Industrie, deren Effekt darin besteht, den Körper zu zwingen, den herrschenden Diskurs von Maskulinität/Femininität auszudrücken" (Davies & Banks, 1993, S.5; vgl. hierzu auch Butler, 1993; Benhabib et al., 1993). Zur hiesigen Diskussion der Konstruktion und Dekonstruktion der „Zweigeschlechtlichkeit" und damit verbundener Perspektiven für die Frauenforschung vgl. Hagemann-White (1988, 1993), Lenz (1992), Wetterer (1992), Gildemeister & Wetterer (1992), Seifert (1992).
Zur Einordnung des Potentiale-Konzepts in die aktuellen Debatten der Frauenforschung und zur Auseinandersetzung mit dem Dekonstruktionsansatz vgl. Roloff & Metz-Göckel (1995).

und innerhalb der Geschlechter gesucht, die bestehende Kontingenzen des Handelns berücksichtigen; es werden Ansatzpunkte ausgelotet, die die „soziale Konstruktion der Zweigeschlechtlichkeit“ überwinden helfen.

Folgerungen für die Fragestellung der empirischen Studie

Auch wenn die Ausgrenzung von Frauen aus der Sphäre der Technik eklatant ist und das Weibliche traditionell im Reproduktionsbereich verortet wurde, so lassen sich daraus aber keineswegs eindeutige oder gar einheitliche geschlechtsspezifische Technikhaltungen ableiten, worauf auch die zahlreichen Vorbehalte gegenüber dem Konzept der „weiblichen Zugangsweise“ aufmerksam machen. Nach den zentralen Überlegungen im Potentiale-Ansatz ist zu vermuten, daß das Geschlechterverhältnis je nach sozialer Position der Individuen und je nach subjektiver Verarbeitung der Technikerfahrungen den Technikbezug von Frauen und Männern beeinflußt oder prägt. Bezüglich des Verhältnisses zur Technik sind mithin am ehesten pluriforme Haltungsmuster zu erwarten, die nicht allein geschlechtlich determiniert und deshalb vor allem erklärungsbedürftig sind.

Der Potentiale-Ansatz, insbesondere wenn man das Geschlecht als soziale Strukturkategorie betrachtet, macht deutlich, daß manifeste Geschlechterdifferenzen im Technikverhältnis auf Verschiedenes hindeuten, Unterschiedliches bedeuten können. Eine sorgfältige Analyse und Interpretation ist erforderlich, um zu klären, ob sich in solchen Unterschieden (geschlechtsindifferente) latente Potentiale, besondere weibliche Zugangsweisen oder aber mehr oder weniger (strukturkonservierende) Geschlechterstereotype ausdrücken.

Außerdem veranlaßt der Potentiale-Ansatz, bei einer empirischen Untersuchung auch das Fehlen von Geschlechterdifferenzen im Technikverhältnis einzukalkulieren. Gerade wenn man Geschlecht als eine sozial wirksame Strukturkategorie betrachtet, verlangt auch das Ausbleiben von - erwarteten - Wirkungen nach einer Erklärung.

In ihren methodologischen Überlegungen hebt Metz-Göckel (1990b) die Bedeutung der Selbstkonzepte hervor, wenn geschlechtsrollenkonforme und -nonkonforme Biographien, etwa Frauen in traditionell weiblichen versus in ingenieurwissenschaftlichen Studiengängen untersucht werden. Man kann mit Metz-Göckel erwarten, daß berufliche Interessen, Berufswahlen von Frauen, die in Konflikt zur traditionellen Weiblichkeitsrolle stehen, Ambivalenzen im Selbstkonzept der betreffenden Frauen erzeugen. Denkbar ist, daß den Frauen verschiedene Möglichkeiten der „Dissonanzreduktion“ zwischen Geschlechts- und Berufsrolle verfügbar sind. Im Sinne einer „Deinstitutionalisierungsthese“, nach der Geschlechtsrollen ihre verhaltensdeterminierende Bedeutung eingebüßt haben und allenfalls noch die Funktion von individuell gestaltbaren und variierbaren Orientierungsmustern besitzen (vgl. hierzu Schütze, 1993, S.553 f.), könnte man vermuten, daß Frauen in solchen Situationen die entstehende Dissonanz z.B. durch die Umdefinition von Geschlechtsrollenerwartungen zugunsten von mit der Berufsrolle verbundenen Erwartungen lösen. Auch Befunde zum token-Konzept (vgl. Abschnitt 2.3) stützen diese Lösungsstrategie, ebenso aber auch die Alternativlösung, nämlich die Betonung traditionell weiblicher Rollenmuster auf Kosten der übernommenen Berufsrolle. Berücksichtigt man dekonstruktivistische Überlegungen (die den Dekonstruktionsversuch des binären Geschlechtercodes paradoxerweise durch ein Konzept von Geschlechtlichkeit, Weiblichkeit wie Männlichkeit, erkaufen, das kaum noch durch Aufklärung transzendierbar, nicht nur kulturell-normativ, sondern auch körperlich inskribiert ist), dürfte jedoch das Aushalten von Ambivalenzen die wahrscheinlichste Umgangsform von Frauen in technischen Berufen/Studiengängen mit unterschiedlichen Rollenanforderungen darstellen. Schwierig dürfte indessen sein, die auf verschiedenen Ebenen vorgetragene Kritik am herrschenden „Diskurs" über Weiblichkeit in empirischen Haltungen von Frauen aufzuspüren und entsprechend zu differenzieren.

II. Das Verhältnis von Frauen und Männern zur Technik: Empirische Studien im Überblick

1. Erläuterungen zur kategoriengeleiteten Übersicht

Um die zentralen Ergebnisse vorliegender empirischer Untersuchungen über die Beziehung von Frauen und Männern zur Technik rasch überblicken und vergleichen zu können, werden sie in diesem Kapitel in tabellarischer Form dargestellt und ihr Ertrag für meine eigene empirische Studie diskutiert. Mit der Übersicht wird angestrebt, weitgehend abstrahiert von den - in Kapitel I skizzierten - theoretischen Bezügen, einen möglichst repräsentativen Querschnitt empirischer Forschungsbefunde zu präsentieren.

Ich habe über dreißig Untersuchungen bzw. Forschungsprojekte, die mit qualitativen und/oder quantitativen Methoden arbeiteten, ausgewertet. Die seit Beginn der 80er Jahre im deutschsprachigen Raum durchgeführten Studien untersuchten Haltungen zur Technik, den Umgang mit Technik sowie das Verhältnis von Technik und Geschlecht. Um die vielfältigen empirischen Daten aus Studien mit unterschiedlichem theoretischem Hintergrund und heterogener methodologischer Ausrichtung ordnen und vergleichen zu können, wurde mein eigenes methodologisches Untersuchungskonzept, das die Differenzierung des Verhältnisses zur Technik nach vier Dimensionen vorsieht (kognitive, affektiv-evaluative und konative Dimension, Ich-Nähe),[36] in leicht modifizierter Form als Auswertungsraster an die einzelnen Untersuchungen angelegt. Auch wenn in Einzelfällen die Abgrenzung der Kategorien schwierig war, erwies sich die gewählte Auswertungsstrategie bzw. Systematik als praktikabel und erleichterte das Überschauen der zahlreichen Befunde. Bei einer ausführlichen sukzessiven Erörterung der einzelnen Studien wäre das so nicht möglich gewesen.[37]
Die Besonderheiten der einzelnen Studien wurden also bewußt zugunsten des kategoriengeleiteten Vergleichs der Untersuchungen zurückgestellt, um

---

36 Das methodologische Konzept und die berücksichtigten Untersuchungsdimensionen werden im Kapitel III ausführlich dargestellt und begründet.

37 Es wurde darauf verzichtet, die Untersuchungen mittels der statistischen Technik der „Metaanalyse" zu vergleichen und zu gewichten (vgl. Schmidt et al. 1985). Dies wäre Gegenstand einer eigenen Arbeit, zumal die Berücksichtigung von Befunden aus qualitativen Studien zumindest Modifikationen dieses sich bisher auf quantitative Forschungsbefunde beschränkenden Ansatzes erforderlich gemacht hätte.

Hinweise auf Übereinstimmungen, Trends oder Widersprüche der Ergebnisse zu erhalten. Unabhängig vom Ertrag dieser Auswertung für meine eigene empirische Arbeit erscheint mir ein solches Vorgehen als nützlich und vertretbar, weil sich die vorliegenden Untersuchungen und Forschungskontexte großenteils nicht systematisch aufeinander beziehen, es bisher wenig wechselseitigen Austausch und Disput über die Forschungsergebnisse auf diesem Gebiet gibt.

Die nachfolgende Übersicht ist in horizontal und vertikal angeordnete Rubriken gegliedert. Die fünf horizontal angeordneten Felder informieren über die wichtigsten Spezifika der jeweiligen Studie.

AutorIn:	Unter dieser Rubrik werden AutorIn(nen) der Studie, das Erscheinungsjahr und gegebenenfalls weitere Veröffentlichungen zur Untersuchung aufgeführt.
Thema:	Hier wird das Thema der Studie stichwortartig zusammengefaßt.
Population:	Hier wird auf die Anzahl und auf Merkmale der jeweils untersuchten Personen hingewiesen.
Methoden:	Hier werden Erhebungs- und Auswertungsmethoden gemäß ihrer Spezifikation in den einzelnen Studien aufgenommen.
Technikbezug:	Hier werden die jeweils untersuchten Aspekte der Technikhaltungen aufgeführt.

In den vertikal plazierten Feldern werden Ergebnisse aus den einzelnen Untersuchungen nach sechs Auswertungskategorien präsentiert.

Kognitiv:
In das entsprechende Feld werden Ergebnisse eingetragen, in denen es um das Interesse an Technik, um Technikassoziationen, technische Kenntnisse und Kompetenzen sowie Meinungen (beliefs) und Urteile über Technik geht. Überwiegend kognitiv geprägte Urteile und Meinungen werden von emotional-affektiv dominierten Bewertungen abgehoben, die der nächsten Kategorie zugeordnet werden (gelegentlich ist die Abgrenzung beider Kategorien schwierig).

Affektiv-evaluativ:
In dieses Feld werden Affekte gegenüber Technik sowie überwiegend emotional gefärbte Bewertungen aufgenommen.

Verhalten/Verhaltensintentionen:
Hier werden Ergebnisse über Umgang und Erfahrungen mit Technik/konkreter Technologie, aber auch Motive für die Beschäftigung mit Technik oder für die Wahl eines technischen Berufes wiedergegeben.

Persönlichkeitsbezug zu Technik:
Hier enthaltene Ergebnisse informieren über die Bedeutung, die Befragte der Technik für die eigene Person beimessen.

Geschlechtsrolle:
Hier werden Ergebnisse berücksichtigt, die die Relevanz der Geschlechtsrolle für das Verhältnis von Frauen und Männern zur Technik anzeigen.

Ergänzungen:
Hier werden Informationen aufgenommen, die - über die berücksichtigten Kategorien hinaus - für das Verständnis und die Interpretation der Ergebnisse der jeweiligen Untersuchung bedeutsam sind.

In der Übersicht werden folgende Abkürzungen verwendet: „E“ = Erhebungsmethoden; „A“ = Auswertungsmethoden; „M“ = männlich, Mann; „W“ = weiblich, Frau; „N“ = Anzahl der befragten Personen; „Te“ = Technik; „Co“ = Computer.

2. Übersicht: Empirische Studien über Technikbezug und Technikeinstellungen

AUTOR/IN	THEMA	POPULATION	METHODEN	TE-BEZUG
Bergler 1981	Einstellung zu Technikern & Technologie	N: 50, Befürworter & Gegner v. Technik	E: Intensivinterview A: quantit. & qualit.	Einstellungen, Bewertungen
	KOGNITIV:	Attribute von Technikern,allgemein: Genauigkeit, naturwiss. Denken, dazu: Sachlichkeit, Rationalität, Ehrlichkeit, Te-Kompetenz (Te-Befürworter), dazu: gesell.-polit. Desinteresse, Kontaktarmut (Te-Gegner), Unterscheidung von „guten“ & „bösen“ Technologien, Gründe für Te-Unbehagen: Umweltschäden, Undurchschaubarkeit, Unkontrollierbarkeit, Abhängigkeit von Te		
	AFFEKTIV-EVALUATIV:	Unbehagen gegenüber Te: sowohl Gegner als auch Befürworter, Te-Befürworter: Sympathie für Ingenieurwissenschaften, Te-Gegner: Sympathie f. Gesellschaftswiss. & Philosophie		
	VERHALTEN/V.-INT.:	Diskrepanz zw. Technikkritik und Verhalten gegenüber Te		
	PERSÖNL.-BEZUG:	-----		
	GESCHL.-ROLLE:	-----		
	ERGÄNZUNGEN:	-----		

AUTOR/IN	THEMA	POPULATION	METHODEN	TE-BEZUG
BMBW 1982	Jugend & Technik	N: 1968 & 530 Alter: 17-18 W/M	E: stand.Befragung, Gruppendiskussion, Intensivinterviews A: multivar.Verfahr., Fallanalysen	Interesse, Einstellungen, Selbsteinschätzung, Verhalten
	KOGNITIV:	posit.Te-Assoziationen:Arbeitserleicht.,Wohlstand,Mediz..., negat.Te-Assoz.: Rüstung, Umweltprobleme, Atomenergie.., Te-Interesse:W<M, unterschiedl.Te-Interessengebiete von W & M (W: spielerisch-künstlerische Te, M: maschinelle, konstruktive Te), Te-Interesse schließt Kritik an Te nicht aus, Zusammenhang zw. Te-Interesse & positiver Bewertung: bei M (bei W nur, wenn starkes Te-Interesse)		
	AFFEKTIV-EVALUATIV:	techn. Fortschritt als Bedrohung: W > M, Einstellung gegenüber Te:W negativer o. ambivalenter als M		
	VERHALTEN/ V.-INTENTION:	Ablehnung eines techn. Berufs: W > M (W=59%, M=28%), Wahl eines techn.Berufs/Studiums durch Te-Interessierte: W < M		

Fortsetzung	PERSÖNL.-BEZUG :	Wunsch nach Te-Kompetenz: W > M, Selbsteinschätz.techn.Begabung, techn.Kompetenz: W < M		
BMBW 1982	GESCHL.-ROLLE:	Ablehnung der Aussage „Te ist Männersache“: W > M, Thesen: a) Zus.-hang zw. Te-Skepsis & Te-Distanz von W, b)Te-Interesse & Te-Kompetenz wichtig für Geschlechtsidentität von M		
	ERGÄNZUNGEN:	untersuchte Einstellungsaspekte: Te-Interesse, Te-Bewertung, Selbsteinstufung; Einbeziehung von Teilnehmern an „Jugend forscht“		

AUTOR/IN	THEMA	POPULATION	METHODEN	TE-BEZUG
Brandes & Schreiber 1988	Haltung von Jugendlichen zum Computer	N: keine Angabe der Gesamtzahl W/M-Gymnasiast. (9. & 11.Klasse)	E: Gruppendiskuss., qualitat. Interviews A: qualitativ, exemplarisch	Interessen, Einstellungen, Erfahrungen, Verhalten
	KOGNITIV:	Interesse an Funktionsweise, Gebrauchswert & Auswirkungen des Co: W > M		
	AFFEKTIV-EVALUATIV:	bei M: Co-Begeisterung, bei W: keine Co-Faszination, Einstellung zw. interessierter Gelassenheit & ängstlicher Abwehr (z.B. Angst vor Kreativitätsverlust, Verlust der Gefühle, Kontrollverlust), Co = kalt, bedrohlich		
	VERHALTEN/ V.-INTENTION:	Co-Erfahrungen & Co-Besitz: W < M Te-Beherrschung als Motiv der Co-Beschäftigung: bei M, Co-Beschäftigung wegen Berufschancen: bei W, geringe Co-Erfahrung ehöht Co-Mystifizierung		
	PERSÖNL.-BEZUG:	trotz intensiver Co-Beschäftigung keine Co-Fixierung: bei M		
	GESCHL.-ROLLE:	„Interesse an Te ist männerspezifisch“: W < M		
	ERGÄNZUNGEN:	Unterscheidung von Formen ambivalenter Haltungen zu Te/Co		

AUTOR/IN	THEMA	POPULATION	METHODEN	TE-BEZUG
Brigitte/ Brandes & Schiersmann 1986	Einstellung von W & M zum Computer	N: 2000 (repräsent.) Alter: 14-64, W,M	E: standard. Interv. A: Gruppenvergleich, Kreuztabellenanal.	Interesse, Assoziationen, Kenntnisse, Einstellungen, Erfahrung
	KOGNITIV:	Co-Kenntnisse (Selbst-/Fremdeinschätzung), Co-Interesse: W < M, Co kann Menschen kontrollieren: W=72%, M=78% Co-Assoziationen: Arbeitsplatz, Spielzeug, Science-fiction..., Co-Bewertung: Arbeitserleichterung (W < M), Partner des Menschen (W < M), Skepsis gegen Co (Alltag & Zusammenleben): W > M		
	AFFEKTIV-EVALUATIV:	Angst vor techn. Entwicklungen: W > M, Emotionale Nähe zum Co: W < M, Emotionale Nähe korreliert mit positiver Einstellung zu/Offenheit gegenüber Co und korreliert negativ mit Angst vor techn. Entwicklungen		
	VERHALTEN/ V.-INTENTION:	Co-Erfahrung: W < M, eigene Reparaturversuche von techn. Geräten: W < M		
	PERSÖNL.-BEZUG:	- - - - -		

Fortsetzung Brigitte/ Brandes & Schiersmann 1986	GESCHL.-ROLLE:	„Männer besser für Co geeignet": W = 35%, M = 30%, weitgehende Ablehnung, daß W weniger techn. begabt sind, „W würden Co hilfreicher einsetzen": W = 28%, M = 18%
	ERGÄNZUNGEN:	Jüngere & Erwerbstätige: mehr Co-Interesse, positivere Einstellung, zugespitzte Dateninterpretation (oft geringe %-Differenzen)

AUTOR/IN	THEMA	POPULATION	METHODEN	TE-BEZUG
Dippelhofer-Stiem & Odebrett 1994, Odebrett 1993	Computertechnik im Büro	N: 127 (W) Sekretärinnen, Sachbearb., Schreibkräfte	E: standard.Fragebogen A: quantitativ	Kenntnisse, Interessen, Einstellungen, Erfahrung
	KOGNITIV:	1/4 hat starkes Co-Interesse (auch private Nutzung), Interesse an neuestem Stand der Te aus berufl.Gründen: fast alle W, Meinungen der W: 3/4 gut über Co informiert, 50% kennen Folgen des Co-Einsatzes im Beruf, kaum Kenntnisse über Funktionieren des Co oder Programmierung, Co-Erfahrung & Kompetenzbewußtsein erhöht Te-Akzeptanz & Ambivalenz über 90%: Co macht Arbeit interessanter, je 1/3: Te-Fortschritt gefährlich vs. nützlich, 29-49%: Co erhöht Arbeitsstreß, verringert Kommunikation, 16-50%: Co trägt zur Überwachung der Arbeitsleistung bei		
	AFFEKTIV-EVAL.:	1/3 fasziniert vom Co; keine überhöhten Ängste vor Co		
	VERHALTEN/ V.-INTENTION:	82%: tägliche Arbeit am Co, 55%: „Tüftlerinnen" (erwerben neue Co-Kenntnisse selbständig)		
	PERSÖNL.-BEZUG:	Erfahrung mit Co erhöht Kompetenzbewußtsein & Sicherheit		
	GESCHL-ROLLE:	- - - - -		
	ERGÄNZUNGEN:	größere Unsicherheit, Wissensdefizite bei älteren W		

AUTOR/IN	THEMA	POPULATION	METHODEN	TE-BEZUG
EMNID-Institut 1991, Kistler & Pfaff 1990	Techn. Fortschritt & Technikakzeptanz	N: 3021 (repräsent.) Alter:14 u.mehr,W/M	E: standard.Interview A: quantitativ	Interesse,Einstellungen,Assoziationen
	KOGNITIV:	Interesse an Te: W < M (1991: 11% W, 50% M starkes Interesse), Te-Assoziationen: vor allem EDV,Co,Transportmittel (Haushaltsgeräte: W > M; Fortschritt, Zukunft: W < M)		
	AFFEKTIV-EVALUATIV:	positive Bewert. v. techn.Fortschritt (Co,Mikroelektr.):W < M, im Vergleich zu 1981,1983,1986: 1991 positivere Bewertung v. Te, (sehr) positive Einstellung zu Te: W<M (Groß-,spektakuläre Te: W=23%, M=35%, Te in Arbeitswelt: W=50%, M=64%), unentschiedene Einstellung zu Te: mehr W, negative Einstellung zu Te: kaum Geschlechtsunterschiede		
	VERHALTEN/V.-INT.:	- - - - -		
	PERSÖNL.-BEZUG:	- - - - -		
	GESCHL.-ROLLE:	- - - - -		
	ERGÄNZUNGEN:	Neben Geschlechtseffekten zeigen sich Einstellungsunterschiede in Abhängigkeit von Alter & Bildung		

<table>
<tr><td>AUTOR/IN</td><td>THEMA</td><td>POPULATION</td><td>METHODEN</td><td>TE-BEZUG</td></tr>
<tr><td rowspan="8">Engler 1993</td><td>Student. Fachkulturen & Geschlecht</td><td>N: 806
W/M Studierende</td><td>E: schriftl. Befragung
A: multivar.Verfahren</td><td>Spiel-& Schulfachpräferenz</td></tr>
<tr><td>KOGNITIV:</td><td colspan="3">Schulfachpräferenz f. Naturw./Mathem: bei W/M Ingen.Stud.</td></tr>
<tr><td>AFFEKTIV-EVAL.:</td><td colspan="3">- - - - -</td></tr>
<tr><td>VERHALTEN/
V.-INTENTION:</td><td colspan="3">Vorlieben im Kinderspiel: geschlechts-, nicht fachspezifisch,
Spielen mit Technikkasten u.ä. in der Kindheit: W<M</td></tr>
<tr><td>PERSÖNL.-BEZUG:</td><td colspan="3">- - - - -</td></tr>
<tr><td>GESCHL.-ROLLE:</td><td colspan="3">Ing.-studentinnen weisen Gemeinsamkeiten mit Ing.-studenten, aber auch mit Frauen anderer Studienfächer auf</td></tr>
<tr><td>ERGÄNZUNGEN:</td><td colspan="3">Kritik an Annahmen von Janshen, Rudolph et al. 1987</td></tr>
<tr><td colspan="4"></td></tr>
<tr><td>AUTOR/IN</td><td>THEMA</td><td>POPULATION</td><td>METHODEN</td><td>TE-BEZUG</td></tr>
<tr><td rowspan="7">Faulstich-Wieland & Dick 1988, 1989,

Faulstich-Wieland 1992</td><td>Mädchenbildung & neue Technologien</td><td>N: 148+115+229
W/M-Gesamtschül.
(7.-9. Klasse)</td><td>E: Frageb., Gruppendisk., Zeichnungen, Beobachtung
A: qualitat. & quantit.</td><td>Einstellungen, Selbst/Fremdbild,Interesse, Erfahrungen</td></tr>
<tr><td>KOGNITIV:</td><td colspan="3">Co-Interesse: W = M, Unterschiede bei Interessengebieten (Programmieren, Funktionsweise d.Co: W < M),
Interesse an sozialer & historischer Rolle des Co: W > M,
sozialer Nutzen (z.B. für Freizeit) des Co positiv: W < M,
Skepsis ü. Co-Folgen im zwischenmenschl. Bereich: W>M</td></tr>
<tr><td>AFFEKTIV-EVAL.:</td><td colspan="3">- - - - -</td></tr>
<tr><td>VERHALTEN/
V.-INTENTION:</td><td colspan="3">Kooperation am Co: W > M,
Freizeitgestaltung als Motiv f. Co-Besitz: bei M zentral, berufl. Motive f.Erwerb v.Co-Wissen: bei W zentral (& „Spaß")</td></tr>
<tr><td>PERSÖNL.-BEZUG:</td><td colspan="3">Selbstzweifel über Co-Wissen: W > M,
Betonung von Kompetenz, Co als Prestigeobjekt: W < M</td></tr>
<tr><td>GESCHL.-ROLLE:</td><td colspan="3">W erleben/erwarten Diskriminierung, halten M für kompetent, wissen um positives Selbsturteil der M,
M halten sich f.kompetent,W f. unfähiger,eher uninteressiert</td></tr>
<tr><td>ERGÄNZUNGEN:</td><td colspan="3">W-Diskrim. durch M: in Zeichnungen > als in Grupp.-Disk.</td></tr>
<tr><td>AUTOR/IN</td><td>THEMA</td><td>POPULATION</td><td>METHODEN</td><td>TE-BEZUG</td></tr>
<tr><td rowspan="6">Fauser 1992,
Fauser & Schreiber 1989,

BMBW 1989</td><td>Geschlechterunterschiede im Computer- & Technikinteresse</td><td>N: 2100
SchülerInnen
(7.-8. Klasse)</td><td>E: Fragebogen
A: Gruppenvergleich</td><td>Co-& Te-Interesse, Co-Image, Einstellungen, Erfahrungen</td></tr>
<tr><td>KOGNITIV:</td><td colspan="3">Co-Interesse > Te-Interesse; Co-Interesse: W=82%, M=94%, Te-Interesse: W=35%, M=88%</td></tr>
<tr><td>AFFEKTIV-EVALUATIV:</td><td colspan="3">Co-Faszination: W < M,
Co-Folgen-Bewertung: M positiver als W</td></tr>
<tr><td>VERHALTEN/
V.-INTENTION:</td><td colspan="3">Co-Erfahrung, -Nutzung & Qualität der Nutzung: W < M,
Unterschiede in den Co-Erfahrungen: unter W > unter M</td></tr>
<tr><td>PERSÖNL.-BEZUG:</td><td colspan="3">- - - - -</td></tr>
<tr><td>GESCHL.-ROLLE:</td><td colspan="3">- - - - -</td></tr>
</table>

Fortsetzung Fauser 1992, u.a.	ERGÄNZUNGEN:	Co-Interesse ist emotional bestimmt (=Faszination) (vor allem bei M), Intensität & Qualität der Co-Nutzung erhöht Interesse, posit. Wertschätzung d.Co erhöht Interesse(vor allem bei M)		
AUTOR/IN	THEMA	POPULATION	METHODEN	TE-BEZUG
Hannover et al. 1989, Hannover 1991	naturwiss.-techn. Interessen von Jugendlichen	N: 189+348 Alter: 13-17 W/M-Gymnasiast.	E: Fragebogen A: Korrel., Regression, Gruppenvergl.	subjekt.Mathe-Kompetenz, Te-Erfahrung, Intentionen
	KOGNITIV:	Selbsteinschätzung der Mathe.-Kompetenz: W < M		
	AFFEKTIV-EVAL.:	- - - - -		
	VERHALTEN/ V.-INTENTION:	Te-Erfahrung erhöht positive Attitüde, positive Attitüde begünstigt naturwissenschaftliche Intentionen (Kurs-, Berufswahl), naturwiss. Intentionen, Te-Erfahrungen: W < M		
	PERSÖNL.-BEZUG:	Erwartung weniger positiver Folgen bei Te-Engagement: eher W		
	GESCHL.-ROLLE:	Hypothesen: Mathematik-Kompetenz nicht selbstwertrelevant bei W, Geschlechtsrolle beeinflußt subjektive Mathe.-Kompetenz		
	ERGÄNZUNGEN:	Grundlage: Einstellungsmodell von Ajzen & Fishbein 1980		
AUTOR/IN	THEMA	POPULATION	METHODEN	TE -BEZUG
Hecker & Jansen 1986	Erfahrungen & Einstellungen zum Computer	N: ca. 1000 (repräs.) Alter:14-29 W/M, Erwerbst.,Schü.,Azubis	E: standard.Interview A: quantitativ	Einstellungen, Erfahrungen
	KOGNITIV:	techn. Entwickl. vernichtet Arbeitsplätze: 3/4 d. W, 2/3 d. M, Akzeptanz des Co: größer bei Co-Erfahrung, bei höherer Qualifikation		
	AFFEKTIV- EVALUATIV:	positive Bewertung des Co-Einsatzes: W (50%), M (75%), eher Angst vor verstärktem Co-Einsatz: W (50%)		
	VERHALTEN/ V.-INTENTION:	Co-Erfahrungen: W (35%), M (48%), Co-Erfahrungen größer bei höherer schulischer/beruflicher Qualifikation, 2/3 W & M arbeiten gerne am Co		
	PERSÖNL.-BEZUG:	- - - - -		
	GESCHL.-ROLLE:	- - - - -		
	ERGÄNZUNGEN:	- - - - -		
AUTOR/IN	THEMA	POPULATION	METHODEN	TE-BEZUG
Heppner et al. 1990, Schiersmann 1992	Geschlechtsspezifische Zugangsweise zum Computer in der Schule	N: 15 Schulklassen/ Kerngruppen Alter: 8.-9.Klasse, W/M	E: Grupp.disk., Interview,teilnehm.Beob., A: qualit.Inhaltsanal.	Interesse, Erfahrungen, reflex. Auseinandersetzung m. Technik
	KOGNITIV:	Interesse der W/M am praktischen Umgang mit Co, Interesse an Grundkenntnissen: insbes. W, Interesse am Programmieren: eher M bei Fehlern: W internale, M extern. Ursachenzuschreibung		

Fortsetzung Heppner et al. 1990, Schiersmann 1992	AFFEKTIV-EVALUATIV:	anfänglich Zurückhaltung (keine größeren Ängste) bezüglich Co bei W, Verbindung von Spaß, Belastung, Arbeit, Spiel im Co-Umgang bei W
	VERHALTEN/ V.-INTENTION:	Co-Erfahrung: W < M, Co-Besitz: W < M, spieler.Umgang mit Co: W < M, aufgabenorientierter Umgang: W > M, Motive der Co-Beschäftigung: nützlich für Beruf (W = M), Kooperation am Co: W & M, hierarch. Verhalten: eher M
	PERSÖNL.-BEZUG:	Selbstdarstellung von Co-Kompetenz: W < M
	GESCHL.-ROLLE:	W & M nehmen eher W als Co-Anfängerinnen wahr, W & M verhalten/äußern sich entgegen dem dichotomen Bild geschlechtsspezif. Zugangsweisen
	ERGÄNZUNGEN:	wiss. Begleitung eines Modellversuchs

AUTOR/IN	THEMA	POPULATION	METHODEN	TE-BEZUG
Huber 1989	Zusammenhang von Technikbild,Weltbild, Beruf & Persönlichk.	N: 1328 Alter:vor allem 25-61 W/M-Beamte,Ingen., Soz.-berufe, Künstler	E: Fragebogen A: Faktoren-, Varianzanalyse	Te-Bilder als Repräsentationen & Bewertungen
	KOGNITIV:	- - - - -		
	AFFEKTIV-EVALUATIV:	eutopes Te-bild: eher Ingenieure, eher M, dystopes Te-bild: eher Soz.-berufe & Künstler, eher W, Te-Pessimism.:hoch b.Soz.-berufe & Künstler, gering b. Ing.		
	VERHALTEN/V.-INT.:	- - - - -		
	PERSÖNL.-BEZUG:	eutopes Te-bild: Korrelation mit „verstandesbetonter Aktivismus", dystopes Te-bild: Korrel. mit gefühlsbetontem Weltvertrauen		
	GESCHL.-ROLLE:	verstandesbetonter Aktivismus: W=49%, M=73%, gefühlsbetontes Weltvertrauen: W=40%, M=28%		
	ERGÄNZUNGEN:	- - - - -		

AUTOR/IN	THEMA	POPULATION	METHODEN	TE-BEZUG
Institut für Demoskopie Allensbach 1985	Mißtrauen gegen Computer	N: repräs.Umfragen 1982-85 Alter: ab 14, W/M	E: standard.Interview A: quantitativ	Kenntnisse, Assoziationen, Einstellungen
	KOGNITIV:	Co-Kenntnisse: W < M, Co-Kenntnisse, Co-Beschäftigung unnötig: W > M		
	AFFEKTIV-EVALUATIV:	„Sympathie"-Wert von Begriffen: Technik (=56%), Computer (=31%), Natur (=93%)		
	VERHALTEN/V.-INT.:	- - - - -		
	PERSÖNL.-BEZUG:	- - - - -		
	GESCHL.-ROLLE:	- - - - -		
	ERGÄNZUNGEN:	- - - - -		

AUTOR/IN	THEMA	POPULATION	METHODEN	TE-BEZUG
Janshen,Rudolph et al. 1987	Sozialisation von Ingenieurinnen	N: 109 (90 W, 19 M) Studierende, Ingen.	E: Leitfadeninterview A: vornehmlich qualitativ	Erfahrungen, Haltungen

Fortsetzung Janshen, Rudolph et al. 1987	KOGNITIV:	Berücksichtigung negativer Te-Folgen: W > M, Verbesserung der Verhältnisse durch instrumentellen & guten Einsatz der Te (W & M), soziale Verantwortung f. techn.Entw: bei M kaum thematisiert, Te verbesserungsbedürftig: 1/3 der W (aber: Realisierung offen)		
	AFFEKTIV-EVALUATIV:	Faszination, Spaß an Te: bei W überwiegend, intensive Beschäftigung mit Te: bei W Angst, von Te abhängig zu werden, These: W richten eher Gefühle auf Te-Folgen, nüchternes, pragmat. Verhältnis zum techn.Konstrukt, M richten Emotion auf das techn. Objekt/Maschine (Bezwingungsenergie)		
	VERHALTEN/ V.-INTENTION:	spielerischer Umgang mit Te, Hingabe an Te: eher bei M., Berufswahlmotive: bei W Interesse, Begeisterung & Eignung für Naturwiss./Te, Freude am Konstruktiven		
	PERSÖNL.-BEZUG:	-----		
	GESCHL.-ROLLE:	W: zum Teil Ablehnung weibl. Verhaltens, schreiben zum Teil M mehr Te-Kompetenz zu, 50% sehen weibl. Innovationspotential (aber Realisierungsprobleme), erfahren Unterstützung & Diskriminierung, M: Offenheit & Abwehr gegenüber Ingenieurinnen		
	ERGÄNZUNGEN:	-----		
AUTOR/IN	**THEMA**	**POPULATION**	**METHODEN**	**TE-BEZUG**
Jaufmann & Jänsch 1990	Technikakzeptanz in der Zeit von 1980-86	Sekundäranalyse repräsentativer Daten Alter:14 u.mehr,W/M	E: --- A: quantitativ	Einstellung, Assoziation
	KOGNITIV:	Te-Assoziationen: vor allem Fortschritt, Elektronik, Maschinen (Fortschritt: W < M, Haushaltsgeräte: W > M), W sehen sich kritischer, unentschiedener, weniger positiv gegenüber Te als M, Te-Akzeptanz von W: kontinuierliche Verringerung seit 1980		
	AFFEKTIV-EVAL.:	-----		
	VERHALTEN/V-INT.:	-----		
	PERSÖNL.-BEZUG:	-----		
	GESCHL.-ROLLE:	-----		
	ERGÄNZUNGEN:	Fazit: bei Te wird eher an etwas Hartes,Gegenständliches gedacht, Te-Assoziationen sind vor allem kognitiv-rational		
AUTOR/IN	**THEMA**	**POPULATION**	**METHODEN**	**TE-BEZUG**
Jugendwerk d. Dt. Shell 1981	Jugendkultur	N: 1077 (repräsent.) Alter: 15-24, W/M	E: standard.Interview A: quantit. (div.Verf.)	Interesse, Bewertung
	KOGNITIV:	Interesse an Auto,Motorrad,Maschinen,Elektro-,Weltraum-Te: W < M, Interesse an Optik, Haushalts-Te: W > M, Erwartung totaler Kontrolle durch Co: W > M, Erwartung der Umweltzerstörung durch Te: W > M		
	AFFEKTIV-EVAL.:	-----		
	VERHALTEN/V-INT.:	-----		

Fortsetzung Jugendw.Dt. Shell 1981	PERSÖNL.-BEZUG:	- - - - -
	GESCHL.-ROLLE:	- - - - -
	ERGÄNZUNGEN:	Unterschiede auch in Abhängigkeit von Alter & Bildung

AUTOR/IN	THEMA	POPULATION	METHODEN	TE-BEZUG
Jugendwerk d. Dt. Shell 1985	Orientierungen von Jugendlichen & Erwachsenen	N:1472 (Alter:15-24), N: 729 (Alter: 45-54) W/M (repräsentativ)	E: halbstandardisiertes Interview A: quant. (div. Verf.),	Interesse
	KOGNITIV:	Interesse an Te: W < M (kein Te-Interesse bei 39% W-Jugendl., bei 44% W-Erwachsenen; bei M: 6 bzw. 7%), Interesse an Auto,Motorrad,Maschinen,Elektro-Te: W < M, Interesse an Optik, Haushalts-Te, Umweltschutz: W > M, M nennen mehr Te-Bereiche als W		
	AFFEKTIV-EVAL.:	- - - - -		
	VERHALTEN/V-INT.:	- - - - -		
	PERSÖNL.-BEZUG:	- - - - -		
	GESCHL.-ROLLE:	- - - - -		
	ERGÄNZUNGEN:	Kovariation von Te-Interessen mit Geschlecht & Alter, Unterscheidung von jungenlastiger, „harter" & mädchenlastiger, „weicher" Te		

AUTOR/IN	THEMA	POPULATION	METHODEN	TE-BEZUG
Jugendwerk d. Dt. Shell 1992	Jugendkultur, Ost-West-Vergleich	N: 3142 (repräsent.) Alter: 13-29, W/M	E: halbstand.Interv. A: quant. (div. Verf.),	Interesse
	KOGNITIV:	Interesse an Te: W < M (kein Te-Interesse bei 25% W, bei 3% M), Interesse an Auto,Motorrad,Maschinen,Elektro-Te, Co:W<M, Interesse an Optik, Haushalts-Te, Umweltschutz: W > M		
	AFFEKTIV-EVAL.:	- - - - -		
	VERHALTEN/V-INT.:	- - - - -		
	PERSÖNL.-BEZUG:	- - - - -		
	GESCHL.-ROLLE:	Te-Inter. größer bei W mit anspruchsvollen Lebenszielen		
	ERGÄNZUNGEN:	Unterscheidung v. Te-Kultur nach „männl." & „weibl." Profil, Vergleich zu früheren Shell-Stud.: weniger W ohne Te-Inter., Ergebnisse beziehen sich auf West-Deutschland		

AUTOR/IN	THEMA	POPULATION	METHODEN	TE-BEZUG
Kaplan & Derichs-Kunstmann 1991,	Widersprüchl. Reaktionen von W auf Informations-/Kommunikationstechnologie im Alltag	N: 39 Alter: 24-45 Teilnehmerinnen an Seminaren zu neuen Technologien	E: Leitfaden-Interv. A: qualitativ	Einstellungs-/Handlungsmuster, Erfahrungen,Selbsteinschätzung
Derichs-Kunstmann 1989	KOGNITIV:	ca. 1/3 der W ohne Co-Kenntnisse vor dem Seminar, Co-Kenntnisse werden als berufsrelevant eingeschätzt, Co ist Hilfsmittel, Gebrauchsgegenstand, Te-Skepsis bei allen W (Skepsis=Ablehnung v.Te-Gläubigkeit, Bedenken wegen sozialer Folgen, Abwehr von IuK-Technol. im Privatbereich)		

Fortsetzung Kaplan & Derichs-K. 1991, Derichs-K. 1989	AFFEKTIV-EVALUATIV:	Neugier, Faszination, eher Spaß als Angst, Einstellungstypen: „positiv“, „negativ“, „ambivalent“, „Berührungsängste“ mit Co weniger relevant, Co-Erfahrung führt zu Angstabbau		
	VERHALTEN/V.-INT.:	- - - - -		
	PERSÖNL.-BEZUG:	- - - - -		
	GESCHL.-ROLLE:	Angst vor Vorurteilen über Frauen und Technik		
	ERGÄNZUNGEN:	Bruch zw. normativer Einstellung & Alltagspraxis, Begriff „Te-Distanz“ wird durch „Te-Skepsis“ ersetzt		
AUTOR/IN	THEMA	POPULATION	METHODEN	TE-BEZUG
Lange 1984	Image des Computers	N: 1954 (repräsent.) Alter: ab 14, W/M	E: Interview A: Multivar. Analysen	Einstellungen, Erfahrungen
	KOGNITIV:	Co-Befürworter: eher Beherrschbarkeit d. Co-Auswirkungen, Co-Gegner: eher Kontrollprobleme, Befürchtungen bezügl. Co: Überwachung, Störung zwischenmenschl. Beziehungen, Arbeitslosigkeit, Vorteile des Co: W = 24%, M = 44%, Nachteile des Co: W = 24%, M = 21%, Fortschritt, Arbeitslosigkeit, Leistung, Seelenlosigkeit,Macht: stärker mit Co als mit „Kernkraft“ und „Auto“ assoziiert, Urteil über Beherrschbarkeit einer Te ist Indikator für positive/negative Einstellung zu dieser Te		
	AFFEKTIV-EVALUATIV:	Angst vor KKW, Auto: W > M; Angst vor Co: W ≈ M, Co-Erfahrung erhöht positive Einstellung zu Co bei M, positive & negative Einstellungen bei W		
	VERHALTEN/V.-INT.:	- - - - -		
	PERSÖNL.-BEZUG:	- - - - -		
	GESCHL.-ROLLE:	- - - - -		
	ERGÄNZUNGEN:	- - - - -		
AUTOR/IN	THEMA	POPULATION	METHODEN	TE-BEZUG
Löchel 1994	Psychodynamik des Umgangs mit Co	N: 44 (20 W, 24 M) Alter: 20-49	E:themenz. Interview A: emp.Hermeneutik	Ängste, Wünsche, Konflikte
	KOGNITIV:	- - - - -		
	AFFEKTIV-EVALUATIV:	Angst gegenüber Co: 75% der W, 0% der M, 3 Angstformen: A., etwas kaputt zu machen (=Über-Ich-Angst), A.,etwas falsch zu machen (=narzißt. Angst), A., etwas zu löschen (=depressive Angst), Angst als Hinweis auf latente Allmachtsphantasien		
	VERHALTEN/V.-INTENTION:	Co-Erfahrung reduziert Angst, Annahme: Angst, etwas kaputt zu machen = Ausdruck v. Aggression, nüchterner Co-Bezug von W = Ausdruck von gehemmter Aggression		
	GESCHL.-ROLLE:	auch Co-Bezug von W nicht frei von aggressiven Tendenzen		
	ERGÄNZUNGEN:	Kritik am Topos „frauenspezifische Zugangsweise“ zu Te		
AUTOR/IN	THEMA	POPULATION	METHODEN	TE-BEZUG
Merbold 1981	Te-Einstellungen der Bundesbürger	N: 1984 (repräsent.) Alter: 14-65, W/M	E: standard.Interview A: quantitativ	Kenntnisse, Akzeptanz, Bewertungen

Fortsetzung Merbold 1981	KOGNITIV:	Te-Kenntnisse: hoch (25%), gering (50%), durchschnittlich (25%), Te-befürworter bekunden höhere Kenntnisse als Te-Gegner, vermutete Te-Folgen: Arbeitserleichterung, Arbeitsmonotonie, Arbeitslosigkeit		
	AFFEKTIV-EVALUATIV:	Te-Haltung: positiv (56%), skeptisch (20%), offen (24%), positive Haltung: W < M, insbes. Personen über 30 J.		
	VERHALTEN/V.-INT.:	- - - - -		
	PERSÖNL.-BEZUG:	- - - - -		
	GESCHL.-ROLLE:	- - - - -		
	ERGÄNZUNGEN:	- - - - -		
AUTOR/IN	THEMA	POPULATION	METHODEN	TE-BEZUG
Metz-Göckel et al. 1991	Geschlechtsspezifisches Verhalten am Computer	N: 120 (90 W, 30 M) Alter: 8 -14 (Teiln. von Freizeit-Computerkursen)	E: teilstand. Frageb., teilnehm.Beobacht. A: Häufigkeitsauszählung,qualit.Anal.	Interessen, Bewertungen, Lernverhalten, Erfahrungen
	KOGNITIV:	Interesse an technischem Beruf: W (4,4%), M (13,8%), Arbeitserleichterung durch Co, Co schlauer als Mensch: W < M, Co machen Menschen überflüssig: W > M, Ambivalenz zw. Über- & Geringschätzung des Co:W = M, qualifiziert.Kontakt zu Co:erhöht Akzeptanz, Kompetenz v. W		
	AFFEKTIV-EVALUATIV:	Neugier,Spaß, Faszination, keine Angst (Mehrheit v. W, M), „emotion. Besetzung" des Co (Wut, Zuneigung, Bewunderung): W = M		
	VERHALTEN/ V.-INTENTION:	Erfahrung am Co, Co-Besitz: W < M, Co-Beschäftigung in der Freizeit: W (4,4%), M (24,1%), Perfektionismus,kreative Fehlerkorrektur am Co: W > M		
	PERSÖNL.-BEZUG:	Co-Kenntnisse bei Kursende: Selbsteinschätz. der W höher		
	GESCHL.-ROLLE:	M: halten sich für aktiver/kompetenter am Co, W: halten sich für aktiver als M meinen, sehen Kompetenzen von M niedriger als diese selbst		
	ERGÄNZUNGEN:	- - - - -		
AUTOR/IN	THEMA	POPULATION	METHODEN	TE-BEZUG
Noelle-Neumann & Köcher 1993	Technik & Umwelt	N: repräsent.Umfragen 1984-1992 Alter: ab 16, W/M	E: standard.Interview A: quantitativ	Interesse, Einstellungen
	KOGNITIV:	Interesse an Te & techn.Funktionen: W < M, techn.Fortschritt mehr Risiko als Sicherheit:W>M(1987,58% :47%),Inkaufnahme v. Risiko bei techn.Entwicklungen:W<M, techn.Fortschritt macht Leben einfacher: W < M, Te als „Segen" für Menschen: Abnahme (1966: 72%, 1987: 36%), Te-Mißbrauch verhindern, aber Te nutzen: W < M		
	AFFEKTIV-EVALUATIV:	Te-Begeisterung: W < M (1987 9% : 32%), „Sympathie"-Wert v. Begriffen: Te (1981: 66%, 1989: 73%), Co (1985: 34%, 1989: 55%), Natur (1978: 95%, 1990: 94%), Kernenergie (1980: 32%, 1989: 19%), Gen-Te (1984: 16%, 1989: 9%)		

AUTOR/IN	THEMA	POPULATION	METHODEN	TE-BEZUG
Fortsetzung Noelle-Neumann & Köcher 1993	VERHALTEN/V.-INT.:	- - - - -		
	PERSÖNL.-BEZUG:	Co fördert Selbstentfaltung: W < M (1987, 14% : 24%), vermutete Fremdeinschätzung als techn. Expertin: W < M		
	GESCHL.-ROLLE:	- - - - -		
	ERGÄNZUNGEN:	Unterschiede auch in Abhängigkeit von Alter & Bildung		
AUTOR/IN	**THEMA**	**POPULATION**	**METHODEN**	**TE-BEZUG**
Noller & Paul 1991	Jugendliche Computerfans	N: 80+369 Alter:10-23 (M/17 W)	E: standard. & narratives Interview A: quantitat./qualitat.	Vorstellungen, Einstellungen, Selbstbild
	KOGNITIV:	gute Kenntnisse von Programmiersprachen: generell vorhanden, naturwissensch.-mathemat. Interessen: generell vorhanden, Co sind so intelligent wie Menschen: 23%, Forderung wirksamer techn.Kontrolle: mehrheitl. vorhanden		
	AFFEKTIV-EVALUATIV:	Rationalisierung,Verleugnung von Angst & Machtlosigkeit bei techn.Katastrophen: mehrheitl. vorhanden		
	VERHALTEN/ V.-INTENTION:	Co-Nutzung: vor allem Programmieren, Spielen, Lernhilfe, Textverarbeitung, Co-Kenntnisse wichtig für Beruf : 3/4, Berufswunsch mit Co-Bezug: 50 %		
	PERSÖNL.-BEZUG:	Motive für Co-Faszination: Schöpfermotiv, Funktionslust, Selbsterfahrung		
	GESCHL.-ROLLE:	traditionelles Geschlechtsrollenbild: mehrheitl. vorhanden, Annahme: Co-Faszination beruht auf berufl. Erfolgsorientierung u. dient der Stabilität einer trad. männl. Rollenidentität		
	ERGÄNZUNGEN:	- - - - -		
AUTOR/IN	**THEMA**	**POPULATION**	**METHODEN**	**TE-BEZUG**
Pflüger & Schurz 1987, Schurz & Pflüger 1987	Sozialpsychologie des Umgangs mit Computern	N: ≈330 (Informatik-Stud., da. 46 W), +101 (Student., Berufstätige,Schüler, davon 13 W)	E: Frageb.,Interview, Experiment,Test A: Faktoren- & Diskriminanzanalyse	Interesse,Persönlichkeitsattribute d.Co, Einstellungen, Erfahrungen
	KOGNITIV:	bei W: mathem. Int. > Te-Interesse als Motiv f.Informatikstudium, Co-Charakterisierungen: gut-böse, aktiv-passiv, stark-schwach, stur, intelligent, zuverlässig, listig, lebhaft, gemein, widerspenstig		
	AFFEKTIV-EVAL.:	- - - - -		
	VERHALTEN/ V.-INTENTION:	Co-Besitz: W < M, Programmierstil: W = M, gegengeschlechtl.Attribution d. Co:eher souveräner Umgang		
	PERSÖNL.-BEZUG:	Persönlichkeitstypen & Co-Umgang („romantisch-kritischer" Typ: aggressiv, abwehrend zu Co; „konservativ/te-gläubig": kaum Skepsis zu Co; „rational": souveräner Co-Umgang; „extravertiert": progressives Mißtrauen zu Co)		
	GESCHL.-ROLLE:	Attribution des Co als „männl.": W < M, Annahme: Personifikation des Co (als männl. oder weibl.): W < M		

AUTOR/IN	THEMA	POPULATION	METHODEN	TE-BEZUG
Fortsetzung Pflüger & Schurz 1987	ERGÄNZUNGEN:	Rückgriff auf Forschung zum Semant. Differential (Osgood, Suci & Tannenbaum 1957), Unterschiede in Abhängigkeit von Alter und sozialem Status		
AUTOR/IN	**THEMA**	**POPULATION**	**METHODEN**	**TE-BEZUG**
Ritter 1994	Selbstbild von computerinteressierten Mädchen	N: 5 Alter: 16-20	E: Intensivinterviews A: hermeneutische Textanalyse	Motive, Phantasien, Erfahrungen
	KOGNITIV:	Co als Mittel zur Bewältigung v. Gefühlen (Enttäuschung, Wut...), Co ist schneller als Mensch, logisch, ohne Emotionen, Befürchtung bezügl. Co: Störung sozialer Beziehungen, Kontroll- & Autonomieverlust		
	AFFEKTIV-EVALUATIV:	Co evoziert Faszination, Wut, Befriedigung, Angst vor Allmacht d. Co vs. Co als omnipotentes Problemlösungsmittel		
	VERHALTEN/ V.-INTENTION:	Co-Umgang: Spielen, Spiele entwickeln, Programme schreiben, kein rein pragmatisch-instrumenteller Co-Zugang der W		
	PERSÖNL.-BEZUG:	Formen der Co-nutzung: Integration in die „Weiblichkeit", Identifikation „mit Männlichkeit", Neutralisierung der „Weiblichkeit", psychischer Gewinn der Co-Nutzung: Selbsterfahrung als kreativ, imaginierte Anerkennung in der M-Welt, Individuierung gegenüber weibl. Stereotypen		
	GESCHL.-ROLLE:	Attribution d. Co als „männl.", Beschäftigung mit Co ist Auseinandersetz.mit als männl.wahrgenomm. Anteilen d.Person		
	ERGÄNZUNGEN:	- - - - -		
AUTOR/IN	**THEMA**	**POPULATION**	**METHODEN**	**TE-BEZUG**
Roloff & Evertz 1992	Bedeutung von Vorurteilen über Frau & Technik für schul./berufl.Entscheidungen	N: 98 Gymnasiastinnen (10. Klasse)	E: Bildassoziationen, Gespräche A: qualitativ	Stereotype von M über techn.hochqualifizierte W
	KOGNITIV:	- - - - -		
	AFFEKTIV-EVAL.:	- - - - -		
	VERHALTEN/V.-INT.:	- - - - -		
	PERSÖNL.-BEZUG:	- - - - -		
	GESCHL.-ROLLE:	2/3 assoziieren negative männliche Stereotype (Unfähigkeit d. W, Unvereinbarkeit von W und Te, Abwertung von W) 10% assoziieren Anerkennung v. Leistung & Qualifikation der W		
	ERGÄNZUNGEN:	Schülerinnen berichten über persönliche Erfahrungen (Vorurteile & andere Einstellungen von M)		
AUTOR/IN	**THEMA**	**POPULATION**	**METHODEN**	**TE-BEZUG**
von Rosenbladt	Einstellungen zu Wissenschaft & Technik	N: 3000 (repräsent.) Alter: ab 14, W/M	E: Sekundäranalyse A: quantitativ	Interesse, Einstellungen
1988	KOGNITIV:	Interesse an techn.Fortschritt, an techn. Funktionsweise: W < M, Te-Skepsis: W > M		

Fortsetzung von Rosenbladt 1988	AFFEKTIV- EVALUATIV:	Co-Faszination: 24% W, 45% M Unheimlichkeit des Co: 40% W, 16% M		
	VERHALTEN/ V.-INTENTION:	Reparieren techn.Geräte: 10% W, 53% M Bedeutung der Te für Beruf: wird von M betont, Ablehnung eines techn. Berufes: W > M		
	PERSÖNL.-BEZUG:	Selbsteinschätzung als techn. unbegabt: 55% W, 15 %M		
	GESCHL.-ROLLE:	- - - - -		
	ERGÄNZUNGEN:	Te-Bewertung & -Interesse: bei Personen nicht immer gleichgerichtet		
AUTOR/IN	**THEMA**	**POPULATION**	**METHODEN**	**TE-BEZUG**
Rundnagel 1986	Studium & berufliche Integration von Ingenieurinnen	N: 29 (18 Interviews) Ingenieurinnen	E: Fragebogen,Leitfaden-Interview A: qualitativ	berufl. Selbstverständnis, Umgang, Haltungen
	KOGNITIV:	fehlende techn.Grundkenntnisse bei Studienbeginn, Kritik an Te & Ingenieurberuf selten geäußert		
	AFFEKTIV-EVAL.:	- - - - -		
	VERHALTEN/ V.-INTENTION:	Förderung des Te-Interesses: durch Schulleistungen in Mathematik & in Naturwissenschaften, durch technische Berufsausbildung, Praktika, Reiz, etwas Neues zu schaffen, Abläufe zu beherrschen, eingreifen können		
	PERSÖNL.-BEZUG:	teils Identifikation mit Techniker-Rolle, teils Abgrenzung von „reinen Technikern"		
	GESCHL.-ROLLE:	Problem, positives Selbstverständnis als Frau mit Selbstverständnis als Ingenieurin zu verbinden, Abgrenzung von traditionellen weibl.Verhaltensmustern, Erfahrung von Anerkennung, Unterstützung, Diskriminierung als Ingenieurin		
	ERGÄNZUNGEN:	- - - - -		
AUTOR/IN	**THEMA**	**POPULATION**	**METHODEN**	**TE-BEZUG**
Sklorz-Weiner 1989	Verhalten & Einstellung von Jugendlichen zu neuen Technologien	N: 189; Alter: 12-19 W/M Gesamtschüler /Gymnasiast.	E: Fragebogen A: Mittelwertvergleich	Interesse, Einstellungen, Erfahrungen, Motive
	KOGNITIV:	Interesse für Naturwiss. & Te: W < M, Zusammenhang zwischen Interesse an Te, Naturwiss. & Co: nur bei M, Interessen: vielseitig bei Co-Nutzerinnen, eng bei M-Co-Nutzern (gilt als Indiz, daß Te männlich „besetzt" ist), Urteile über negative Co-Auswirkung: W > M, Annahme: W eher pragmatisches Interesse am Co		
	AFFEKTIV- EVALUATIV:	Angst vor Co-Auswirkungen: Co-Nutzer < als Nicht-Nutzer, Co-Nutzung bei W: Angstabbau, aber Unbehagen bleibt		
	VERHALTEN/ V.-INTENTION:	Co-Nutzung: W < M, zentrales Motiv für Co-Nutzung: W = Berufsrelevanz, M = Spaß, Interesse, W arbeiten eher zu mehreren am Co		

Fortsetzung Sklorz-Weiner 1989	PERSÖNL.-BEZUG :	Zutrauen in potentielle eigene Co-Fertigkeiten: W < M These: Co sind geschlechtsrolleninadäquat für W
	GESCHL.-ROLLE:	Infragestellung der traditionellen W-Rolle: sowohl W, als auch M, Co-Nutzerinnen schreiben W mehr Gefühl als M zu
	ERGÄNZUNGEN:	Te-Motivierung v. W muß breites Interessenspektrum berücksichtigen

3. Interpretation der vorgestellten Forschungsbefunde

Ohne den Anspruch, die in der Übersicht zusammengefaßten Befunde erschöpfend interpretieren zu wollen, werden in den folgenden Unterabschnitten, entlang der benutzten Ordnungskategorien, die wichtigsten Ergebnistrends der berücksichtigten Studien referiert bzw. kommentiert. Mit diesem Vorgehen sollen die Vielfalt und die Nuancierungen empirisch vorgefundener Haltungen von Frauen und Männern zur Technik verdeutlicht sowie offene Fragen und Anknüpfungspunkte für meine eigene empirische Studie aufgezeigt werden.

3.1 Untersuchungscharakteristika

Die empirischen Studien zum Verhältnis von Frauen und Männern zur Technik aus den 80er und 90er Jahren, die in der tabellarischen Übersicht erfaßt wurden, haben zwei Themenschwerpunkte. Forschungsgegenstand ist zum einen „Technik" allgemein als komplexes, abstraktes Konstrukt, sind zum anderen Computer als neue Informations- und Kommunikationstechnologie. Von den berücksichtigten 32 Studien befassen sich 16 Studien mit „Technik", 10 Studien mit dem Computer und 6 Studien mit beiden Themen. Andere Technologien und Technikgebiete werden nur am Rande untersucht.

Die Studien belegen, wie vielgestaltig die Beziehung zur Technik ist bzw. untersucht werden kann: Es werden entsprechend der jeweiligen Forschungsfrage Interessen, Kenntnisse, Assoziationen, Einstellungen, emotionale Bewertungen, Umgangsformen und Erfahrungen sowie Selbsteinschätzungen eigener Kompetenzen erhoben.

Die Größe und die Zusammensetzung der Untersuchungsstichproben variieren sehr stark. In den repräsentativen Studien werden zum Teil Frauen und Männer aller Altersgruppen befragt, andere Studien konzentrieren sich auf bestimmte Ziel- und Altersgruppen (z.B. SchülerInnen, Jugendliche, StudentInnen, Technik-Befürworter/Technik-Gegner). Nimmt man eine

Grobeinteilung der Untersuchungen vor, kann man in 19 Studien ein überwiegend quantitatives, in 8 Studien ein vorrangig oder ausschließlich qualitatives Vorgehen (im Hinblick auf die eingesetzten Erhebungs- und Auswertungsverfahren) feststellen. In 5 Studien wurde sowohl mit quantitativen als auch mit qualitativen Methoden gearbeitet. Bei 4 der 5 Studien, die ausschließlich Frauen untersuchten (Rundnagel, 1986; Kaplan & Derichs-Kunstmann, 1991; Roloff & Evertz, 1992; Ritter; 1994; Dippelhofer-Stiem & Odebrett, 1994), handelt es sich um qualitative Untersuchungen.

3.2 Kategorie „kognitiv"

In den 18 Untersuchungen, die hierzu Aussagen machen, fällt auf, daß Frauen offenbar im Vergleich zu Männern weniger Interesse für Technik und technische Fragen haben sowie tendenziell über geringere technische Kenntnisse verfügen. Damit scheinen die Forschungsbefunde gängige, althergebrachte Vorstellungen über die Distanz von Frauen zur Technik zu bestätigen.

Diese Eindeutigkeit der - nicht unproblematischen - Ergebnisse relativiert sich jedoch, wenn Alter, Bildung, Erwerbstätigkeit etc. als kovariierende Größen neben dem Geschlecht berücksichtigt werden. Es werden dann auch Unterschiede zwischen Frauen und zwischen Männern sichtbar, etwa daß jüngere sowie erwerbstätige Frauen über höhere technische Kenntnisse verfügen und sich stärker für Technik interessieren als andere Frauen und zum Teil auch als Männer (Brigitte/Brandes & Schiersmann, 1986; Jugendwerk der Dt. Shell, 1981, 1985; EMNID-Institut, 1991; Noelle-Neumann & Köcher, 1993). Wenn nicht nach generellen technischen Interessen gefragt wird, sondern konkrete technische Artefakte und Technikbereiche angesprochen werden, dann zeigen sich zudem Differenzen zwischen Frauen und Männern hinsichtlich der Richtung ihrer technischen Interessen. So gibt es einige Technikbereiche (z.B. Optik/Photo, Haushaltstechnik, Umweltschutz, spielerisch-künstlerische Gebiete) an denen Frauen ein deutlich höheres Interesse als Männer äußern (BMBW, 1982; Jugendwerk der Dt. Shell, 1981, 1985, 1992).[38] Allerdings interessiert sich aber auch eine signifikante Anzahl von Frauen für die von Männern präferierten Technologien (z.B. Autos, Maschinen).

In den Shell-Studien (1985, 1992) werden geschlechtsspezifisch präferierte Technikgebiete als jungenlastige „harte" und mädchenlastige „weiche" Technik typisiert. Es wird so ein „männliches" und „weibliches" Profil der Technik-Kultur gezeichnet. Damit wird zwar die traditionelle Vorstellung

38 Man könnte natürlich einwenden, daß das nicht die Bereiche sind, die gemeinhin als Technik par excellence gelten. Aber ein solcher Einwand stützte die traditionelle Vorstellung, Technik auf „männliche" Technikbereiche einzuengen.

von Technik als „Männerkultur" zugunsten einer „männlichen" und „weiblichen" Variante aufgebrochen, zugleich werden aber auch wiederum neuartige geschlechtsspezifische Polarisierungen vorgenommen.

Das relativ häufig untersuchte technische Artefakt „Computer" bietet sich als Demonstrationsbeispiel an, um erkennen zu können, wie Richtung und Gewichtung von Interessen variieren und sich von Studie zu Studie unterschiedlich ausdifferenzieren. So zeigt sich einerseits das oft aufgegriffene Resultat, Frauen wollten am Computer eher Grundkenntnisse erwerben, Männer eher Programmieren lernen; andererseits belegen die Ergebnisse nicht eindeutig, ob das Interesse von Frauen (Brandes & Schreiber, 1988) oder das Interesse von Männern an der Funktionsweise des Computers höher einzuschätzen ist (Faulstich-Wieland & Dick, 1988; vgl. auch Brandes et al., 1985; Schiersmann, 1987a). Durchgängig bestätigen die Untersuchungen den vergleichweise weiten technischen Interessenhorizont von Frauen (vgl. z.B. Janshen, Rudolph et al., 1987; Brandes & Schreiber, 1988; Faulstich-Wieland & Dick, 1988, 1989; Faulstich-Wieland, 1992; Sklorz-Weiner, 1989): Häufiger als Männer fragen sie nach dem Einsatz, dem Nutzen, den Auswirkungen und der Geschichte von Technik und Technologien. Das männliche Technikinteresse scheint sich dagegen eng auf den technischen Bereich zu konzentrieren.

Das gängige Verständnis des Computers als „moderne Technologie" sollte nicht dazu verleiten, von Haltungen zum Computer auf Haltungen gegenüber Technik generell zu schließen. Die Studie von Fauser (1992) belegt, daß Interesse an „Technik" und Interesse am „Computer" nicht gleichgerichtet sein müssen. Sowohl Frauen als auch Männer zeigen ein größeres Interesse für Computer als für Technik, wobei Technikinteresse und Computerinteresse bei Frauen weit stärker divergieren. Das bedeutet, daß bei einem Desinteresse von Frauen an Technik nicht zugleich auch von einem Desinteresse am Computer ausgegangen werden kann. Nach Ergebnissen Sklorz-Weiners (1989) besteht nur bei Männern ein enger Zusammenhang zwischen dem Interesse an Technik, Naturwissenschaft und Computern.

Die wenigen Beispiele dürften bereits veranschaulicht haben, wie breit sich das Interessenspektrum in den empirischen Befunden darstellt. Eine weitere Differenzierung ergäbe sich, wenn anstelle von „Technik" als abstraktem Konstrukt konkrete Vorstellungen über Technik untersucht würden. Werden Haltungen zur Technik erhoben, bleibt häufig offen, was die befragten Personen jeweils unter Technik verstehen. Damit wird implizit ein vergleichbares Verständnis von Technik bei den Befragten vorausgesetzt. Das ist nur insoweit möglich und korrekt, als es ein kulturell geprägtes und allgemein geteiltes Stereotyp von Technik gibt. In der Techniksoziologie und der sozialwissenschaftlichen Technikforschung wird jedenfalls von einem komplexen Technikbegriff ausgegangen, der dann jeweils in unterschiedlicher Form inhaltlich ausdifferenziert wird. Empirische Studien, in denen die Technikassoziationen - meist über offene Fragen - erfaßt wurden, belegen die große Bandbreite der Vorstellungen über Technik im Alltagsverständnis der Befragten (vgl. z.B. BMBW, 1982; Jaufmann & Jänsch, 1990; EMNID-Institut, 1991). Mit Technik werden Maschinen, EDV, Computer, Haushaltsgeräte, aber auch Arbeitserleichterung, Wohlstand, Fortschritt, Umweltprobleme, Arbeitslosigkeit, Macht assoziiert. Die verschiedenen technischen Artefakte oder Technologien (z.B. Auto, Atomkraftwerk, Computer) evozieren wiederum weitergehende Assoziationen, die zudem bei Frauen und Männern unterschiedlich ausgeprägt sind (Lange, 1984; Brigitte/Brandes & Schiersmann, 1986; Pflüger & Schurz, 1987). Jaufmann & Jänsch (1990) bilanzieren außerdem, daß bei Technik eher an etwas Hartes, Gegenständliches gedacht wird und die mit Technik verbundenen Assoziationen überwiegend kognitiv-rational geprägt sind.

Die empirisch vorfindbare Bandbreite der Technikassoziationen stützt die kritischen Aufforderungen zur Dimensionierung oder Erfassung des Technikbegriffs im jeweiligen Forschungskontext (vgl. Schimpf-Hunnius & Hunnius, 1990; Scheuch, 1990; Erb, 1994; Dippelhofer-Stiem & Odebrett, 1994). Dies ist auch eine Voraussetzung dafür, um widersprüchliche Haltungen zur Technik eher erfassen und um künftig präziser herausarbeiten zu können, mit welchen konkreten Phänomenen und Aspekten Frauen und Männer „Technik" füllen.

Die Vielfalt möglicher Assoziationen und somit die Bandbreite des subjektiven Technikbegriffs ist bei der Interpretation von Urteilen über Technik und über technische Entwicklungen mitzubedenken, wenn die Ergebnisse offenlassen, welche Phänomene von den Befragten jeweils unter Technik gefaßt wurden. Generell ist festzuhalten, daß Frauen den empirischen Ergebnissen zufolge die technische Entwicklung eher kritischer als Männer beurteilen (dieses Ergebnis zeigt sich in allen 13 Studien, die dazu Aussagen machen). Frauen befürchten etwa eher die Überwachung der Menschen durch Computer, die Vernichtung von Arbeitsplätzen, Umweltzerstörung, sehen im technischen Fortschritt mehr Risiken und sind weniger bereit, Risiken bei der Entwicklung neuer Technologien in Kauf zu nehmen, oder fordern eine stärkere Beachtung möglicher negativer Folgen bei der Entwicklung von Technik. Alles in allem wird also von Frauen häufiger als von Männern problematisiert, ob der Mensch die Kontrolle über seine technischen Errungenschaften und Entwicklungen zu behalten vermag. Festgestellte Differenzen in der Beurteilung von Technologien (vgl. z.B. Dippelhofer-Stiem & Odebrett, 1994; Kaplan & Derichs-Kunstmann, 1991) - wenn Computer von Frauen etwa einerseits für Arbeit und Beruf als Bereicherung erlebt, andererseits mit der neuen Technologie auch nachteilige Folgen (Streß, Kommunikationseinschränkungen etc.) verbunden werden - können als Anzeichen für eine Ambivalenz im Verhältnis Frau - (neue) Technologie gedeutet werden.

3.3 Kategorie *„affektiv-evaluativ"*

Frauen äußern im Vergleich zu Männern weniger Faszination, Begeisterung und Spaß für Technik oder technische Artefakte. Sie bewerten „Technik" und technische Entwicklungen weniger positiv als Männer oder nehmen eine unentschiedene Haltung ein.[39] Dies ist ein genereller Trend, der sich in 13 Studien zeigt und auch für unterschiedliche Technologien oder Technikgebiete gilt. Allerdings erfahren Groß- oder „spektakuläre" Technologien (z.B. Luft- und Raumfahrt, Kraftwerke, Gentechnologie) insgesamt, d.h. von Frauen und Männern gleichermaßen, eine negativere Bewertung als etwa die „Technik im Bereich der Arbeitswelt", wobei dann auch hier wiederum graduelle Unterschiede zwischen Frauen und Männern bestehen.

Auch wenn die Technikeinstellungen von Frauen eher als nüchtern und pragmatisch zu charakterisieren sind, sollte nicht vergessen werden, daß es nach den vorliegenden Ergebnissen stets auch einen erheblichen Anteil von Frauen gibt, die von „Technik" fasziniert und begeistert sind und sich damit von ihren Geschlechtsgenossinnen unterscheiden. Weiterhin sollten die größere Nüchternheit und der Pragmatismus der Frauen - in Abgrenzung zu Faszination und Spaß an der Technik - nicht einfach als Indiz für einen emotional distanzierten Zugang zur Technik interpretiert werden: Denn Frauen verhalten sich den Forschungsbefunden zufolge ja keineswegs affektiv neutral gegenüber Technik; sie bringen jedoch andere Affekte, z.B. „Angst", „Unbehagen" gegenüber Technik stärker als Männer zum Ausdruck. Allerdings scheinen technische „Berührungsängste" bei Frauen weniger stark ausgeprägt zu sein, als dies gängige Vorstellungen vermuten lassen (Kaplan & Derichs-Kunstmann, 1991; Heppner et al., 1990; Metz-Göckel et al., 1991; Dippelhofer-Stiem & Odebrett, 1994; Ritter, 1994).

Interessanterweise scheint der Gegenstand der positiven und negativen Emotionen nicht völlig identisch zu sein. Während sich Faszination, Begeisterung, Spaß, „Hingabe" eher auf technische Artefakte selbst und auf den Umgang mit ihnen richten, bezieht sich die häufiger von Frauen geäußerte „Angst" nur zum Teil auf technische Artefakte, zum anderen Teil auch auf die Auswirkungen von „Technik". Wie zumindest die Untersuchungen zum Computer zeigen, lassen sich deshalb Berührungsängste vor technischen Artefakten durch den Erwerb einschlägiger Kenntnisse und durch die Erfahrungen im Umgang mit den Geräten abbauen oder reduzieren. Es bleiben aber „Ängste" und „Unbehagen" im Hinblick auf die potentiellen Auswirkungen von „Technik", die auch von technikinteressierten und -kompeten-

---

39 Dies zeigt sich besonders deutlich an den Skalometerfragen der Umfrageforschung im Ankreuzen der mittleren Skalenwerte (vgl. Jaufmann & Jänsch, 1990; EMNID-Institut, 1991). Anhand dieser Globalindikatoren läßt sich zudem, zumindest für den Zeitraum von 1980 - 1986, eine kontinuierlich abnehmende Technikakzeptanz bei Frauen feststellen (Jaufmann & Jänsch, 1990).

ten Frauen geäußert werden (vgl. z.B. Janshen, Rudolph et al., 1987; Sklorz-Weiner, 1989; Ritter, 1994). Dies scheint die These von Janshen, Rudolph et al. (1987) zu bestätigen, wonach Frauen, implizit gemeint sind die von ihnen untersuchten Ingenieurinnen, ihre Gefühle eher auf die Technikfolgen richten, aber ein nüchternes, pragmatisches Verhältnis zum technischen Konstrukt haben, Männer dagegen ihre Emotionen auf das technische Objekt richten. Daß die geschilderte Art der Beziehung von Frauen zu technischen Artefakten, ihre „Nüchternheit", nicht einfach positiv bewertet werden sollte (etwa als „umsichtig"), daß diese Beziehung konflikthaft sein könnte, ist den Folgerungen zu entnehmen, die Löchel (1994) aus ihren themenzentrierten Interviews zieht.[40] Die von ihr unterschiedenen drei Formen von Computerangst (Angst, etwas kaputt zu machen, Angst, etwas falsch zu machen, Angst, etwas zu löschen) werden als Aktivitätshemmung und als indirekter Ausdruck latenter Aggressionen interpretiert.[41]

3.4 Kategorie „Verhalten/Verhaltensintentionen"

Zu den Verhaltensformen gegenüber Technik sowie den Umgang mit Technik liefern hauptsächlich die Studien über „Computer" Informationen. Frauen haben den Ergebnissen zufolge sowohl quantitativ als auch qualitativ geringere Erfahrungen im Umgang mit dem Computer als Männer und besitzen seltener selbst einen Computer. Männer scheinen eher spielerisch mit dem Computer umzugehen, geneigt, die Grenzen des Möglichen auszuloten und sich der Sache „hinzugeben". Frauen arbeiten dagegen eher aufgabenorientiert, verhalten sich teils perfektionistisch, zeigen sich aber auch kreativ und sind bereit und in der Lage, sich selbst die notwendigen Computerkenntnisse anzueignen (vgl. z.B. Heppner et al., 1990; Metz-Göckel et al., 1991; Odebrett, 1993). Frauen und Männer wählen zum Teil unterschiedliche Lösungsschritte und Vorgehensweisen bei ihrer Arbeit am Computer. Schiersmann (1987a) hat in ihrer Studie über geschlechtsspezifische Zugangsweisen zu den neuen Technologien auf die Untersuchung von Turkle (1984) hingewiesen. Turkle unterscheidet „harte" und „sanfte" Programmierer, wobei Mädchen bei den „sanften" Programmierern überwiegen (Turkle, 1984, S.133 ff.).[42] Pflüger & Schurz konnten diesen Sachverhalt allerdings

---

40 Löchel verweist bei ihren Überlegungen auf die Arbeit von Turkle & Papert (1990), die die beobachtete pragmatische Haltung vieler Frauen gegenüber dem Computer ebenfalls als Abwehrhaltung deuten und den Umgang von Frauen mit dem Computer, insbesondere die „Erfahrung von Nähe zu einem toten Objekt" als konflikthaft interpretieren (Löchel, 1994, S.58).

41 Zu dieser Interpretation paßt auch der Befund von Pflüger & Schurz (1987), wonach Frauen besonders kritisch und aggressiv gegenüber dem Computer sind, wenn sie diesen gegengeschlechtlich als „männlich" attribuieren.

42 Nach Turkle ist „hartes" Programmieren „die Methode, der Maschine auf dem Weg der Umsetzung eines vorher festgelegten Plans den eigenen Willen aufzuzwingen." „Harte" Program-

nicht bestätigen; sie fanden keine geschlechtsspezifischen Unterschiede im Programmierstil. Souveräner Umgang mit dem Computer korrespondierte in ihrer Studie mit einer gegengeschlechtlichen Attribuierung des Computers.

Frauen sind in weit geringerem Maße als Männer motiviert, einen technischen Beruf oder einen Computerberuf zu ergreifen. Trotzdem ist die „Berufsrelevanz" vor allem ein von Frauen häufig artikuliertes Motiv, sich mit dem Computer zu beschäftigen und Computerkenntnisse zu erwerben. Männer nennen dieses Motiv seltener; möglicherweise deshalb, weil bei ihnen der Erwerb technischer Kenntnisse aus beruflichen Gründen eher als selbstverständlich vorausgesetzt wird (vgl. hierzu z.B. die Ausführungen von Noller & Paul, 1991, zu männlichen Computerfans). Männer äußern in den Befragungen weit häufiger als Frauen das Interesse, am Computer zu spielen, zu programmieren, zu zeichnen. Spaß, Freizeitgestaltung und explizit auch Technikbeherrschung sind vorherrschende männliche Motive für die Beschäftigung mit dem Computer. Die von Noller & Paul (1991) bei männlichen Computerfans festgestellten Motive für Computerfaszination (z.B. Schöpfermotiv, Funktionslust, Stärkung des Selbstbewußtseins durch Erfolgserlebnisse und Kompetenzzuwachs) finden sich interessanterweise aber auch bei Ingenieurinnen, wenn sie über die Gründe für die Wahl ihres Berufes bzw. für ihre Beschäftigung mit Technik sprechen. Wie männliche Computerfans sind auch Ingenieurinnen motiviert, etwas Neues zu schaffen und zeigen Befriedigung über die eigene Macht, in technische Abläufe einzugreifen und diese Abläufe zu beherrschen (Rundnagel, 1986; Janshen, Rudolph et al., 1987).

3.5 Kategorien „Persönlichkeitsbezug" und „Geschlechtsrolle"

Wird nach den bei Frauen vermuteten Technikinteressen und -kompetenzen gefragt (vgl. z.B. BMBW, 1982; Brigitte/Brandes & Schiersmann, 1986; Faulstich-Wieland & Dick, 1988, 1989; Metz-Göckel et al., 1991), reproduzieren männliche Befragte in ihren Aussagen häufig die bekannten Stereotype: Frauen werden pauschal als weniger kompetent und interessiert als Männer eingestuft. Diese diskrimierenden Zuschreibungen erhalten zusätzliches Gewicht, da auch Frauen sich selbst in geringerem Maße als Männer als technisch begabt und technisch kompetent ansehen, selbst dann, wenn sie „objektiv" durchaus mathematisch-technische Kompetenzen besitzen (vgl. z.B. BMBW, 1982; Hannover et al., 1989; Sklorz-Weiner, 1989). Angesichts der Bedeutung von Selbstbild und Selbstwahrnehmungen für das eige-

---

mierer neigen dazu, „die Welt als etwas zu betrachten, das es unter Kontrolle zu bringen gilt." „Sanfte" Programmierer arbeiten eher interaktiv, probieren aus und warten Reaktionen ab. Sie neigen dazu, „die Welt als etwas zu betrachten, an das es sich anzupassen gilt, etwas, das sich der unmittelbaren Kontrolle entzieht" (Turkle, 1984, S.128 ff.).

ne Handeln und die persönlichen Erwartungen ist es verständlich, daß das vergleichsweise negative Autostereotyp (technikinteressierter) Frauen deren persönlichen Bezug zur Technik ambivalent oder widersprüchlich färbt: Frauen erwarten bei naturwissenschaftlich-technischem Engagement eher weniger positive Folgen für die eigene Person (z.B. Anerkennung, Unterstützung, Selbstentfaltungsmöglichkeiten). Auch wenn sie die Beschäftigung mit dem Computer als befriedigend oder faszinierend erleben, befürchten sie aber bei zu intensiver Beschäftigung mit dem Computer einen Autonomieverlust für die eigene Person.

Einige Studien geben Hinweise darauf, wie Frauen sich in ihrem Selbstkonzept mit traditionell weiblichen Rollenerwartungen auseinandersetzen, wenn sie männlich attribuierte technische Aktivitäten bevorzugen. Die intensive Beschäftigung mit Technik kann Frauen bewegen, sich entweder kritisch von traditionellen weiblichen Verhaltensmustern abzugrenzen oder aber die technische Betätigung in ein modifiziertes Weiblichkeitsbild zu integrieren (Rundnagel, 1986; Janshen, Rudolph et al., 1987; Ritter, 1994). In anderen Studien (BMBW, 1982; Hannover, 1991) werden Ergebnisse dahingehend interpretiert, daß Technikinteresse und Technikkompetenz nicht identitätsbildend oder selbstwertrelevant bei Frauen und Mädchen, aber konstitutiv für die männliche Geschlechtsidentität seien.

Eindeutig sind die Aussagen zur Relation Technikkompetenz-Geschlechtsrolle-Selbstkonzept also bisher keineswegs. Dazu reichen die Ergebnisse der genannten Studien, auch wegen deren methodologischer Heterogenität nicht aus.

3.6 Fazit

Insgesamt gewinnt man nach den vorliegenden Ergebnissen den Eindruck, daß sich bei allen berücksichtigten Kategorien bzw. Dimensionen des Technikbezugs die Geschlechter unterscheiden. Die Differenzen zeigen sich sowohl in quantitativen wie in qualitativen Studien und in den unterschiedlichen Forschungskontexten. Der erste Eindruck ist nicht falsch, bedarf allerdings einiger Relativierungen, die sich bei eingehender Inspektion der Übersicht einstellen.

„Unterhalb“ des generellen Trends vermitteln die ausgewählten Studien das Bild eines vielgestaltigen Spektrums an Haltungen zur Technik, wobei auch Differenzen innerhalb der Geschlechter zum Vorschein kommen. Berücksichtigt man neben dem Geschlecht die Größen Alter, Bildungsstand, berufliche Zugehörigkeit u.ä., fächert sich die „weibliche Zugangsweise“ zur Technik, für die der generelle Ergebnistrend zu sprechen scheint, in deutlich differente Haltungsmuster auf. Die Unterschiede zwischen Männern und Frauen verwischen sich, der Einfluß des Faktors „Geschlecht“ verringert sich bei Berücksichtigung der genannten Größen.

Beim Vergleich verschiedener Studien zeigt sich, welche unterschiedlichen Interpretationen ähnliche Befunde erfahren können. Noller & Paul (1991) deuten beispielsweise sowohl die Computerfaszination männlicher Computerfans, als auch deren beruflich motivierte Aneignung von Computerkenntnissen als „Ausdruck einer typisch männlichen berufsbezogenen Normalbiographie". Sie verstehen die „vorgefundene Aneignung des Computers, der die Orientierung am beruflichen Erfolg zugrunde liegt, [als] Mittel zur Aufrechterhaltung einer traditionellen männlichen Rollenidentität" (Noller & Paul, 1991, S.222).

Von seiten der Frauenforschung wird dagegen berufliches Interesse (die häufig genannte „Berufsrelevanz") als Motiv von Frauen für die Beschäftigung mit dem Computer kaum unter dem Blickwinkel einer zielgerichteten Berufsorientierung interpretiert, sondern eher als Ausdruck einer pragmatischen, nüchternen Haltung gegenüber Technik, als charakteristisches Merkmal eines weiblichen Technikbezugs. Der bei Frauen vorgefundene, nüchterne, instrumentell an praktischer Verwertbarkeit interessierte Umgang mit Computern wird hier als Merkmal einer distanzierten Haltung zur Technik angesehen und eher mit traditionellen weiblichen Geschlechtsrollenmustern in Verbindung gebracht. Der sich im Technikbezug manifestierenden beruflichen Orientierung wird dagegen eine geringere Bedeutung beigemessen. So lassen solche Deutungen der empirischen Befunde ungewollt das Verhalten von Frauen traditioneller erscheinen, als es möglicherweise tatsächlich ist. Löchel (1994) interpretiert den sogenannten pragmatischen Umgang von Frauen mit dem Computer wiederum anders: Sie vermutet hinter der nüchternen Gelassenheit von Computerbenutzerinnen eine Aktivitätshemmung zur Abwehr latenter aggressiver Impulse.

Die Tendenz, vergleichbare Befunde recht unterschiedlich, wenn nicht widersprüchlich zu interpretieren, sollte gerade für die Frauenforschung Aufforderung sein, die Vorläufigkeit und den Präzisierungsbedarf bei den eigenen Interpretationen und Annahmen zu beachten.

Die Dimensionierung der Technikhaltungen (kognitiv - affektiv/evaluativ - Verhalten/Verhaltensintentionen - Persönlichkeitsbezug), nach der die vorliegenden Ergebnisse geordnet wurden, offenbart zwar, wie erwähnt, generell Geschlechterdifferenzen, sollte aber nicht zu generalisierenden Aussagen verführen. Es ist nämlich zu berücksichtigen, daß die Studien selbst keine (theoretisch/methodologisch) begründete Dimensionierung des Forschungsgegenstands „Technikhaltungen" vornehmen, einmal Einstellungen, ein anderes Mal Interessen oder Meinungen erfragen. Da die verschiedenen Dimensionen des Technikbezugs kaum gleichzeitig und systematisch erfaßt werden, verhindert die Beliebigkeit der jeweils erfaßten Aspekte, Angaben darüber zu machen, ob in bestimmten Dimensionen des Technikbezugs Geschlechterdifferenzen auftreten, in anderen dagegen nicht oder kaum. Diese Tendenz kann in der Gesamtschau dann auch den Eindruck genereller Geschlechterdifferenzen suggestiv verstärken. Für die Notwendigkeit einer dimensional differenzierten Sichtweise des Technikbezugs sprechen auch die Befunde in den aufgeführten Studien selbst: Die Haltungen gegenüber Technik unterliegen in den einzelnen Studien nicht in allen Dimensionen denselben Einflußgrößen. Daraus folgt, Personen, die sich für Technik interessieren, müssen nicht zugleich auch die Technik positiv bewerten, intrinsische Motive für die Beschäftigung mit Technik aufweisen oder die Technik bedeutsam für ihre Identität erachten.

Resümierend ist festzustellen, daß sich die in der Übersicht berücksichtigten Dimensionen als geeignet erweisen, um verschiedene Facetten des Verhältnisses zur Technik zu erfassen und vorliegende empirische Ergebnisse systematisch zu ordnen. Damit wird zugleich die Relevanz und Angemessenheit des Untersuchungsplans für meine empirische Studie bestätigt, dem diese Dimensionen im Vorgriff entnommen wurden.

Folgerungen für die Fragestellung der empirischen Studie

In den vorliegenden Studien über Technikhaltungen (von Frauen) wird teils auf Technikkognitionen, teils auf Affekte gegenüber Technik, teils auf den Umgang mit einer Technik, teils auf die Selbsteinschätzung eigener Technikkompetenzen und -beziehungen rekurriert, ohne daß diese Aspekte theoretisch/methodisch hinreichend voneinander abgegrenzt und überlegt aufeinander bezogen würden (Ausnahme in dieser Hinsicht ist die Studie von Hannover, 1991). Es bedarf demnach empirischer Studien, in denen gleichzeitig und methodisch differenziert kognitive, affektiv-evaluative und konative (verhaltensintentionale) Dimensionen der Haltungen zur Technik sowie die Bedeutung der Technik für die Persönlichkeit der Befragten berücksichtigt werden. Erst ein solches Vorgehen ermöglicht Aussagen darüber, in welchen Dimensionen des Technikbezugs sich Frauen und Männer wie unterscheiden und wie stark die Unterschiede ausgeprägt sind.

Hinzu kommt, folgt man den ausgewählten Ergebnissen der Übersicht, daß neben dem Geschlecht andere Größen die Haltung zur Technik beeinflussen. Die Verallgemeinerbarkeit der bei einer bestimmten Stichprobe erzielten Ergebnisse auf andere Populationen ist deshalb nur bedingt möglich.

Die dargestellten Ergebnisse lassen mit Blick auf die Untersuchung von Technikkognitionen in meiner Studie einerseits vermuten, daß sich die befragten Studenten allgemein durch ein größeres Interesse an Technik auszeichnen als die Studentinnen, dementsprechend über reichhaltigere Technikassoziationen und -vorstellungen verfügen dürften. Andererseits legt der im allgemeinen breitere technische Interessenhorizont von Frauen (d.h. die stärkere Beachtung sozialer und ökologischer Technikauswirkungen) nahe, daß die Technikvorstellungen der Studentinnen komplexer als die der Stu-

denten ausfallen werden. Wenngleich sich aufgrund vorliegender Befunde in dieser Hinsicht kein eindeutiges Ergebnis prognostizieren läßt, so ist jedoch anzunehmen, daß Studentinnen technische Vorgänge und Entwicklungen vorsichtiger und skeptischer beurteilen sowie häufiger Probleme der Technikkontrolle und Verselbständigung der Technik benennen werden als Studenten. Insbesondere bei Ingenieurstudentinnen könnten Ambivalenzen zwischen der Überzeugung, Technik beherrschen zu können, und der Befürchtung einer Verselbständigung der Technik auftreten.

Positive Affekte gegenüber Technik und deren positive Bewertung zeigen sich in den meisten Studien besonders deutlich bei Männern. Allerdings äußern auch Frauen Spaß und Begeisterung für Technik. Inwieweit „negative" Emotionen wie etwa Angst bei Frauen durch den verstärkten Umgang mit Technologien abgebaut werden, ist nach den vorliegenden Ergebnissen nicht sicher vorherzusagen. Es könnte aber durchaus sein, daß hier Alterskohorteneffekte zu beobachten sind, daß insbesondere die zunehmende Veralltäglichung der modernen Technologien den emotionalen Bezug der Frauen zur Technik verändern, zumindest ambivalenter werden lassen könnte; eine positive oder zumindest ambivalent getönte Einstellung zur Technik ist in meiner Untersuchung vor allem bei Ingenieurstudentinnen zu erwarten.

Vorliegende Untersuchungsergebnisse verweisen darauf, daß bei Frauen für die Wahl eines Ingenieurberufes intrinsische Motive sowie praktische Erfahrungen im technischen Bereich zentral sind. In meiner Befragung ist dementsprechend zu erwarten, daß bei Ingenieurstudentinnen intrinsische Motive dominieren, bei Ingenieurstudenten gemäß der männlichen Normalbiografie intrinsische wie extrinsische Motive (Interesse und Karriereorientierung) gleichermaßen vorkommen werden.

Mich interessiert besonders, welchen Einfluß die intensive (berufliche) Beschäftigung mit Technik auf die weibliche Persönlichkeit hat. In vorliegenden Studien wird immer wieder deutlich, daß Frauen Schwierigkeiten haben, dem traditionellen Stereotyp fehlender Technikkompetenzen und -interessen zu begegnen. In meiner empirischen Untersuchung wird deshalb danach gefragt, wie Frauen mit einem ingenieurwissenchaftlichen Studienfach die nach dem traditionellen weiblichen Geschlechtsrollenbild nach wie vor ungewöhnliche Beschäftigung mit technischen Aufgaben in ihr Selbstbild integrieren.

III. „Technik-Visionen" und Geschlecht. Ergebnisse einer Befragung von Studentinnen und Studenten an Fachhochschulen

Die in den beiden vorangegangenen Kapiteln diskutierten Ansätze und Forschungsbefunde lassen eine Vielzahl von Fragen offen, denen in empirischen Studien nachgegangen werden sollte und könnte. Darüber hinaus zeichnen die vorliegenden Analysen - betrachtet man diese in der Gesamtschau - ein recht vielgestaltiges, teils widersprüchliches Bild des Verhältnisses von Frauen zur Technik. So wird etwa von feministischer Seite ein historisch begründetes, generelles „Unverhältnis" von *Technik und Frauen* herausgearbeitet, die soziale Distanz von *Frauen* gegenüber Technik als Folge gesellschaftlicher Ausschlußmechanismen diskutiert, aber in diesem Zusammenhang die Frage nach der subjektiven Auseinandersetzung von Frauen mit Technik systematisch vernachlässigt. Demgegenüber machen empirische Untersuchungsergebnisse auf den ganz unterschiedlichen Umgang von Frauen mit Technik aufmerksam, zeigen, daß von der konstatierten sozialen Distanz von Frauen gegenüber Technik nicht bruchlos auf eine individuelle Distanz gegenüber Technik geschlossen werden darf.

Ziel meiner Studie ist es, durch eine Dimensionierung der Haltungen zur Technik sowie durch eine entsprechende Wahl der Untersuchungspopulation vorliegende Aussagen der Frauenforschung zum Verhältnis von Frauen und Technik empirisch zu überprüfen und begründet zu differenzieren. Zwar wäre es vermessen, durch eine einzige - wenn auch vergleichsweise umfangreiche - Untersuchung abschließende Antworten auf offene Fragen zu erwarten; jedoch ist mit der Studie das Bestreben verbunden, in der Frauenforschung zur Präzisierung vorliegender Konzepte und Aussagen beizutragen, gezielte Anstöße für die weitere Diskussion zu geben.

Meine Ausgangshypothese ist, daß sich Frauen von Männern nicht generell durch technikdistante Haltungen unterscheiden, wie dies einige Analysen der Frauenforschung und der geringe Anteil von Frauen in qualifizierten technischen Berufen nahelegen könnten. Um ein angemessenes Bild zu erhalten, sollten pauschale Sichtweisen von „Frauen und Technik" verlassen und die Hinweise auf unterschiedliche Formen des Zugangs von Frauen zur Technik ernstgenommen werden. In meiner Studie wurden deshalb verschiedene Facetten des Technikbezugs, zugleich aber auch unterschiedliche Personengruppen in ihrem Technikbezug - StudentenInnen der Natur- und Ingenieurwissenschaften, der Sozialarbeit/Sozialpädagogik und Studierende des Faches „Verwaltung" (künftige VerwaltungswirtInnen) - untersucht, um genauer bestimmen zu können, wie Geschlechtszugehörigkeit und die Haltung zur Technik zusammenhängen. Durch die Einbeziehung von Frauen und Männern in die Studie sollte eruiert werden, welche Bedeutung dem Geschlecht bei den verschiedenen Dimensionen des subjektiven Technikbezugs zukommt. Die Berücksichtigung verschiedener Fachdisziplinen (Fachkulturen) ermöglichte es zudem, neben geschlechtsspezifischen auch fachkulturelle Einflusse auf die Technikhaltungen zu erfassen, damit zu prüfen, ob der Einfluß des Geschlechts durch die Zugehörigkeit zu einer bestimmten Fachdisziplin überlagert wird, sich Wechselwirkungen zwischen „Geschlecht" und „Fachkultur" zeigen. Schließlich sollte in Erfahrung gebracht werden, wie Frauen, die sich für ein natur- oder ingenieurwissenschaftliches Studienfach entschieden haben, ihre technischen Interessen mit traditionell weiblichen Rollenerwartungen in ihrem Selbstkonzept ausbalancieren.

Aufgrund dieser Überlegungen lassen sich für meine Studie drei Fragenkomplexe formulieren:

- Welche Bedeutung hat die Kategorie „Geschlecht", wenn man die „Haltung zur Technik" mehrdimensional untersucht und außerdem berücksichtigt, inwieweit die Techniknähe des Studienfaches der Befragten eine (zusätzliche) Rolle spielt?
- Ist es überhaupt dasselbe, wenn Frauen und Männer über Technik sprechen? Oder gibt es geschlechtsspezifische Ausgestaltungen des Technikkonzepts und - damit verbunden und darüber hinausweisend - unterschiedliche Vorstellungen über die Entwicklung und die Steuerungsmöglichkeiten von Technik?
- Inwieweit problematisieren Studentinnen der Ingenieurwissenschaften traditionelle Geschlechtsrollenerwartungen, die eine technikferne Haltung von Frauen zur Technik unterstellen? Wie integrieren diese Frauen Technik in ihr Selbstkonzept?

Diese Fragestellungen lassen sich in (Alternativ-)Hypothesen ausdifferenzieren, die unter Einbeziehung der in Kapitel I und Kapitel II erarbeiteten Annahmen und Folgerungen generiert werden. Mit der Hypothesenformulierung[43] wird explizit eine Verschränkung der empirischen Untersuchung mit den zuvor diskutierten Befunden und Postulaten der Frauenforschung vorgenommen. Ergänzend dazu werden in den Hypothesen Überlegungen aus sozialpsychologischen und mikrosoziologischen Forschungstraditionen, die für die methodologische Anlage der Untersuchung relevant sind, berücksichtigt.

---

43 Die Hypothesen werden allerdings hier nicht soweit operationalisiert, wie dies im „empirisch-analytischen Forschungsparadigma" üblich ist, daß also bereits umschriebene Erwartungen von Ergebnissen aus konkreten Meßoperationen formuliert werden.

Der nachfolgende erste Abschnitt des dritten Kapitels enthält Informationen zur methodologischen und methodischen Anlage der Studie. Nach einem kurzen Exkurs zum Verhältnis „quantitativer“ und „qualitativer“ Sozialforschung werden die verwendeten Untersuchungsinstrumente behandelt und ihre Zuordnung zu den Fragestellungen erläutert. Es folgen dann Hinweise zur Aufbereitung und Auswertung der Daten, zur Durchführung der Untersuchung und zur Untersuchungspopulation.

Die Abschnitte 2., 3. und 4. sind jeweils einem der drei Fragenkomplexe gewidmet. In jedem Abschnitt wird die betreffende Fragestellung erörtert, werden die dazugehörigen Hypothesen formuliert und im Anschluß daran meine Untersuchungsergebnisse präsentiert und diskutiert. Aus der Fülle des vorliegenden Datenmaterials werden hierzu die zentralen statistischen Daten in Tabellen zusammengefaßt bzw. in graphischer Form veranschaulicht und an den entsprechenden Stellen in den Text integriert.[44]

1. Anlage der Untersuchung

1.1 Qualitative und quantitative Forschungsstrategie[45]

Die Absicht dieses Exkurses zum Verhältnis qualitativer und quantitativer Forschung ist es nicht, zum wiederholten Male - und in diesem Rahmen notwendigerweise verkürzt - die Argumente für die eine oder die andere Forschungsstrategie darzustellen. Da aber auch die feministische Auseinandersetzung über qualitative versus quantitative Forschung mitunter „has been sterile and based on a false polarization“ (Jayaratne & Stewart, 1991, S.85), möchte ich im folgenden auf einige methodologische Positionen hinweisen mit dem Ziel, meine eigene Untersuchungsstrategie zu begründen sowie etwaigen Mißverständnissen quantitativer Forschung vorzubeugen.

44 Detailliertes statistisches Datenmaterial über die Untersuchung kann bei der Autorin eingesehen werden.

45 Ich spreche bewußt „nur“ von „Forschungsstrategien“, nicht von „Forschungsparadigmen“. Den Begriff Paradigma, der inflationär gebraucht wird, halte ich hier nicht für angemessen, zumal dieser im Zusammenhang mit den genannten sozialwissenschaftlichen Forschungsmethoden mehr Affinität zum Wissenschaftsverständnis von Thomas Kuhn suggeriert, als er tatsächlich besitzt (vgl. hierzu auch das Interview mit Kuhn, in „Die Zeit“ vom 28.04.95).
Im übrigen hat sich mittlerweile die methodologische Diskussion in der Frauenforschung differenziert, pragmatisiert und professionalisiert (Müller, 1994). Eine umfassende Auseinandersetzung mit methodischen und methodologischen Fragen und Postulaten der Frauenforschung findet sich in dem Reader von Diezinger et al. (1994). Darin wird im übrigen mehrfach auf lange gepflegte, trotzdem „unfruchtbare Polarisierungen“ (Müller) zwischen qualitativen und quantitativen Forschungsstrategien aufmerksam gemacht.

Mit der begrifflichen Unterscheidung „qualitativ-quantitativ" wird im wesentlichen der Prozeß der Datenauswertung (bzw. oft nur ein Teil der Auswertung) als maßgebliches Charakteristikum des gesamten Forschungsprozesses (von der Stichprobengewinnung über die Erhebungsverfahren bis zur Datenauswertung) hervorgehoben. Zwar wird die Anwendung von quantitativen oder qualitativen Auswertungsmethoden durch jeweils bestimmte Erhebungsverfahren begünstigt oder auch erforderlich gemacht; das heißt aber nicht, daß die Erhebungsverfahren durch dieses Begriffspaar adäquat zu bezeichnen wären. Wenn etwa von „qualitativen Interviews" gesprochen wird (zu diesem Problem Aufenanger, 1991, S.35 f.), dann ist das nicht präzise[46] und verstellt vor allem den Blick darauf, was wie erhoben wird. Zudem bleibt offen, welche konkreten Auswertungsschritte und Verfahren dabei zur Anwendung kommen. Die beträchtliche Anzahl statistischer EDV-Programme zur Auswertung qualitativer Daten, die zur Zeit genutzt werden, zeigt außerdem, daß im Kontext einer Untersuchung qualitative und quantitative Auswertungsschritte vielfach miteinander verschränkt sind. Auch die Methode der Inhaltsanalyse, bei der die Differenzierung nach qualitativ und quantitativ eine lange Tradition hat (dazu z.B. Mayring, 1991, Ritsert, 1975; Lisch & Kriz, 1978; Merten, 1983; Lamnek, 1989), weist mehr Variation auf, als die dichotome Unterteilung nahelegt. Das zeigt sich auch in der wissenschaftlichen Methodendiskussion der letzten Jahre zur Integration quantitativer und qualitativer Inhaltsanalyse.

Ein weiterer diskussionswürdiger Punkt im Verhältnis beider Forschungsstrategien ist die Sequenzierung qualitativer und quantitativer Methoden. Sturm (1994) befaßt sich aus wissenschaftslogischer Sicht mit den unterschiedlichen Forschungsstrategien. Sie sieht den Forschungsprozeß als Abfolge von Phasen, in denen abduktive, induktive und deduktive Schlußweisen - denen bestimmte Forschungsmethoden affin sind - einander abwechseln. Meine eigene Untersuchung läßt sich in diesem Klassifikationsschema am ehesten als hypothetico-deduktiver Untersuchungsschritt einordnen, mit dem Hypothesen, Annahmen der Frauenforschung zum Verhältnis „Frauen und Technik" überprüft, präzisiert werden sollen, dem dann - in der *feministic community* - strukturrekonstruktive (in Form „qualitativer") und verallgemeinernd-induktive (d. h. quantifizierende) Untersuchungen folgen sollten.

Ein komplementäres Verhältnis der unterschiedlichen Forschungsstrategien entsteht außerdem, wenn man der häufig erhobenen Forderung nach methodologischer Triangulation, nach der Untersuchung desselben Forschungsgegenstands mit unterschiedlichen („qualitativen" und „quantitativen") Erhebungs- und/oder Auswertungsmethoden, nachkommt (vgl. z.B.

---

46 Erst Bezeichnungen wie „narratives Interview", „biographisches Interview" etc. geben nähere Hinweise auf die Art des Erhebungsverfahrens und methodischen Vorgehens.

Lamnek, 1988; Garz & Kraimer, 1991; Reinharz, 1992; Prein, Kelle & Kluge, 1993; Erzberger, 1995).[47] Dieses integrative Vorgehen habe ich in meiner Untersuchung mit dem Einsatz standardisierter und nicht-standardisierter Erhebungsinstrumente praktiziert, soweit dies möglich war. Es ist allerdings zu beachten, daß solche Triangulationsversuche nicht im strengen Sinne eine Überprüfung von Forschungsergebnissen leisten und folglich nicht unbedingt die Gültigkeit der Daten erhöhen; denn die verschiedenen Erhebungsverfahren konstituieren stets den Untersuchungsgegenstand mit. Eine Triangulation im wörtlichen und im strikten Sinne, d. h. die Betrachtung ein und desselben Gegenstands von unterschiedlichen Standorten aus, ist somit in den Sozialwissenschaften kaum möglich. Mit der Wahl der Erhebungsinstrumente, je nachdem ob das Semantische Differential oder offene Fragen verwendet werden, um beispielsweise affektive Bewertungen von Technik zu erfassen, erfolgt bereits eine Modifikation des Untersuchungsthemas, so daß über Methoden hinweg stabile Ergebnisse keine direkte „Bestätigung" oder „Bewährung" einer Hypothese bedeuten. Mit verschiedenen Methoden untersuchte Fragestellungen vermögen vielmehr das Verständnis eines Phänomens zu erweitern, indem gewissermaßen der Umfang des betreffenden Phänomens vergrößert wird (vgl. hierzu Erzberger, 1995).[48]

Der letzte Punkt, der hier zur Diskussion kommt, befaßt sich mit der „Untersuchungstiefe". Häufig wird die Bevorzugung offener, nicht-standardisierter Erhebungsmethoden und qualitativer, sinnrekonstruktiver Auswertungsverfahren mit der Annahme begründet, diese Methoden würden ein tieferes Verständnis des Untersuchungsgegenstands erreichen, da so seine vielfältigen Facetten beschrieben, seine (latente) Tiefenstruktur rekonstruiert werden könne. In der Frauenforschung knüpft sich daran oft die Überzeugung, ein solches Vorgehen würde den untersuchten Frauen hilfreich sein, während ein quantifizierendes Vorgehen sie instrumentalisiere (kritisch hierzu Jayaratne & Stewart, 1991; Stanley & Wise, 1993). Sieht man von (häufigen) „Kunstfehlern" in der qualitativen Forschung ab, dürfte „qualitative" Forschung grundsätzlich dann überlegen sein, wenn subtile mikrosoziale Prozesse untersucht werden. Sie rekonstruiert und dekonstruiert Begriffe, die standardisierte Verfahren und quantifizierende Methoden voraussetzen, um arbeiten zu können. Nicht in jedem Fall ist jedoch mit qualitativem Vorgehen ein Mehr an Information verbunden. Insbesondere in nicht-

---

47 Prein, Kelle & Kluge (1993, S.14 ff.) unterscheiden im Anschluß an Denzin (1977) vier Arten der Triangulation: Datentriangulation (Nutzung unterschiedlicher Datenquellen), Beobachtertriangulation (Datenerhebung durch mehrere Beobachter), Theorietriangulation (Heranziehung verschiedener Theorien zur Erklärung von Daten) und Methodentriangulation (Verwendung unterschiedlicher Erhebungs- und Auswertungsmethoden).

48 Am entschiedensten hat wohl der Operationalismus die Methodenabhängigkeit von Forschungsgegenständen postuliert. Diese positivistische Position braucht man jedoch nicht generell zu akzeptieren, wenn man die Methodenabhängigkeit von Erkenntnissen konstatiert.

standardisierten Interviews können, gerade weil sie die Subjektivität der Befragten entfalten lassen, Stilisierungen, gewollte und ungewollte Idealisierungen einfließen, so daß sie mitunter mehr über soziale Normierungsprozesse und Autostereotype als über individuelle und tatsächliche Ausgestaltungen sozialer Interaktion informieren. Verfahren wie das von mir verwendete Semantische Differential oder die Skala zur Ich-Nähe können dagegen psychodynamisch bedeutsame Antworten aus latenten Schichten der Person provozieren, indem sie durch einen „Verfremdungseffekt", durch die Aufgabe, etwas eigentlich Inkommensurables zu skalieren, den Selbststilisierungen der Antwortenden entgegenwirken.[49] Solches Eindringen in die Personensphäre macht es denn auch notwendig, daß (Sozial-)Forschung sorgfältig und nur im Einvernehmen mit den Erforschten stattfinden darf. Diese Maxime gilt im übrigen für qualitative wie für quantitative Forschung.

Das über diese Minimalforderung hinausgehende feministische Postulat der Parteilichkeit der Frauenforschung (zur Thematik vgl. Müller, 1991, 1992) ist weder mit der einen noch mit der anderen Forschungsstrategie einfach, schon gar nicht per se zu erfüllen. Dafür spricht auch die inzwischen verzweigte, transnationale Praxis feministischer Forschung, die zur methodologischen Offenheit und zur Vielgestaltigkeit von Forschungsmethoden tendiert (vgl. Reinharz, 1992). Das Einlösen des Postulats der Parteilichkeit - wie es manchmal geschieht - an eine bestimmte Forschungsmethode zu koppeln und mit dem unmittelbaren Rückmelden von Forschungsergebnissen (etwa im Sinne der sogenannten kommunikativen Validierung[50]) zu verknüpfen, hieße, das Postulat voluntaristisch zu verkürzen.

1.2 Erhebungsverfahren

Für meine Studie bot sich aufgrund der Rahmenbedingungen, der methodologischen Vorüberlegungen sowie der relativ hohen Anzahl von Studierenden, die in die Untersuchung einbezogen werden sollten, eine schriftliche Befragung an. In den Fragebogen wurden drei Typen von Erhebungsmethoden, standardisierte und nicht-standardisierte Verfahren, aufgenommen.[51] Der Fragebogen ist folgendermaßen angeordnet: Zunächst werden die üblichen sozialstatistischen Daten wie Alter, Geschlecht, Schulabschluß, soziale Herkunft, Studienfach erhoben. Danach wird mit dem Semantischen Diffe-

---

49 Dieser Sachverhalt kommt nicht rein zufällig zustande. Antworten, wie sie das Semantische Differential verlangt, ähneln der Methode der „freien Assoziation", die in der psychoanalytischen Therapie benutzt wird, um dem Patienten das Herstellen unbewußter Zusammenhänge in seiner Biographie zu erleichtern.

50 In der „Dialog-Konsens-Methode" wurde dieser Aspekt zum inhärenten Merkmal einer aufwendigen, zweiphasigen Erhebungsmethode, die im übrigen formal-standardisiert ist (Scheele & Groeben, 1988).

51 Eine Kopie des Fragebogens befindet sich im Anhang.

rential ein bekanntes Erhebungsverfahren in die Untersuchung einbezogen und so die Anschlußfähigkeit der Untersuchung an andere Forschungstraditionen erleichtert. Es folgen offene Fragen zum Themenkreis „Technik“, zu den Motiven für die Wahl des Studienfaches und zu den antizipierten persönlichen Voraussetzungen für die jeweils angestrebten Berufe. Der Fragebogen endet mit einer Skala zur „Ich-Nähe“, die eigens für die Untersuchung entwickelt wurde, um in anschaulicher (dadurch sicherlich auch in vereinfachter) Weise die Nähe von verschiedenen Konzepten zum Ich der Befragten zu ermitteln.

Die „Logik“ der verwendeten Erhebungsmethoden und ihre Bedeutung für meine Untersuchung werden in den nachfolgenden Abschnitten skizziert.

1.2.1 Semantisches Differential

Das Semantische Differential oder Polaritätenprofil ist ein Verfahren, um den spontanen Eindruck, den Umweltobjekte (Personen, Gegenstände bzw. deren Begriffe) bei den befragten Personen hinterlassen, zu messen[52]. Das von Osgood, Suci und Tannenbaum (1957) entwickelte Verfahren besteht aus einer Folge von gegensätzlichen Adjektivpaaren, die jeweils Pole einer (meist) siebenstufigen Skala darstellen und die zur Beurteilung von Gegenständen bzw. Begriffen verwendet werden.

Die meisten Adjektivpaare des Semantischen Differentials haben - mit Grund - nur einen metaphorischen Bezug zu dem Objekt, das zu beurteilen ist. Es soll auf diese Weise nur die konnotative Bedeutung, die Anmutungsqualität von Objekten und Begriffen erfaßt werden - jenseits ihrer definitorischen Eingrenzung, ihrer denotativen Bedeutung. Die konnotative Bedeutung von Begriffen kann verglichen und veranschaulicht werden, indem die gemittelten Urteile bei den jeweiligen Eigenschaftspaaren auf den Skalen des Semantischen Differentials eingetragen und die entsprechenden Punkte für jeweils einen Begriff durch einen Linienzug verbunden werden. Wegen der so entstehenden Bedeutungsprofile pflegt Hofstätter das Semantische Differential auch als „Polaritätenprofil“ zu bezeichnen.

Die konnotative Bedeutung von Begriffen läßt sich auf eine begrenzte Anzahl von Dimensionen bzw. Faktoren reduzieren. Nach Osgood, Suci & Tannenbaum (1957) ergeben sich bei Verwendung des Semantischen Differentials bzw. der darin enthaltenen Eigenschaftspaare in der Regel drei statistisch unabhängige Faktoren, nach denen Begriffe bzw. Objekte vornehmlich unterschieden werden. Die Autoren interpretieren diese drei Fak-

52 Ausführliche Erörterungen des Semantischen Differentials finden sich insbesondere bei Hofstätter (1970, 1973, 1979), Mayntz, Holm & Hübner (1972), Bergler (1975).

toren als „Bewertung“, „Stärke“ und „Aktivität“[53]. Das Semantische Differential deckt somit auf, ob zu beurteilende Begriffe oder Objekte eher als positiv oder eher als negativ bewertet, eher als stark oder eher als schwach angesehen und eher als aktiv oder eher als passiv eingeschätzt werden.

Zu beachten ist, daß in Untersuchungen mit dem Semantischen Differential im allgemeinen nicht individuelle Begriffskonnotationen interessieren, sondern nach kulturell oder von einer Beurteilergruppe geteilten Bedeutungen gesucht wird. Aus diesem Grunde eignet sich diese Untersuchungsmethode, um begriffliche Stereotype und deren Variation bei verschiedenen Gruppen zu eruieren. Darüber hinaus wird das Semantische Differential, insbesondere die Eigenschaftspaare mit evaluativem Charakter, als sogenannte indirekte Methode eingesetzt, um Einstellungen zu bestimmten Objekten festzustellen. Der Vorteil des Semantischen Differentials liegt darin, weitgehend unbeeinflußt von Meinungen, von *beliefs* über das Einstellungsobjekt die affektiv-evaluative Seite der Einstellung zu erfassen.

Da die Eigenschaftsliste des Semantischen Differentials keinen direkten inhaltlichen Bezug zum beurteilten Objekt hat, kann das gleiche Verfahren auf die unterschiedlichsten Begriffe und Objekte angewandt werden. Diese Unspezifität des Semantischen Differentials wird teils als Vorzug angesehen (Mayntz, Holm, Hübner, 1972; Hofstätter, 1973, 1979), teils kritisiert (Bergler, 1975). Um Vergleiche zwischen verschiedenen Objekten und verschiedenen Beurteilergruppen über Zeiträume hinweg anstellen zu können, scheint jedenfalls die Verwendung des gleichen Sets an bipolaren Eigenschaftswörtern indiziert. Hofstätter sieht sich zur universellen Anwendung derselben Eigenschaftswörter zudem deshalb berechtigt, weil verschiedene Eigenschaftslisten bei demselben Konzept keine unterschiedlichen Resultate erbrächten (vgl. Hofstätter, 1970, 1973). Bisher gibt es allerdings kein aufgrund empirischer Untersuchungen festgelegtes Semantisches Differential mit einheitlichen Eigenschaftspaaren. Es können sowohl die Merkmale der verwendeten Adjektivpaare als auch ihre Anzahl variieren.[54]

---

53 Je nach Untersuchung, Untersuchungsintention und Untersuchungsgegenstand können Zahl und Interpretation der gefundenen Faktoren variieren. So hat beispielsweise Hofstätter in einigen seiner Analysen zwei Faktoren, in anderen vier Faktoren extrahiert (vgl. Hofstätter, 1970, 1973; Mayntz, Holm & Hübner, 1972).

54 Bergler stellt fest, daß in der praktischen Anwendung immer nur einige wenige Eindrucksdifferentiale für die verschiedenartigsten Beurteilungs- und Meinungsgegenstände in Gebrauch genommen werden (Bergler, 1975, S.18). Im Unterschied zur Mehrheit der Forscher verweist er auf empirische Befunde, nach denen man mit unterschiedlichen Eigenschaftslisten des semantischen Differentials auch verschiedene Ergebnisse erhält. Bergler plädiert deshalb für die Konzeptadäquanz und Repräsentativität der verwendeten Beurteilungsmerkmale. Es sollte also für den jeweiligen Konzeptbereich überprüft werden, welche Eigenschaftswörter zur Charakterisierung der zu beurteilenden Meinungsgegenstände geeignet seien und ob diese Wörter eine repräsentative Stichprobe jener Beurteilungsmerkmale darstellten, die die befragten Personen gewöhnlich zur Beschreibung der untersuchten Beurteilungsgegenstände verwendeten.

Für meine empirische Studie habe ich die Version des Semantischen Differentials von Hofstätter übernommen (vgl. Hofstätter, 1970, S.73). Sie besteht aus 25 Adjektivpaaren (vgl. Fragebogen im Anhang). Auf den 25 bipolaren Beurteilungsskalen wurden das Konzept „Technik" sowie die Konzepte „Beruf", „Frau", „Mann" von den Studierenden eingestuft.[55] Das Semantische Differential wurde als Untersuchungsmethode gewählt, um die Konnotationen des Technikbegriffs unabhängig von seiner denotativen Bedeutung zu erfassen. Die Verwendung des von Hofstätter benutzten Differentials eröffnet weiterhin die Möglichkeit, die Befunde Hofstätters von 1964 und 1979 über die Konnotationen von Technik bei heutigen Studierenden zu überprüfen. Über Hofstätter hinausgehend, differenziere ich in meiner Studie Technikkonnotationen nach „Geschlecht" und nach der Fachzugehörigkeit der Studierenden.

Die (per Faktorenanalyse ermittelten) evaluativen Eigenschaftspaare des Semantischen Differentials werden in meiner Untersuchung vor allem aber herangezogen, um affektiv getönte Bewertungen von Technik - möglichst unabhängig von kognitiven Einflüssen - zu erheben.

1.2.2 Offene Fragen zur Technikhaltung und Berufsorientierung

Die offenen Fragen sollten es den Studierenden ermöglichen, in ausführlicher Form zu antworten, eigene Akzente zu setzen. Auf diese Weise kann ein breites und vielfältiges Spektrum an Aussagen gewonnen werden, die sich mit einem differenzierten Kategoriensystem inhaltsanalytisch auswerten und ordnen lassen.

Es wurden folgende Fragen gestellt[56]:

(1) Was verstehen Sie unter Technik?

(2) Welche verschiedenen Beweggründe spielten für die Wahl Ihres Studienfaches eine Rolle?

(3) Wie beurteilen Sie die technischen Entwicklungen der Gegenwart? Sehen Sie Fehlentwicklungen (wenn ja, welche)? Wo sollten Ihrer Meinung nach künftig die Schwerpunkte der technischen Entwicklung gesetzt werden?

Da Technik als abstrakter Begriff personen- und situationsspezifisch jeweils unterschiedlich gefaßt werden dürfte und somit nicht als geklärt vorausge-

---

55 Die Konzepte „Beruf", „Frau", „Mann" wurden unter anderem aufgenommen, um deren Konnotationen mit denen von „Technik" vergleichen und vor allem um die (diskriminante) Validität der Befunde abschätzen zu können. Die Ergebnisse zu „Beruf" und zu „Mann" werden in der Arbeit allerdings nicht wiedergegeben.

56 Weiterhin wurde nach den persönlichen Voraussetzungen für die jeweils angestrebten Berufe gefragt. Die Antworten zu dieser Frage wurden zwar inhaltsanalytisch ausgewertet, aber im Rahmen dieser Arbeit nicht berücksichtigt.

setzt werden konnte, welchen Technikbegriff die Studierenden haben, sollte mit der Frage *Was verstehen Sie unter Technik?* der subjektive Technikbegriff erst einmal in Erfahrung gebracht werden. Die Frage wurde nicht auf eine bestimmte Technik oder Technologie eingeengt, um den Studierenden Raum zu geben, ihr Technikverständnis darzulegen, und um Aufschluß darüber zu erhalten, wie sie den Technikbegriff inhaltlich füllen, welche Facetten von „Technik“ ihnen spontan präsent sind. Auf diese Weise war es dann auch möglich, bei der Interpretation der Ergebnisse zu klären, wie der Gegenstand „Technik“ beschaffen ist, auf den sich die Haltungen der Studierenden jeweils de facto beziehen.[57]

Mit der offenen Frage zum subjektiven Technikbegriff sollten vornehmlich Aspekte der kognitiven Dimension der Technikhaltungen erhoben werden. Von den Antworten wurden also Informationen über die denotativen Bedeutungsvarianten von Technik erwartet. Darüber hinaus sollten aber auch in den Antworten enthaltene affektiv gefärbte Urteile über Technik erfaßt, etwaige Ambivalenzen im Technikverständnis festgestellt werden. Es war so die Möglichkeit gegeben, diese Urteile mit den evaluativen Antworten zur Technik, wie sie mit dem Semantischen Differential erhoben wurden, zu vergleichen. Indem mit zwei verschiedenen Methoden der gleiche (oder ähnliche) Gegenstand untersucht wird, wird auch einem Postulat der Triangulation von Untersuchungsmethoden Rechnung getragen (vgl. Lamnek 1988, S.229 ff.). Mich interessierte weiterhin, ob die Studierenden in ihren Antworten eine persönliche Betroffenheit durch Technik artikulierten. Derartige Aussagen konnten verwendet werden, um die mit der Skala zur Ich-Nähe erzielten Ergebnisse - teilweise - zu überprüfen.

Mit der zweiten offenen Frage sollte festgestellt werden, welche Motive für die Wahl ihres Studienfaches den Studierenden retrospektiv präsent bzw. bewußt sind. Für die Ziele meiner Untersuchung war es bedeutsam zu erfahren, ob die Studierenden eher extrinsische oder eher intrinsische Motive nennen, ob das Interesse am Studienfach oder „äußere“ Anstöße und Motivationen (Berufsprestige, Berufsperspektiven) ausschlaggebend für die Wahl des Studienfaches waren.

Die mit der Motiv-Frage angeregten Antworten wurden als Indikator für die konative Komponente des Technikbezugs herangezogen. Allerdings konnte dieser konative Aspekt der Technikhaltung aus untersuchungstechnischen Gründen nur bei den Studierenden der Ingenieurwissenschaften erhoben werden. Durch die Einbeziehung der Daten der Studierenden der Fächer Sozialarbeit/Sozialpädagogik und Verwaltungswirtschaft bot sich darüber hinaus die Möglichkeit, fachkultur- und geschlechtsspezifische Unterschiede in der Motivstruktur bei der Studienfachwahl zu eruieren.

---

57 Damit wird auch Forderungen der sozialwissenschaftlichen Technikforschung Rechnung getragen, den Untersuchungsgegenstand im jeweiligen Forschungskontext zu präzisieren.

Der Fragenkomplex (3) diente wie Frage (1) zur Erfassung von Technikkognitionen. Im Vordergrund des Untersuchungsinteresses standen hier Urteile und Meinungen der Studierenden über technische Entwicklungen und Perspektiven. Zudem sollte aus den Antworten erschlossen werden, ob und in welcher Weise die Studierenden die „Kontrollierbarkeit" bzw. die „Beherrschung" von Technik thematisierten und problematisierten.

1.2.3 Skala zur „Ich-Nähe"

Der Bezug zwischen Technik und dem Selbst wird in meiner Studie als „Ich-Nähe" von Technik bezeichnet. In Abhebung von der Selbstkonzeptforschung, die die Selbstwahrnehmung, das Selbstbild, die Selbstbewertung von Personen untersucht[58], interessierte ich mich für einen topologischen Aspekt des Selbstkonzepts.

Ich wollte Informationen erhalten, wie Individuen ihre subjektiven Repräsentationen von Bereichen der äußeren Welt und der Innenwelt zueinander gruppieren und wie nah sie diese subjektiven Konzepte am Ich-Kern ansiedeln. Zur Erfassung der „Ich-Nähe" von Technik habe ich eine Skala entwickelt. Hierbei ging ich von folgender Überlegung aus: Da nach Untersuchungsbefunden der Frauenforschung die Haltungen zur Technik mit davon abhängen, wie sich Frauen mit den Geschlechterstereotypen auseinandersetzen, sollten mit der Skala - neben der „Ich-Nähe" von Technik - die „Ich-Nähe" von Weiblichkeit/Männlichkeit[59] und dazu affine mentale Repräsentationen von Konzepten wie Emotionalität, Stärke, Sensibilität, Beruf, Familie erfaßt werden. Auf diese Weise war es möglich festzustellen, welche Relevanz die Studierenden diesen Konzepten für ihr Selbstkonzept beimessen. Insgesamt sollten 12 Begriffe auf einer siebenstufigen Skala beurteilt werden. Bei Vergabe der Zahl 1 wird das durch den jeweiligen Begriff repräsen-

---

58 Mummendey (1984) diskutiert einige methodische Probleme zur Erforschung von Selbstkonzepten und gibt einen Überblick über Verfahren der Selbsteinschätzung. Die Aufmerksamkeit des (Selbst-)Beurteilers/der (Selbst-)Beurteilerin kann sich entweder stärker auf kognitive Aspekte, d.h. kognizierte Merkmale der eigenen Person oder stärker auf evaluative/affektive Aspekte seiner/ihrer selbst, z.B. im Sinne von Selbstwertschätzung richten. Hier zeigen sich Parallelen zur Einstellungsforschung, wobei das Einstellungsobjekt das „Selbst" ist. Nach Mummendey könnte man von einem „Vorgang der Erfassung von Einstellungen zu sich selbst, im Sinne von Attitüden, d.h. sozialen Einstellungen sprechen" (ebd., S.175). In der Selbstkonzeptforschung scheinen nach Mummendey adjektivische Selbstbeschreibungsverfahren, bei denen die Selbsteinschätzungen anhand von Eigenschaftswörterlisten vorgenommen werden, am beliebtesten zu sein. Allerdings ist zu bedenken, daß mit dem Einsatz solcher Verfahren ein charakterologisch eingeengtes Verständnis der eigenen Person forciert wird.

59 „Weiblichkeit" sollte in der Untersuchung nur von Studentinnen, „Männlichkeit" nur von Studenten beurteilt werden. Das theoretisch interessante *crossing* der beiden Konzepte und Geschlechter wurde für eine schriftliche Befragung, in der Besonderheiten der Fragen nicht ausführlich erläutert werden können, als problematisch angesehen. Vielleicht wäre es für die Befragten dann auch schwieriger geworden, mit den Maßeinheiten der Skala zurechtzukommen.

tierte Konzept ganz nah am Ich, bei Verwendung der Zahl 7 dagegen am weitesten vom Ich entfernt verortet.

Mit der Skala zur „Ich-Nähe" sollte also in Erfahrung gebracht werden, wie nah die Studierenden „Technik" ihrem Ich zuordnen, ob etwa Frauen „Technik" weniger ich-nah ansiedeln. Weiterhin interessierte mich, welche Ich-Nähe „Technik" in Relation zu „Weiblichkeit" und den traditionell weiblich konnotierten subjektiven Repräsentationen wie z.B. Emotionalität, soziales Engagement, Familie etc. erfährt. Durch die relationale Erfassung können Informationen gewonnen werden, ob die Nähe (oder Ferne) von „Technik" zum Ich mit der „Ich-Nähe" von anderen subjektiven Repräsentationen korrespondiert, ob beispielsweise Frauen, wenn sie „Technik" weniger ich-nah beurteilen - trotz des Brüchigwerdens traditioneller Geschlechterrollen - auch andere subjektive Repräsentationen, die männlich konnotiert sind, weniger ich-nah, dagegen „Weiblichkeit" ich-nah lokalisieren.

Tabelle 1: Dimensionen der Technikhaltung, untersuchte Größen und Erhebungsmethoden

DIMENSIONEN	UNTERSUCHTE GRÖSSEN	ERHEBUNGSMETHODEN
A. Technik-kognitionen	Komplexität des Technikbegriffs, subjektiver Technikbegriff (denotativ), subjektiver Technikbegriff (konnotativ), *beliefs* über Technik-entwicklung, Kontrollüberzeugungen	offene Fragen/Inhaltsanalyse offene Fragen/Inhaltsanalyse Semantisches Differential offene Fragen/Inhaltsanalyse offene Fragen/Inhaltsanalyse
B. Bewertung/ Affekt	Technikbeurteilung (Befürwortung, Ambivalenz, Kritik), positive und negative Affekte	offene Fragen/Inhaltsanalyse Semantisches Differential
C. konative Dimension	extrinsische und intrinsische Motive der Studienfachwahl	offene Fragen/Inhaltsanalyse
D. Zentralität für die Person	Ich-Nähe von Technik, Persönlicher Bezug zur Technik	Skalierungsverfahren offene Fragen/Inhaltsanalyse

1.2.4 Erhebungsinstrumente und Untersuchungsdimensionen

In Tabelle 1 wird nochmals zusammengefaßt, wie die Erhebungsinstrumente den berücksichtigten Dimensionen der subjektiven Haltung zur Technik zugeordnet sind. Da sich die verschiedenen Methoden bei den Untersuchungsdimensionen bzw. untersuchten Größen teilweise überschneiden, können die erzielten Ergebnisse per Triangulation überprüft werden, soweit dies mit den in der Untersuchung verfügbaren Erhebungsmethoden und innerhalb einer einzigen Untersuchung möglich ist (vgl. auch Abschnitt 1.1).

1.3 Aufbereitung und Auswertung der Daten

1.3.1 Zum inhaltsanalytischen Vorgehen bei den offenen Fragen

Die offenen Fragen zum Technikbegriff, zur Beurteilung der technischen Entwicklungen und zu den Motiven für die Wahl des Studienfaches wurden inhaltsanalytisch ausgewertet. Bei der inhaltsanalytischen (Zwischen-)Auswertung der offenen Fragen und der Kategorienbildung orientierte ich mich an dem im ZUMA entwickelten Modell einer „hermeneutisch-klassifikatorischen Inhaltsanalyse" (vgl. Mathes, 1988), ohne das Modell allerdings zu übernehmen.[60] Dieser Ansatz berücksichtigt bei der Erstellung eines Kategoriensystems Sinneinheiten, beschränkt sich nicht auf die Registrierung und Auszählung manifester Inhalte (Wörter, Wortgruppen o.ä.):

> „Die hermeneutisch-klassifikatorische Inhaltsanalyse besteht aus zwei Teilen: einem hermeneutischen, interpretativen Teil und einem klassifizierenden, quantitativen Teil. Im hermeneutischen Teil wird der vom Sprecher intendierte Sinn seiner sprachlichen Äußerungen interpretativ erschlossen. Im quantitativen Teil werden die Sinnelemente mehrdimensional, d.h. im Hinblick auf unterschiedliche Aspekte klassifiziert und in ein Notationssystem überführt, das eine quantitative Analyse ermöglicht." (Mathes, 1988, S.67)

Mein Vorgehen entsprach dieser Zweiteilung: an die „qualitative" Auswahl - „manifester" wie „latenter" - Untersuchungseinheiten schloß sich eine quantitative Auswertungsphase an. Abbildung 1 soll veranschaulichen, wie die zusätzliche, explizite (statt der üblichen impliziten) Berücksichtigung der „Inhaltsdimension" (die ein Kontinuum von „manifest" bis „latent", d.h. hermeneutisch erschließbar, bildet) zur „traditionellen" Auswertungsdimension „qualitativ-quantitativ" die Optionen bzw. Varianten der Inhaltsanalyse erhöht. Aufgezeigt wird durch die Graphik zudem, wo mein eigenes inhaltsanalytisches Vorgehen in Relation zu den klassischen, prototypischen Modellen der Inhaltsanalyse zu verorten ist.

Indem in meinem inhaltsanalytischen Modell von einem Kontinuum zwischen „manifesten" und eher „latenten" Inhalten in den Antworten der Studierenden ausgegangen wird, wurden dementsprechend bei der Analyse der Antworten „manifeste" und „latente" Inhalte gleichermaßen berücksichtigt. Die Sinnelemente der Aussagen (Mitteilungsintention der Befragten) wurden im Kontext der gesamten Antwort des jeweiligen Studierenden re-

60 Schrott & Lanoue bezeichnen das Modell der „hermeneutisch-klassifikatorischen Inhaltsanalyse" als „quite costly in terms of time and resources" (1994, S.339).

konstruiert, bevor sie der entsprechenden Kategorie bzw. den entsprechenden Kategorien zugeordnet werden konnten, was verständlicherweise schwieriger und aufwendiger war als die Kategorisierung „manifester" Inhalte.

Abbildung 1: Ein erweitertes inhaltsanalytisches Modell

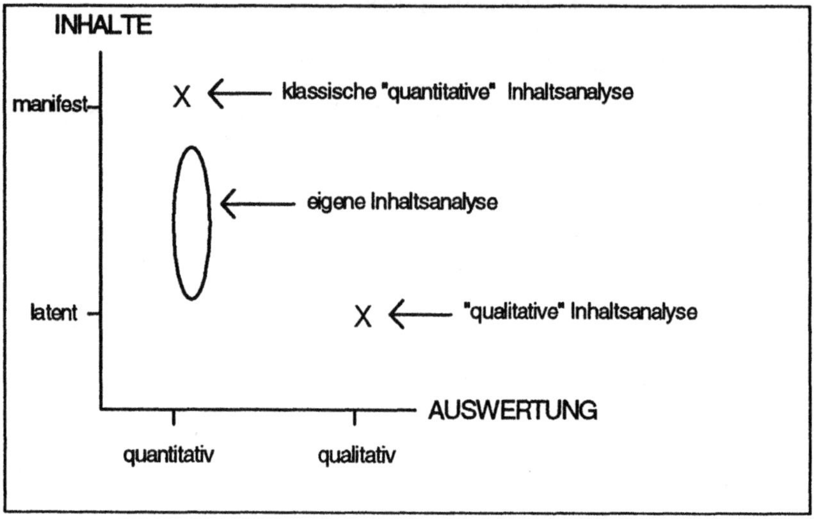

Bei der Entwicklung des Kategoriensystems für die inhaltsanalytische Auswertung der offenen Fragen wurden zum einen theoriengeleitete, deduktiv gewonnene Kriterien, zum anderen gleichzeitig die konkreten Aussagen der Befragten berücksichtigt. Das Kategoriensystem wurde parallel zu der ersten Durchsicht des Erhebungsmaterials erarbeitet, um so die vorläufigen, theoretisch deduzierten Kategorien anhand der vorliegenden Antworten zu überprüfen, zu korrigieren und/oder zu erweitern. Jede Aussage zu einer offenen Frage wurde mehrdimensional klassifiziert, den jeweils zutreffenden Kategorien zugeordnet und für die quantitative Auswertung verschlüsselt. Nach der Erstellung des vorläufigen Kategorienrasters wurden 150 Fragebogen zur Probe codiert, daraufhin das Kategoriensystem nochmals überarbeitet. Danach wurden sämtliche Fragebogen (auch die bereits probeweise codierten) inhaltsanalytisch ausgewertet. Während der Auswertung blieb das Kategoriensystem für Veränderungen offen, das heißt, es wurde während des gesamten Codierprozesses bei Bedarf modifiziert, was dazu führen konnte, daß schon bearbeitete Fragebogen nachcodiert werden mußten.

Die Entwicklung des Kategoriensystems und die Codierphase waren sehr zeitaufwendig, zumal angestrebt wurde, die Vielfalt der Antworten und deren zum Teil komplexen Inhalte möglichst differenziert zu erfassen, um sich nicht von vorneherein auf die quantitative Auswertung grober Indikatoren einzuengen.[61]

Das auf deduktiv-induktive Weise gewonnene Kategoriensystem umfaßt 19 Kategorien, die in 79 Subkategorien untergliedert sind. Bei den Subkategorien handelt es sich zum großen Teil um sogenannte Dummyvariablen, die nach dem Prinzip „genannt" vs. „nicht-genannt" konstruiert wurden und Mehrfachcodierungen einer Antwort innerhalb einer Kategorie erlauben. Bei einigen (Sub-)Kategorien ist ein mehrstufiges Schema zur Codierung der Antworten vorgesehen (z.B. bei Kategorie 9 zur Frage *Was verstehen Sie unter Technik?*: 4 = positive, 3 = ambivalente, 2 = inkonsistente, 1 = negative, 0 = neutrale Bewertung von Technik). Die zentralen Kategorien meiner Inhaltsanalyse sind in Tabelle A1 im Anhang wiedergegeben.

Mit Beginn der inhaltsanalytischen Auswertung wurde ein Codebuch angelegt, das die einzelnen Kategorien und Subkategorien enthält, die Codes zur Verschlüsselung der Antworten festlegt sowie die Auswertungsschritte und Zuordnungsentscheidungen erläutert. Die Codieranweisungen für die einzelnen Subkategorien wurden durch viele Beispiele illustriert. Im Codebuch wurden auch die Codes der übrigen standardisierten Daten (sozialstatistische Daten, Semantische Differentiale, Skalenwerte zur „Ich-Nähe") aufgeführt. Das ausführliche Codebuch sollte dazu dienen, trotz des vielfältigen und umfangreichen Datenmaterials eine formale Gleichbehandlung der einzelnen Antworten zu gewährleisten, indem es in Zweifelsfällen weiterhalf, aber auch zur ständigen Reflexion über die vorhandenen Kategorien und Codieranweisungen zwang.

Neben der Orientierung für die eigene Arbeit sollte das Codebuch zudem eine intersubjektive Überprüfbarkeit der Kategorien und des Codierprozesses ermöglichen. Praktisch erwies sich allerdings die Objektivitätsprüfung der Codierung bzw. des Kategoriensystems als schwierig. Aufgrund des „abschreckenden" Umfangs der Überprüfungsaufgabe, bedingt durch die Länge der Antworten und durch die Mehrdimensionalität der Codierung (viele Mehrfachcodierungen), konnte nur eine Person gewonnen werden, die anhand einer Zufallsauswahl von 50 Fragebogen bei der Frage *Was verstehen Sie unter Technik?* die Kategorien und Subkategorien zu 1., 2. und 3. (vgl. Tabelle A1) sowie die am Schichtenmodell ausgerichtete Klassifikation der *„sozialen Herkunft"* (bzw. *„Beruf des Vaters"*) überprüfte. Angesichts der beschränkten Möglichkeiten der Objektivitätsprüfung wurden lediglich die prozentualen Übereinstimmungen zwischen meiner Codierung und der des Fremdbeurteilers, also keine Übereinstimmungskoeffizienten, berechnet.

61 Für die Codierung der Antworten zu den offenen Fragen eines Fragebogens wurde im Durchschnitt ca. eine Stunde benötigt. Zu den rund 450 Stunden, die die Codierung von Fragebogen in Anspruch nahm, kam nochmals eine vergleichbare Anzahl an Stunden für die Entwicklung und Überarbeitung des Kategoriensystems hinzu.

Die unterschiedliche Häufigkeit der Codierung mit „1" (= Merkmal genannt) bei den berücksichtigten Subkategorien erschwerte zudem die Objektivitätsprüfung. Die Übereinstimmungsprozentwerte lagen zwischen 42% (Kategorie 1.5 „Technik als System") und 91 % (Kategorie 2.2 „Maschinenbau"). Die Übereinstimmung bei der Zuordnung zur sozialen Schicht nach dem *„Beruf des Vaters"* betrug 58% und lag damit etwas unter dem Durchschnitt der übrigen errechneten Prozentwerte.

Zweifellos weist der Vorgang der Übereinstimmungsprüfung Unzulänglichkeiten auf, die mittelfristig nicht zufriedenstellend zu beheben waren. Die wenigen erhobenen Werte, die im Schnitt über 65 Prozent liegen, scheinen zumindest nicht gegen das Kategoriensystem zu sprechen. Allerdings deuten die „Ungenauigkeiten" des Fremdcodierers, die in einigen Fällen nachvollzogen wurden, darauf hin, daß die Komplexität des Kategoriensystems ein Maximum erreicht hat, das nicht überschritten werden sollte, es sei denn, man nimmt ein exklusiv idiosynkratisches System in Kauf. Das Vorhandensein des ausführlichen Codebuchs eröffnet immerhin für die weitere Zukunft die Möglichkeit, die per Inhaltsanalyse der offenen Fragen erreichten Ergebnisse durch eine ergänzende Objektivitätsprüfung der zugrundeliegenden (Sub-)Kategorien zu stützen (oder zu relativieren).

1.3.2 Multivariate Auswertung der Untersuchungsdaten

Für meine Studie war eine quantitative Auswertung unerläßlich, da nur so die Möglichkeit bestand, die Informationen aus knapp 450 Fragebogen zu bearbeiten und die angestrebten Gruppenvergleiche anzustellen.[62] Entsprechend der Planung der Untersuchung boten sich für die Auswertung je nach Datenart und -qualität der einzelnen berücksichtigten Variablen bestimmte Verfahren der multivariaten Statistik an, die in den gängigen Statistik-Programm-Paketen verfügbar sind. Für meine Auswertung habe ich eine PC-Version des SPSS-Programm-Pakets benutzt.[63]

1.4 Untersuchungsstichprobe und Durchführung der Untersuchung

Meine Studie konzentriert sich auf FachhochschulstudentInnen - eine bisher wenig untersuchte Gruppe. Entsprechend der Zielsetzung meiner Arbeit wurde ein Untersuchungsplan entwickelt, der es ermöglicht, bei der Untersuchung der Haltungen zur Technik systematisch sowohl zwischen den Ge-

---

62 Das bedeutet selbstverständlich nicht, daß das quantitative Vorgehen alle Informationen der umfangreichen Daten erschöpfend aufbereiten könnte. Wie bereits begründet, mußte ich mich aber in meiner Arbeit auf quantitative Auswertungen konzentrieren.

63 Für die kompetente Beratung bei der Auswahl und Adaption der statistischen Verfahren sowie für die Unterstützung bei der rechentechnischen Durchführung der Auswertungsarbeiten danke ich Herrn Prof. Dr. Reiner Niketta.

schlechtern als auch zwischen verschiedenen Fachkulturen (Fachdisziplinen) zu differenzieren und damit gegebenenfalls Wechselwirkungen zwischen „Geschlecht“ und „Fachkultur“ nachzuweisen. Auf diese Weise war es zum Teil möglich, Unterschiede innerhalb eines Geschlechts also *zwischen* Studentinnen aus verschiedenen Fachdisziplinen (und analog dazu zwischen Studenten) zu erfassen.

1.4.1 Stichprobencharakteristika

In der Untersuchung wurden 436 Studierende aus den Fachrichtungen der Natur- und Ingenieurwissenschaften sowie aus den Fächern Verwaltung und Sozialarbeit/Sozialpädagogik befragt. Da mich nicht nur interessierte, wie sich Frauen in ihren Technikhaltungen unterscheiden, sondern auch, ob bei den Haltungen von Frauen und Männern zur Technik geschlechtsspezifische oder studienfachbedingte Einflüsse dominieren, wurden neben den weiblichen Untersuchungsgruppen männliche Vergleichsgruppen in die Studie aufgenommen. Durch die Einbeziehung beider Geschlechter wird zugleich einem Problem zu begegnen versucht, das entstehen kann, wenn sich die Untersuchung nur auf Frauen konzentriert. Hier besteht die Gefahr, bestimmte Haltungen als „weibliche“ Charakteristika zu interpretieren, die sich möglicherweise dann, wenn man beide Geschlechter berücksichtigt und weitere Variablen einbezieht (z.B. Beruf, Alter), nicht (allein) als geschlechtstypisch kennzeichnen lassen.[64]

Als zweite unabhängige Variable wurde neben dem Geschlecht die Fachkultur, das heißt in meinem Falle die Techniknähe des Studienfaches resp. des künftigen Berufes berücksichtigt. Während IngenieurstudentInnen Berufe anstreben, die als Prototyp technischer Berufe gelten, repräsentieren SozialarbeiterInnen und SozialpädagogInnen den Gegenpol eines nichttechnischen Berufes. Die dritte StudentInnengruppe „Verwaltung“ (Studienabschluß: Diplom-VerwaltungswirtIn) nimmt sowohl hinsichtlich der Nähe zur Technik als auch in bezug auf die Geschlechterverteilung eine mittlere Position ein.

Um der impliziten Wechselwirkung zwischen Geschlecht und Techniknähe des Studienfaches zu begegnen, wurden sowohl aus den techniknahen, als auch aus den technikfernen Studiengängen Frauen und Männer in etwa gleicher Anzahl und nicht entsprechend ihrem prozentualen Anteil an den StudentInnen der jeweiligen Studiengänge ausgewählt.[65] Es wurden damit

64 Bei der Berücksichtigung von Variablen wie Beruf oder Studienfach ist selbstverständlich wiederum zu bedenken, daß Berufswahlentscheidungen nicht unabhängig von den in der geschlechtsspezifischen Sozialisation vermittelten Motiven getroffen werden.

65 Gerade bei repräsentativen empirischen Studien, die Geschlechterunterschiede bei bestimmten Komponenten der Haltung zur Technik nachweisen, stellt sich das Problem, daß mit diesem Ergebnis nicht nur genuine Geschlechterunterschiede aufgezeigt, sondern auch Wechselwir-

bewußt Abweichungen der Untersuchungsstichprobe von der Geschlechterverteilung der studentischen Population in den jeweiligen Studienfächern in Kauf genommen. Die daraus resultierenden Probleme sind für meine Studie jedoch sekundär, da keine repräsentative Untersuchung geplant war, sondern eine empirische Prüfung und Präzisierung theoretischer Annahmen.[66] In meiner Stichprobe ergeben sich somit bei den Studierenden des Faches Sozialarbeit/Sozialpädagogik, das bekanntermaßen einen hohen Frauenanteil aufweist und eher als typisch weiblicher Studiengang gilt, sowie bei den Studierenden der Natur- und Ingenieurwissenschaften, Abweichungen von den Geschlechteranteilen in der jeweiligen studentischen Gesamtpopulation.

Tabelle 2: Untersuchungsstichprobe - Fachkulturen und Geschlecht

Fachkultur	Geschlecht		Summe/Prozent
	Weiblich	Männlich	
Verwaltung	36	28	64 14.7%
Natur- u. Ingenieurwissenschaften	122	150	272 62.4%
Sozialarbeit, Sozialpädagogik	57	43	100 22.9%
Summe Prozent	215 49.3%	221 50.7%	436 100%

Tabelle 2 gibt einen Überblick über die Zusammensetzung des untersuchten Samples nach Fachkulturen[67] (Verwaltung, Natur- und Ingenieurwissen-

kungen zwischen Beruf und Geschlecht erfaßt werden, da ja die berufliche Segmentierung entlang der Kategorie „Geschlecht" verläuft, Frauen und Männer ungleich in verschiedenen Berufen, speziell in technischen Berufen vertreten sind.

66 Eine solche Stichprobenauswahl bedeutet für die Interpretation der Ergebnisse, daß durch die Ergebnisse nicht die Bedeutung der Kategorie „Geschlecht" für die gesamte Bevölkerung geschätzt wird. Dieser *bias* wird in Kauf genommen, um die analytisch-theoretische Bedeutung des Geschlechts (Minimierung der Wechselwirkung „Studienfach x Geschlecht") einschätzen zu können.

67 Der Begriff Fachkultur wird hier in Anlehnung an Huber & Liebau (1985) und Engler (1993) verwendet, um implizit anzudeuten, daß sich Wissenschaftsdisziplinen auch als „Kulturen" begreifen lassen und die Studierenden verschiedener Fächer sich hinsichtlich ihrer Wahrnehmungs-, Denk- und Verhaltensmuster unterscheiden können, was sich in unterschiedlichen alltagskulturellen Praxen (von der Wohnform bis zur Lernstrategie und zur politischen Einstel-

schaften, Sozialarbeit/Sozialpädagogik) und Geschlecht. Bei der Erhebung wurde darauf geachtet, daß möglichst viele Studierende der Natur- und Ingenieurwissenschaften für die Befragung gewonnen werden konnten, um so innerhalb dieser Fachkultur zusätzliche Detailauswertungen vornehmen zu können. Damit erklärt sich die unterschiedliche zahlenmäßige Verteilung der befragten Studierenden auf die drei Fachkulturen.[68]

Wie sich meine studentische Untersuchungspopulation der Natur- und Ingenieurwissenschaften, unterschieden nach Geschlecht, auf die Fächer Architektur, Mathematik, Informatik, Chemische Technologie/Kunststofftechnik, Bauingenieurwesen, Maschinenbau und Elektrotechnik verteilt, gibt Tabelle A2 im Anhang wieder.

Greift man an dieser Stelle bereits auf die Ergebnisse der Auswertung der erhobenen sozialstatistischen Daten vor, dann läßt sich meine Untersuchungsstichprobe folgendermaßen charakterisieren: Die befragten Studentinnen haben signifikant höhere Bildungsabschlüsse als ihre männlichen Kommilitonen. Dies wird besonders deutlich hinsichtlich des Verhältnisses von Fachabitur und Abitur: Von den Frauen verfügen gut zwei Drittel, von den Männern ca. die Hälfte über Abitur. Auch in bezug auf die Fachkulturen lassen sich signifikante Unterschiede im Bildungsabschluß in der Form feststellen, daß die Studierenden des Faches „Verwaltung" im Vergleich zu den Studierenden aus den anderen Fachdisziplinen die höheren Bildungsabschlüsse besitzen. Damit korrespondiert, daß die Studierenden des Faches „Verwaltung" vergleichsweise selten eine berufliche Ausbildung absolvierten (12 von 64 Studierenden), was sicherlich mit dem hohen Abiturientenanteil in dieser Gruppe zu tun hat. Von den Studierenden der Sozialarbeit/-Sozialpädagogik sowie der Natur- und Ingenieurwissenschaften hat dagegen mehr als die Hälfte eine berufliche Ausbildung vor dem Studium abgeschlossen. Zwischen den Geschlechtern zeigen sich bezüglich des Abschlusses einer beruflichen Ausbildung vor Aufnahme des Studiums keine bedeutsamen Unterschiede.

---

lung) ausdrücken kann (vgl. auch Berichte des Projekts „Studium & Biografie" der Universität - Gesamthochschule Siegen). Mit dem Hinweis auf die Fachkultur soll zum Ausdruck gebracht werden, daß neben dem „Geschlecht" andere Charakteristika von Wissenschaftsdisziplinen als deren implizite Geschlechtlichkeit für Unterschiede zwischen Angehörigen der verschiedenen Disziplinen verantwortlich sein können und deshalb berücksichtigt werden sollten. Ich nehme als ein solches Charakteristikum die Techniknähe des Studienfaches auf.
Ich verwende bei meinen obigen Ausführungen die Begriffe „Fachdisziplin" und „Fachkultur" synonym, weil ich davon ausgehe, daß der Einfluß auf Technikhaltungen, der vordergründig an die Fachdisziplinen gebunden scheint, letztlich auf fachkulturellen Charakteristika beruht.

68 Eine entsprechende Erhöhung des Anteils der Studierenden bei den anderen Fachkulturen hätte den Rahmen meiner Untersuchung gesprengt. Die unterschiedliche zahlenmäßige Verteilung der Studierenden auf die drei Fachkulturen wurde, soweit es nötig war, bei den statistischen Berechnungen und bei der Interpretation von Ergebnissen berücksichtigt.

Die soziale Herkunft der Studierenden wurde in Anlehnung an das Schema von Moore und Kleining (vgl. Bolte, Kappe & Neidhardt, 1975, S.97) über die Angaben zum Beruf des Vaters ermittelt. Hier unterscheiden sich weder Frauen von Männern noch die Fachkulturen signifikant.

Das Durchschnittsalter der Befragten betrug 23.4 Jahre. Hierzu ist anzumerken, daß die Altersheterogenität begrenzt wurde und Fragebogen von Studierenden, die über 30 Jahre alt waren, nicht in die Auswertung einbezogen wurden. Das Alter der Befragten variiert statistisch signifikant mit Geschlecht und Fachkultur: Die Frauen sind im Durchschnitt ca. ein halbes Jahr jünger als die Männer. Die Studierenden des Faches „Verwaltung" sind am jüngsten, die Studierenden der Sozialarbeit/Sozialpädagogik am ältesten. Die Altersdifferenzen zwischen den Angehörigen der verschiedenen Fachdisziplinen sind stärker als die zwischen den Geschlechtern ausgeprägt. Den möglichen, unerwünschten Einfluß der Altersvariablen habe ich bei Berechnungen zu kontrollieren versucht (durch Berücksichtigung des Alters als Kovariate).

Mit einem Durchschnitt von 3.18 Fachsemestern handelt es sich bei meiner Untersuchungspopulation um Studierende, die etwa die Hälfte ihres Fachhochschulstudiums absolviert haben.[69]

1.4.2 Untersuchungsablauf

Die Untersuchung wurde, nach einem Pretest, in den Jahren 1991 und 1992 an Fachhochschulen in Hessen durchgeführt. Wie erwähnt, war keine repräsentative Befragung vorgesehen; vielmehr erfolgte die Auswahl der Stichprobe nach dem sogenannten *hap hazard*-Prinzip. Das heißt, alle Studierenden, die Interesse an der Befragung zeigten, wurden in die Untersuchungsstichprobe aufgenommen. Der Zugang zu den Fachhochschulen und den Studierenden wurde mir durch meine eigene Lehrtätigkeit in verschiedenen Fachhochschulen sowie durch persönliche Kontakte zu FachhochschullehrerInnen verschiedener Fachhochschulen erleichtert.

Die Befragung wurde im Rahmen der Lehrveranstaltungen und/oder im Anschluß an diese durchgeführt. Das Forschungsprojekt wurde den Studierenden zu Beginn oder am Ende der Lehrveranstaltungen stets von mir selbst vorgestellt. Die Studierenden wurden gefragt, ob sie sich an der Untersuchung beteiligen möchten. Das Ausfüllen der Fragebogen erfolgte also

---

69 Entsprechend dem niedrigen Alter der künftigen VerwaltungswirtInnen liegt deren Fachsemesterzahl (2. Fachsemester) unter der der übrigen Studierenden, wobei zu berücksichtigen ist, daß sich alle befragten 64 Studierenden des Faches „Verwaltung" im selben Studienabschnitt befanden und daß die Studienabschnitte in den Verwaltungsfachhochschulen zeitlich anders, in sich abwechselnde Studien- und Praxisphasen untergliedert sind. Bei den Studierenden der Sozialarbeit/Sozialpädagogik fällt auf, daß sie trotz des durchschnittlich höheren Alters eine niedrigere Fachsemesterzahl als die Studierenden der Natur- und Ingenieurwissenschaften aufweisen.

auf freiwilliger Basis und anonym. Die Fragebogen wurden dann in einem verschlossenen Umschlag an mich zurückgegeben. Somit war die Erhebungssituation für alle Studierenden weitgehend gleich. Die Rücklaufquote betrug ca. 90%. Für interessierte Studierende habe ich einige Veranstaltungen angeboten und erste Ergebnisse der Untersuchung „rückgemeldet" und zur Diskussion gestellt.

2. Geschlecht und Fachkultur als Strukturvariablen der Technikhaltungen?

2.1 *Fragestellung und Hypothesen*

Welche Bedeutung hat die Kategorie „Geschlecht", wenn man Haltungen zur Technik mehrdimensional untersucht und außerdem berücksichtigt, inwieweit die Techniknähe des Studienfaches der Befragten hierfür eine (zusätzliche) Rolle spielt?

Um die pauschale Sichtweise von „Technik und Geschlecht" aufzubrechen, um diese Relation genauer zu bestimmen, sollten Technikhaltungen der Studierenden aus einer mehrdimensionalen Perspektive untersucht werden. Es war mithin erforderlich, verschiedene Komponenten der Technikhaltung zu unterscheiden. Darüber hinaus mußte in Erfahrung gebracht werden, ob die Bedeutung des Geschlechts für die Technikhaltung durch den Einfluß der Fachkultur überlagert wird. Um dies feststellen zu können, wurden Studentinnen und Studenten aus verschiedenen Fachdisziplinen mit unterschiedlicher Techniknähe in die Studie einbezogen. Die gleichzeitige Befragung von Studierenden aus den Natur- und Ingenieurwissenschaften, also techniknahen, „männlich" konnotierten Fachdispziplinen, sowie aus anderen, eher technikfernen, „weiblich" oder „geschlechtsneutral" charakterisierten Fachdisziplinen, bot also die Möglichkeit, geschlechtsspezifische und fachkulturelle Einflüsse auf die Technikhaltungen zu eruieren.

2.1.1 Exkurs: Dimensionen von Haltungen - Annahmen der Einstellungsforschung

Zur Bestimmung und systematischen Herleitung von Dimensionen der Technikhaltung gibt die Einstellungsforschung Anregungen. Während Thurstone unter Einstellung eine affektiv getönte Bewertung eines sozialen Objektes verstand,[70] wurden später drei Komponenten der Einstellung unter-

70 „Attitude is the affect for or against a psychological object." (Thurstone, [1931], 1967, S.20)

schieden (vgl. Rosenberg & Hovland, 1960; Krech, Crutchfield & Ballachey, 1962; McGuire, 1969; Stapf, 1982; Silberer, 1983). Nach Triandis ist demgemäß eine Einstellung

„eine mit Emotionen verbundene Vorstellung, die eine Klasse von Handlungen in einer besonderen Klasse sozialer Situationen aktiviert. Sie besteht aus kognitiven, affektiven und konativen Komponenten und erfüllt mehrere Funktionsarten. Sie hilft dem Einzelnen, sich anzupassen, sein Selbst zu bewahren, die eigenen Wertvorstellungen zu verwirklichen und seine Umwelt zu verstehen." (Triandis, 1975, S.35)

Die einzelnen Komponenten der Einstellung bzw. die per Einstellung geprägten „intervenierenden" bzw. latenten Größen stellen sich, wie Ajzen & Krebs ausführen, folgendermaßen dar:

„The cognitive category consists of responses that reflect perceptions of, and information about, the attitude object; the affective category consists of feelings with respect to the object; and the conative category consists of behavioral inclinations, intentions, commitments, and actions with respect to the attitude object." (Ajzen & Krebs, 1994, S.257)

Diese drei Dimensionen[71] - wobei in den einzelnen Modellen dem affektiv-evaluativen Moment nach wie vor eine besondere Bedeutung beigemessen zu werden scheint - beruhen nicht auf einer willkürlichen Einteilung. Sie entsprechen vielmehr einer verbreiteten Kategorisierung der grundlegenden psychischen Funktionen bzw. Reaktionen, die laut Ajzen & Krebs (ebd.) bereits im philosophischen Gedankengebäude Platons enthalten war.[72]

In Orientierung an der Einstellungsforschung lassen sich für meine Untersuchung eine affektiv-evaluative, eine kognitive und eine konative (Verhaltensintentionen, -motive betreffende) Dimension der Technikhaltungen unterscheiden. Diese verschiedenen Dimensionen des Technikbezugs werden nun gleichzeitig und systematisch in einem Forschungskontext erhoben; damit wird über bisherige empirische Studien hinausgegangen, in denen keine begründete Dimensionierung der Technikhaltungen vorgenommen, einmal Einstellungen, ein anderes Mal Interessen oder Meinungen erfragt wurden (vgl. Kapitel II). Allerdings erfordert mein Vorgehen auch eine kritische Distanz zu der (zum Teil bis heute) meist eng an positivistischen Wis-

---

71 Die Einstellung wird demnach als eine erschlossene Größe verstanden, die - je nach Fassung des Komponentenmodells - als „Filter", als hierarchisch übergeordnetes Schema, als Antezedens oder als Konsequenz von Affekten, Kognitionen und konativen Tendenzen konzipiert wird.
Neuerdings gewinnt eine Version des Komponentenmodells an Bedeutung, das Ajzen & Krebs (1994) vorstellen. Dieses Modell der *Reasoned Action and Planned Behavior*, das ein bestimmtes Untersuchungsdesign voraussetzt, wurde im Rahmen der Technikforschung bisher von Hannover (1991) genutzt.

72 Innerhalb der lange Zeit dominanten behavioristischen Tradition der amerikanischen Sozialpsychologie wurde die „konative" Einstellungskomponente, mit der die Seite der menschlichen Antriebs- und Willenskräfte Berücksichtigung finden sollte, zum Teil auf „Verhalten" bzw. *behavioral intentions* eingeengt.

senschaftsvorstellungen orientierten, auf Meßoperationen eingeschränkten sozialpsychologischen Einstellungsforschung[73]. Verbleibt man in diesem Kontext, gibt es beträchtliche Schwierigkeiten, den Zusammenhang der drei Einstellungskomponenten respektive der Haltungskomponenten zur Technik zu konzeptualisieren und zu erfassen. Denn in der Einstellungsforschung bleibt unklar, inwieweit Kovariation, Konsistenz oder Inkonsistenz zwischen den Einstellungskomponenten wünschenswert oder zulässig ist, um einerseits von unterscheidbaren Dimensionen der Einstellung und andererseits von einer den Komponenten gemeinsamen Einstellung sprechen zu können. Lösbar könnte dieses Problem sein, wenn man die Vorstellung aufgibt, daß die Einstellung ein meßtechnisch eingrenzbares und theoretisch abgegrenztes psychologisches Konzept oder „Konstrukt“ ist. Bei meiner Untersuchung der Technikhaltungen wird deshalb a priori nicht vorausgesetzt, daß die Studierenden widerspruchsfreie Einstellungen zur „Technik“ in dem Sinne aufweisen, daß sowohl ihre affektiv bestimmten Bewertungen als auch ihre Kognitionen und Verhaltensmotive übereinstimmen müßten (und sollte dies bei bestimmten Personen nicht der Fall sein, daß diese dann Anstrengungen unternehmen würden, um die Dissonanz etwa zwischen Affekt und Kognition zu vermindern, also Konsistenz zwischen den Einstellungskomponenten herzustellen). Dementsprechend kann eine Person auf einen Gegenstand aus verschiedenen Perspektiven zugehen, auf ihn mit verschiedenen psychischen Funktionen reagieren. In meiner Untersuchung wird Mehrdimensionalität somit nicht nur statistisch begriffen, sondern auch in der Form, daß es mehrere Zugangsweisen, mehrere Blickwinkel geben kann, aus denen sich ein Individuum auf einen Gegenstand „einstellt“. Es erledigen sich so einige der Schwierigkeiten einer statistisch definierten Mehrdimensionalität des Einstellungskonzepts.[74]

Bei der Dimensionierung von Haltungen zur Technik wird als viertes Element die Größe „Zentralität“ berücksichtigt. Damit wird auf eine Annahme der Einstellungsforschung rekurriert, nach der eine Einstellung nicht per

73 Das hat auch Irritationen in der Rezeption der Einstellungsforschung hervorgerufen. Die bekannte Kritik Bergers (1980), wonach das Einstellungskonzept den Bezug des Individuums gegenüber einem sozialen Objekt künstlich vereinfache, ist insofern zutreffend, als das Bemühen der Einstellungsforschung um größtmögliche (meß-)methodische Genauigkeit zu künstlich erscheinenden „Minimodellen“ und Konzeptionen geführt hat, die in ihrer Vielzahl zudem kaum mehr überschaubar sind (so auch Anselm Strauss, 1995, S.66). Ob sich aber aus den Vorschlägen Bergers - sieht man von seinem grundsätzlichen Plädoyer für eine qualitative Forschungsmethodologie ab - tatsächlich Alternativen zum Einstellungskonzept ableiten lassen, ist allerdings eher zweifelhaft.

74 Das soll nicht heißen, die methodisch begründeten Bedenken am Dreikomponenten-Modell der Einstellung zu ignorieren, sondern sie als Vorsichtsmaßregeln bei der Dateninterpretation zu beachten (etwa den sich aus der Einstellungsforschung ergebenden Hinweis zu erwägen, wonach mangelnde Kovariation zwischen Dimensionen der Haltung sowohl Inkonsistenzen der Haltungen ausdrücken, als auch rein methodisch bedingt sein, auf Eigenheiten der Erhebungsinstrumente zurückgehen kann).

se verhaltenswirksam sein müsse, vielmehr die Bedeutsamkeit einer Einstellung respektive einer Haltung für das Verhalten bzw. für die Person davon abzuhängen scheint, von welcher Wichtigkeit (*centrality, saliency*) das Einstellungsobjekt für die betreffende Person, für das Selbst bzw. die Ich-Identität ist (Jones & Gerard, 1967; Stapf, 1982; Witte, 1989) ist.[75] Ich untersuche als einen Indikator von Zentralität die „Ich-Nähe" des Objekts „Technik" (in Relation zu anderen Objekten), einen topologischen Aspekt des Selbstkonzepts. Die Zentralität bzw. Ich-Nähe stellt jedoch im strengen Sinne nicht eine weitere Komponente von Einstellungen bzw. Haltungen dar, sondern ist als moderierendes Merkmal einer sich affektiv-kognitiv-konativ differenzierenden Haltung aufzufassen.

Ist zwar nach diesen Überlegungen die Bedeutung einer Einstellung vom Selbstkonzept abhängig, so läßt sich wie bei vielen anderen psychologischen Konzepten die Richtung der Abhängigkeit aber auch umkehren: Es kann von der Bedeutung der Einstellung für die Ich-Identität eines Individuums ausgegangen werden. Aus letzterem Blickwinkel betrachtet, verliert die von der Einstellungsforschung von Anfang an forcierte, aber auch problematisierte (LaPiere, 1934) vorrangige Betonung der verhaltensdeterminierenden bzw. -prognostischen Funktion von Einstellungen an Relevanz. Die Bedeutung von Einstellungen reicht weit über die umstrittene Funktion als Kausalfaktor für das Verhalten hinaus. Dementsprechend werden in der neueren Literatur vier Hauptfunktionen von Einstellungen diskutiert (Stapf, 1982, S.82 ff.; Witte, 1989, S.362):

- die Adaptionsfunktion (Anpassung an die soziale Umwelt und ihre Normen);
- die Individuierungsfunktion (Profilierung, Stärkung, Darstellung des Selbst);
- die Sinnbildungsfunktion (Komplexitätsreduktion, um Orientierung zu ermöglichen);
- *Ego defense*-Funktion (Wahrung der Identität).

Diese Funktionen unterstreichen, daß - übertragen auf meine Studie - die technisches Handeln begleitenden Haltungen und Orientierungen wichtig für die Identitätsbildung sein können und somit für sich genommen ein lohnenswertes Untersuchungsziel darstellen, zumal in meiner Untersuchung nicht nach unmittelbaren Determinanten des Verhaltens gegenüber Technik gesucht wird (es handelt sich um eine post festum-Untersuchung, in der die Entscheidung für ein technisches oder nicht-technisches Studienfach als Auswahl- und Erklärungsgröße, nicht als abhängige Variable eingeführt wird).

75 Ähnlich zeigt sich bei Untersuchungen über geschlechtsspezifische moralische Urteile, daß die Anwendung von allgemeinen moralischen Prinzipien davon abhängt, wie stark das Individuum vom beurteilten Sachverhalt persönlich betroffen ist (vgl. Nunner-Winkler, 1989, S.166 f.).

Die in der Soziologie heute bevorzugte Konzeption des Habitus (vgl. Bourdieu, 1987a,b; in der empirischen Frauenforschung: Engler, 1993) vermeidet zwar dieses Problem der Verhaltensdetermination, indem sie einerseits Verhaltensmomente integriert, andererseits nicht rein funktionalistisch ausgerichtet ist. Möglicherweise hätte die Orientierung meiner Untersuchung am Konzept des Habitus auch die gesellschaftstheoretische Bedeutung des subjektiven Bezugs zur Technik stärker hervortreten lassen. Da es in der Untersuchung aus verschiedenen Gründen nicht möglich war, habituelle Verhaltensweisen zu erfragen oder zu beobachten, wären Anleihen und Anregungen seitens der Habitus-Forschung jedoch ohne Folgen geblieben.[76]

Mit der Einbeziehung von Anregungen aus der Einstellungsforschung wird zudem ein „Verfremdungseffekt" intendiert, um die genannten Fragestellungen im Kontext der Frauenforschung aus einer „neuen" Perspektive anzuvisieren. Es dürfte jedoch aus der Erörterung dieses traditionellen sozialpsychologischen Forschungsansatzes deutlich geworden sein, daß der Bezug auf zentrale Annahmen aus diesem Gebiet nicht bedeutet, daß ich mich in meiner Studie den methodologischen und erhebungstechnischen Prinzipien der Einstellungsforschung naiv anpasse.[77]

2.1.2 Hypothesen

Rekapituliert man nun für die Untersuchung der Dimensionen der Technikhaltung die Annahmen und Folgerungen aus den in Kapitel I und II skizzierten theoretischen Ansätzen und empirischen Untersuchungen, so lassen sich folgende Hypothesen formulieren:

---

76 Zudem ergibt sich bei empirischen Untersuchungen im Rahmen der Habituskonzeption die Schwierigkeit, den Habitus als strukturierendes Strukturiertes von Oberflächen-Einstellungen zu trennen. Letztere sind variabler als der Habitus, der seine Persistenz auch in unterschiedlichen bzw. veränderten Einstellungen, Verhaltensgewohnheiten bewahren kann. Sich ergebende Unterschiede in Einstellung und Verhalten sind also nicht mit Sicherheit Ausdruck unterschiedlicher Habitusformen. Ob etwa die von Engler & Friebertshäuser (1989; vgl. auch Engler, 1994) einmalig beobachteten Frühstückskulturen in naturwissenschaftlich-technischen versus pädagogischen Studentenkreisen als unterscheidbare Habitusformen zu interpretieren sind, wage ich aufgrund der langjährigen Kenntnis beider Studentengruppen im Rahmen meiner Lehrtätigkeit zu bezweifeln. Nach meinen Eindrücken haben gerade in diesem Bereich der Alltagskultur Angleichungen, aber auch Verwerfungen zwischen den Angehörigen verschiedener Studiengänge stattgefunden, die Englers Beschreibung als peripher, wenn nicht klischeehaft erscheinen, sich jedenfalls nicht als Ausdruck unterschiedlicher Habitusformen oder Fachkulturen interpretieren lassen.

77 Die Einstellungsforschung ist in den letzten Jahren vor allem wegen des gegen sie vorgetragenen Positivismusvorwurfs und wegen ihrer enttäuschenden verhaltensprognostischen Leistung in Mißkredit geraten (vgl. neuerdings aber Eckes & Six, 1994). Die Kritik an dem unzureichenden Nachweis einer verhaltensdeterminierenden Wirkung von Einstellungen sollte jedenfalls nicht dazu führen, Anregungen aus der Einstellungsforschung zu ignorieren.

Hypothese 1:

Gemäß den Ergebnissen der feministischen Erkenntnistheorie und Wissenschaftskritik (vgl. Scheich, 1993; Woesler de Panafieu, 1987; Fox Keller, 1986), wonach die historische Ausgrenzung der Frauen ihr generelles Unverhältnis zu Naturwissenschaft und Technik konstituierte, müßten sich bei allen Dimensionen des Technikbezugs die Studentinnen und Studenten unterscheiden: Im Vergleich zu den Studenten sollten die Studentinnen die Technik weniger positiv beurteilen, weniger über Technik wissen (über einen weniger komplexen Technikbegriff verfügen), extrinsisch für einen (technischen) Beruf motiviert sein und die Technik ich-ferner lokalisieren.

Für diese „Globalhypothese" sprechen zum Teil auch empirische Befunde; allerdings könnten die geschlechtsspezifischen Unterschiede aufgrund der Aggregierung der Ergebnisse verschiedener Studien überschätzt sein. Einige empirische Untersuchungen weisen zudem darauf hin, daß der Einfluß des Geschlechts auf die Haltung zur Technik bei jüngeren und gebildeteren Personen geringer ist. Folgt man diesen Befunden, dann könnte sich auch bei den Studierenden in meiner Untersuchung (jüngerer Personenkreis, relativ hoher Bildungsstand) die Bedeutung der Kategorie Geschlecht verringern. Die Fachrichtung dürfte einen verstärkenden oder abschwächenden Einfluß auf die verschiedenen Dimensionen des Technikbezugs der Studierenden haben.

Hypothese 2:

Wird berücksichtigt, wie sich der Ingenieurberuf als männliche Domäne entwickelte (Janshen, 1986), wie die geschlechtsspezifische Segmentation in technischen Berufen aufrechterhalten wird (Cockburn, 1988) und welche Stereotypen über Technik vorherrschen (Cockburn, 1988; Hofstätter, 1979), scheinen sich geschlechtsspezifische Formen des Technikbezugs vor allem in Form von Technikkognitionen niederzuschlagen. Solche Unterschiede in den Kognitionen wie auch in den Motiven für den Umgang mit Technik bzw. für die Studienfachwahl können auch aufgrund von Theorien vermutet werden, die weibliche Arbeitsvermögen (Beck-Gernsheim, 1981; Ostner, 1991, 1992a) oder weibliche Zugangsweisen zur Technik (Schiersmann 1987a, 1992) postulieren. Die genannten Ansätze lassen offen, ob und inwieweit der mögliche Einfluß des Geschlechts auf Technikkognitionen durch die Techniknähe des gewählten Studienfaches überlagert wird.

Betrachtet man jedoch die lange Geschichte der Ausgrenzung von Frauen aus technischen Berufen so ist weiterhin anzunehmen, daß Studentinnen Technik weniger nah am Ich lokalisieren als Studenten. Der Faktor „gewähltes Studienfach" dürfte für die Beurteilung der Ich-Nähe von Technik weniger relevant sein, da es hier mehr um spontane (man könnte sagen, um nicht-bewußte, jedoch bewußtseinsfähige) Einschätzungen geht, die im Gegensatz zu Technikkognitionen erfahrungsresistent sein können.

Hypothese 3:

Psychoanalytische bzw. psychoanalytisch inspirierte Analysen des Umgangs mit Technik und ihrer Entwicklung (Fox Keller, 1986; Woesler de Panafieu, 1987; Janshen, 1986, 1989) sprechen dafür, daß der Bezug zur Technik frühkindlich angelegt wird und sich aus „Primärprozessen" speist. Aufgrund dessen sind affektiv getönte Haltungen gegenüber Technik zu vermuten, wobei die geschlechtsspezifische Entwicklung der Objektbeziehungen eine positivere Einstellung der Männer als der Frauen zur Technik erwarten läßt (vgl. jedoch Löchel, 1994). Nach diesen psychologischen Entwicklungsgesetzmäßigkeiten sollte zudem Technik für Frauen ich-ferner als für Männer liegen, von denen Technik und technische Artefakte als Erweiterung des eigenen Ich erlebt werden können. Dagegen sollten Technikkognitionen wie bewußte Motive für den Umgang mit Technik bzw. für die Studienfachwahl - als „Sekundärprozesse" - stärker der bewußten Gestaltung und den Einflüssen der jeweiligen Umwelt unterliegen. Nimmt man diese Überlegungen auf, dann könnte die Fachdisziplin stärker als die Kategorie Geschlecht die Ausprägung der kognitiven Haltung zur Technik beeinflussen.

Dem Geschlecht dürfte auch eine stärkere Bedeutung bei der affektiv-evaluativen Komponente der Technikhaltung und der Ich-Nähe der Technik zukommen, wenn man Ergebnisse und Thesen des Potentiale-Ansatzes (Metz-Göckel, 1990a,b; Roloff, 1990) und des token-Konzepts (Kanter, 1977a,b; Berg-Peer, 1981) heranzieht. Als Besonderheit dieser beiden Ansätze ist zu berücksichtigen, daß sie bei Ingenieurstudentinnen verschiedene Formen des subjektiven Technikbezugs offenlassen, wenngleich eine ambivalente Haltung dieser Frauen zur Technik als am wahrscheinlichsten angesehen wird.

Auch wenn Frauen Technik weniger nah am Ich ansiedeln dürften (vgl. Hypothese 2), sprechen die postulierten typisch „weiblichen" Umgangsformen mit Phänomen wie Technik dafür, daß die Studentinnen eher einen „persönlichen Bezug" zur Technik herstellen als ihre männlichen Kommilitonen.

2.2 *Geschlechtsspezifische und fachkulturelle Varianten eines mehrdimensionalen Technikbezugs*

Will man die Technikhaltungen der Studierenden aus einer mehrdimensionalen Perspektive untersuchen, bedarf es zunächst einer angemessenen Operationalisierung um die vier Dimensionen eruieren zu können:

- Als Merkmal der affektiv-evaluativen Komponente des Technikbezugs galten in meiner Untersuchung emotional dominierte Angaben über Technik entlang des Kontinuums „positive Bewertung - negative Bewertung". Hier wurden primär die evaluativen Items des Semantischen Differentials berücksichtigt und aus deren Werten per Addition ein Score „Evaluation" gebildet.
- Die Komplexität des Technikbegriffs galt als Merkmal der kognitiven Dimension des Technikbezugs.[78] Als Indikator für Komplexität wurde die Zahl der von den StudentInnen zum Technikbegriff genannten Elemente herangezogen und zur Größe „Komplexität" addiert. Diese spiegelt demnach als Summenscore die Vielfalt der Aussagen zum Technikbegriff.[79]
- Die konative Dimension des Technikbezugs wurde über die Motive für die Wahl des Studienfaches erhoben, wobei eine Unterscheidung nach „extrinsischen" und „intrinsischen" Motiven erfolgte. Die Größe „Motivation" drückt als Score aus, wie stark intrinsische Motive gegenüber extrinsischen Motiven dominieren.
- Als Indikator für die Zentralität von Technik für die eigene Person wurde die Ich-Nähe von Technik ermittelt. Die als „Nähe" bezeichnete Größe wurde den entsprechenden Werten der Skala zur Ich-Nähe entnommen.

Zunächst ist abzuklären, ob diese Dimensionen des Technikbezugs, so wie sie operationalisiert wurden, tatsächlich auch Unterschiedliches messen, bevor nach dem Einfluß des Geschlechts und der Fachkultur gesucht werden kann. Um die Unabhängigkeit der vier Dimensionen voneinander zu prüfen, wurden Korrelationen zwischen den vier Größen „Evaluation", „Komplexität", „Motivation" und „Nähe" berechnet.

Als erstes wichtiges Ergebnis ist festzuhalten, daß die Korrelationen zwischen den Dimensionen des Technikbezugs niedrig sind (vgl. Tabelle 3). Insofern ist es sogar im statistischen Sinne fast korrekt, von unabhängigen Dimensionen zu sprechen. Die höchste Interkorrelation beträgt $r = 0.22$ („Nähe" und „Evaluation"), das heißt, daß eine gemeinsame Varianz von

---

78 Es wurden weitere Technikkognitionen untersucht; diese werden allerdings im Zusammenhang mit der zweiten Fragestellung (vgl. Abschnitt 3.) behandelt. Bei der dimensionalen Betrachtung der Technikhaltungen wird ein Komplexitätsindikator herangezogen, der von den im Rahmen der Untersuchung verwendeten Maßen am ehesten die Wahrnehmungs- und Kenntnisseite, mithin ein relevantes Bestimmungsmerkmal für Haltungen gegenüber Technik, darstellt. An dieser Stelle zeigt sich im übrigen auch bereits die Differenz zum Vorgehen der Einstellungsforschung: Dort werden unter *cognition* hauptsächlich Meinungen, *beliefs* erfaßt, bei denen das Bewertungsmoment stärker als bei meinem Zugang auf Technikkognitionen zum Tragen kommt.

79 Selbstverständlich ist damit nur ein Aspekt von Komplexität berücksichtigt. Zu den Elementen eines kognitionspsychologischen Komplexitätsbegriffs vgl. Dörner (1979).

4.8 % ($r^2 = 0.048$) vorliegt. Wenn man bedenkt, daß es bei den verschiedenen Variablen weitgehend um ein und dasselbe Thema, den subjektiven Technikbezug geht, sind die gemeinsamen Varianzanteile der Variablen relativ gering. Es ist demnach angemessen, die subjektive Technikhaltung nicht durch einen einzigen Indikator abzubilden, sondern zu untersuchen, wie sie sich in einem mehrdimensionalen Raum entfaltet. Die Höhe der Korrelationen bewegt sich in einem Rahmen, der im übrigen auch von der Einstellungsforschung akzeptiert würde, die - wie oben diskutiert - einerseits von der Mehrdimensionalität des Einstellungskonzepts ausgeht, andererseits eine gewisse Konsistenz und damit Interkorrelationen zwischen den „Dimensionen" annimmt.[80]

Tabelle 3: Korrelationen zwischen Dimensionen der Technikhaltung

	Evaluation	Nähe	Motivation
Komplexität	.14 (N = 436)* (p < .01)°	.07 (N = 388) (n. s.)	-.01 (N = 436) (n. s.)
Evaluation		.22 (N = 388) (p < .01)	.11 (N = 436) (p < .05)
Nähe			-.06 (N = 388) (n. s.)

* N = Anzahl der befragten Personen, abzügl. missing data.
° p = Signifikanzniveau; n. s. = nicht signifikant.

Da die statistische Prüfung meiner Daten bestätigte, daß es durchaus Sinn macht, die vier Dimensionen der Technikhaltung zu unterscheiden, konnte weitergehend im Detail untersucht werden, welche Bedeutung dem Geschlecht und der Fachkultur für die Ausprägung der Technikhaltungen zukommt.

80 Einschränkend ist zweierlei zu berücksichtigen: Die Korrelationen sind zum Teil statistisch signifikant (3 der 6 Korrelationen zwischen den 4 Dimensionen). Das ist angesichts der geringen Höhe nicht problematisch und durch die Stichprobengröße mitbedingt. Weiterhin ist zu bedenken, daß das Zustandekommen der Korrelationen nicht nur durch die Struktur des Technikbezugs bedingt ist, sondern auch von der verwendeten Methodik beeinflußt sein kann. Das heißt, die geringe Höhe der Korrelationen mag teilweise methodisch und nicht objektthematisch bedingt sein. Die niedrigen Korrelationen berechtigen aber zu der Annahme, daß die in den folgenden Abschnitten präsentierten Ergebnisse nicht bloß methodische Artefakte darstellen, sondern tatsächlich vorfindbare Differenzen im Technikbezug der Befragten wiedergeben.

2.2.1 Die affektiv-evaluative Dimension des Technikbezugs

Ich habe in meiner Studie das Semantische Differential, das grundsätzlich geeignet ist, begriffliche Stereotype und deren Variation bei verschiedenen Gruppen zu eruieren, genutzt, um auf indirekte Weise die affektiv-evaluative Seite der Haltung zur Technik, möglichst unbeeinflußt von Technik-*beliefs* zu erfassen.

Nachdem die Faktorenanalyse (nach der Hauptkomponenten-Methode) des Semantischen Differentials zu „Technik" ergeben hat, daß sich der in der Literatur zum Semantischen Differential[81] regelmäßig erwähnte Evaluationsfaktor auch bei meinen Daten nachweisen läßt, wurden die folgenden sieben Eigenschaftspaare ausgewählt:

- hilfsbereit - egoistisch, triebhaft - gehemmt, zurückgezogen - gesellig, gesund - krank, vergnügt - mißmutig, frisch - müde, heiter - traurig.

Diese Eigenschaftspaare laden auf dem evaluativen Faktor des Semantischen Differentials hoch (Ladungshöhe ≥ 0.30) und werden auch in der Literatur als „evaluativ" eingestuft.[82] Aus den Werten dieser Items wurde der Evaluationsscore gebildet, die Größe also, die ausdrückt, wie die Studierenden „Technik" entlang des Kontinuums „positiv-negativ" bewerten. Die Items wurden mit gleicher Gewichtung in den Score aufgenommen.[83] Die Polarität der Items bzw. ihre Verrechnung bringen es mit sich, daß der Wert von „Evaluation" umso höher ist, je negativer das Konzept „Technik" von den Studierenden beurteilt wurde. Entsprechend der Codierung liegen die Werte für die einzelnen Items zwischen 0 und 6, so daß sich bei der Addition der genannten 7 Items für eine Person Scores zwischen 0 und 42 ergeben konnten.

In Tabelle 4 sind die Mittelwerte der Evaluationsscores für die gesamte Untersuchungspopulation, wie auch für die sechs Untergruppen ausgewie-

---

81 Vgl. z.B. Osgood, Suci & Tannenbaum (1957), Mayntz, Holm & Hübner (1972), Hentschel & Klintman (1974).

82 Die Ergebnisse der Faktorenanalyse sind in Tabelle A3 im Anhang wiedergegeben. Bei der Faktorenanalyse zum Konzept „Technik" stellt Faktor II einen evaluativen Faktor dar. Interessant ist, daß Faktor II auf einem Pol Items enthält, die „Aktivität" (einen anderen bei Semantischen Differentialen häufig gefundenen Faktor vgl. Abschnitt 1.2.1) ausdrücken. Die auf dem Evaluationsfaktor mitenthaltenen „Aktivitätsitems" ließen sich jedoch von den Evaluationsitems recht gut trennen, wie eine zweite Faktorenanalyse mit ausschließlich auf dem Evaluationsfaktor ladenden Items ergab. Faktor I ist im übrigen als ein bipolarer „Männlichkeits-Weiblichkeits"- bzw. Stärke-Faktor interpretierbar. Faktor III repräsentiert Items, in denen sich ein bestimmter kognitiver Stil (klar, geordnet u.ä.) manifestiert.

83 Eine Gewichtung der Items nach ihrer Ladungshöhe schien mir angesichts der grundsätzlichen Schwankungsbreite faktorenanalytischer Ergebnisse nicht gerechtfertigt. Für die Berechnung des Evaluationsscores mußten die Werte für das Eigenschaftspaar „zurückgezogen-gesellig" umcodiert werden, da es in den Ausgangsdaten den übrigen 6 Items entgegengesetzt codiert war.

sen. Der Mittelwert für die gesamte Stichprobe beträgt 20.76 und liegt nahe an dem theoretisch anzunehmenden „neutralen" Wert (da der mittlere, „neutrale" Wert jedes Items mit 3 codiert wurde, ergibt sich der „neutrale" Summenwert von 3 x 7 = 21). Das heißt, als Gesamtgruppe betrachtet, bewerten die Studierenden aus dieser eher indirekten Perspektive „Technik" im Durchschnitt „neutral". Berücksichtigt man jedoch Geschlecht und Fachkultur, dann wird das Bild differenzierter: Die Mittelwerte für die gebildeten sechs Gruppen schwanken zwischen 19.42 und 23.67. Es zeigen sich auf dieser Ebene sowohl Unterschiede zwischen den Geschlechtern als auch zwischen den Fachkulturen. Die Studenten der Natur- und Ingenieurwissenschaften bewerten Technik am positivsten, die Studentinnen aus der Sozialarbeit/Sozialpädagogik am negativsten.

Tabelle 4: Technikevaluation

			FACHKULTUR				
			Verwaltung	Ingenieurwiss.	Sozialarbeit	Σ w + m	
GESCHL	weibl.	MW	20.92	20.30	23.67	MW	21.30
		SD	3.04	3.99	3.94	SD	4.08
		N	36	122	57	N	215
	männl.	MW	20.57	19.42	22.91	MW	20.24
		SD	3.91	4.80	4.94	SD	4.90
		N	28	150	43	N	221
	Σ Fachkultur	MW	20.77	19.82	23.34	ΣΣ MW	20.76
		SD	3.42	4.47	4.39	SD	4.54
		N	64	272	100	N	436

MW = Mittelwert; SD = Standardabweichung; N = Anzahl der Befragten.

Um jedoch statistisch bedeutsame Aussagen machen zu können, wurde mit Hilfe einer Varianzanalyse geprüft, welcher Einfluß dem Geschlecht und welcher der Fachkultur für die Technikhaltung zukommt. Das Hauptergebnis der Varianzanalyse, i.e. der statistischen Prüfung der Mittelwertsdifferenzen für die Kategorien Fachkultur und Geschlecht besagt, daß sich zwar die Fachkulturen bezüglich der Technikbewertung hochsignifikant unterscheiden ($F = 22.70$; df 2, 430; $p < 0.001$), nicht jedoch die Geschlechter. Hier läßt sich allenfalls ein nicht-signifikanter Trend in die erwartete Richtung vermuten, der aufgrund der vorliegenden Ergebnisse aber nicht interpretiert werden sollte. Die in verschiedenen empirischen Untersuchungen festgestellte negativere Bewertung von Technik durch Frauen als durch

Männer (vgl. Kapitel II) wird durch meine Ergebnisse nicht repliziert. Die Differenz zu meinen Ergebnissen mag durch Unterschiede bei der Stichprobenzusammensetzung (bei mir: FachhochschulstudentInnen; Ausschalten der Wechselwirkung von Geschlecht und Studienfach) oder durch unterschiedliche Erhebungsmethoden bedingt sein. Wegen der ungleichen Zellenbesetzung und der Inhomogenität der Varianzen in der varianzanalytischen Ausgangsmatrix ist nicht völlig auszuschließen, daß das Fehlen des signifikanten Geschlechtseinflusses zum Teil auch verfahrensbedingt ist. Aber selbst bei Postulierung eines methodisch unterdrückten Einflusses des Geschlechts, würde dieser geringer sein als der der Fachkultur.[84]

Wie sich bereits in den Mittelwerten der Evaluationsscores für die verschiedenen Gruppen andeutete, zeigen auch die post-hoc-Vergleiche zwischen den drei Fachkulturen, daß sich bemerkenswerterweise nicht die Studierenden der Natur- und Ingenieurwissenschaften durch eine besonders positive Einstellung gegenüber Technik von den beiden anderen Fachkulturen unterscheiden. Vielmehr sind es die Studierenden der Sozialarbeit/Sozialpädagogik, die sich von den StudentInnen der anderen Fachgebiete abheben, weil sie als einzige Gruppe Technik negativ bewerten („Evaluation" > 21). Nach den vorliegenden Ergebnissen ist es offenbar keine Eigenheit von IngenieurstudentInnen, Technik neutral bis positiv zu bewerten. Eher scheint es so zu sein, daß bestimmte Gruppen außerhalb von technischen Fachkulturen der Technik emotional ablehnend gegenüberstehen. Möglicherweise gibt es einen Schwellenwert, ab dem die subjektiven Bewertungen der Studierenden eher negativ sind, wenn das Studienfach objektiv technikferner ist. Ein solches Schwellenkonzept wäre auch mit meiner eigenen Überlegung zu Beginn der Untersuchung vereinbar, nach der ich das Studium der Sozialarbeit/Sozialpädagogik als objektiv technikdistanter eingestuft habe als das des Faches „Verwaltung".

Der Fachkultureffekt scheint recht stabil zu sein.[85] Trotz der Kontrolle des Einflusses der Kovariaten „Alter" und „Ich-Nähe von Technik" auf die Technikevaluation bleibt ein genuiner Einfluß der Fachkultur erhalten.

---

84 Methodische Probleme bei der Auswertung erschweren sicherlich die Interpretation. Die durch die Stichprobenauswahl bedingte ungleiche Zellenbesetzung wird durch Varianzinhomogenitäten der sechs untersuchten Teilgruppen verschärft, so daß Verzerrungen in die Ergebnisse der Varianzanalyse eingingen. Im übrigen wurde der Rat von Stevens (1992, S.306 ff.) befolgt, im Falle von ungleichen Zellenbesetzungen die sogenannte Regressionsmethode für die Varianzanalyse zu verwenden. Rechnet man die Varianzanalyse nach der anderenorts empfohlenen „experimental method" - wobei die Interaktionen zwischen Fachkultur und Geschlecht ignoriert werden -, dann erreicht bei Verwendung des Alters als Kovariate der Einfluß des Geschlechts Signifikanz. Unabhängig von Verschiebungen in der Irrtumswahrscheinlichkeit bleibt die Effektstärke der Kategorie Geschlecht gering ($Eta^2 \leq 0.01$).

85 Die per Kovarianzanalyse erfolgende Kontrolle des Alters (das in der Stichprobe nicht unabhängig von Geschlecht und Fachkultur ist; vgl. Abschnitt 1.4 dieses Kapitels), reduzierte zwar leicht die Effektgröße der Fachkultur, ohne deren Signifikanz jedoch aufzuheben. Eine Kova-

Wie plausibel sind die Ergebnisse?

Um einen Hinweis auf die diskriminante Validität[86] der Ergebnisse zur affektiv getönten Bewertung von Technik zu erhalten, wurde zusätzlich eine Varianzanalyse über die Bewertung des Konzepts „Frau" durchgeführt, die sich auf dieselben evaluativen Items des Semantischen Differentials bezog. Es wurde angenommen, daß Studentinnen die soziale Kategorie „Frau" anders beurteilen würden als Studenten, die nicht direkt von den normativen Erwartungen an Frauen betroffen sind. Die Varianzanalyse bestätigte die Annahme über den Einfluß des Geschlechts und stützt damit die Validität der Ergebnisse zum Technikbezug. Wenn sich keine Geschlechtseffekte bei der Beurteilung von „Frau" nach dem Semantischen Differential ergeben hätten, hätte das gegen die Verwendung des Untersuchungsinstruments bzw. des gewählten Evaluationsscores oder für Besonderheiten der untersuchten Population gesprochen.

Zur methodischen Triangulation bzw. als Hinweis auf die konvergente Validität[87] der Ergebnisse zur Technikbewertung mit den evaluativen Items des Semantischen Differentials wurden die Urteile der Studierenden über Technik, wie sie sich den Antworten zur offenen Frage *Was verstehen Sie unter Technik?* entnehmen ließen, herangezogen.

Die Aussagen der Befragten über Technik wurden inhaltsanalytisch ausgewertet und nach den Merkmalen „neutral", „negativ", „inkonsistent", „ambivalent" oder „positiv" klassifiziert. Als „neutral" galten Antworten wie „Technik ist all das, was den Umgang mit Maschinen, deren Bau und Konstruktion betrifft" oder „Technik ist ein Teilgebiet der Physik". Als „negativ" wurden beispielsweise Aussagen wie „Umweltzerstörung" oder „sie berücksichtigt gar nicht das Individuum", als „positiv" Aussagen wie „Fortschritt, Erleichterung" oder „das Benutzen physikalischer, mechanischer Prozesse zur Steigerung des Lebensstandards und der persönlichen Sicherheit" eingestuft. Das Merkmal „ambivalent" umfaßt Antworten, in denen sowohl positive als auch negative Aspekte zum Ausdruck gebracht werden, die aber in einem erkennbaren Zusammenhang stehen mußten z.B. „Technik bringt Erleichterung für den Menschen, macht den Menschen aber auch abhängig" oder „technischer Fortschritt ist notwendig, aber auch Gefahr der

---

rianzanalyse mit den Kovariaten Alter und Ich-Nähe von „Technik" (letztere Variable kann theoretisch als moderierende Größe des Technikbezugs verstanden, mithin als Kovariate berücksichtigt werden) führte zum gleichen Ergebnis.

86 Von diskriminanter Validität spricht man, wenn sich Ergebnisse zu unterschiedlichen Konzepten, die mit dem gleichen Instrumentarium erfaßt wurden, unterscheiden (wegen der üblichen Schätzung der Validität über Korrelationskoeffizienten werden analog oft niedrige oder negative Korrelationen gefordert).

87 Konvergente Validität liegt vor, wenn sich Ergebnisse zu einem mit verschiedenen Instrumenten erfaßten Konzept gleichen (vgl. Fisseni, 1990, S.89). Das Konzept der konvergenten Validität ähnelt dem der „methodischen Triangulation".

Übertechnisierung". Als „inkonsistent" wurden Aussagen codiert, in denen positive und negative Bewertungen unverbunden nebeneinander vorkamen und eher das Fehlen einer konsistenten Haltung zu technischen Fragen signalisierten: z.B. „Fortschritt, Zerstörung" oder „hilfreich, Vereinfachungen der menschlichen Arbeit, Gefahr, die Kontrolle zu verlieren".

Inspiziert man die Häufigkeitsverteilung der Urteilsausprägungen für die gesamte Stichprobe, dann fällt auf, daß „rein" negative Urteile über Technik sehr selten vorkommen (3.2% der Studierenden). Häufiger finden sich in den Antworten Negativurteile zusammen mit positiven Aussagen, relativieren diese (= „ambivalente" Antworten) oder stehen unverbunden neben diesen (= „inkonsistente" Antworten). „Ambivalente" Aussagen wurden von 14.9%, „inkonsistente" Aussagen von 13.3% der Studierenden gemacht. Mehr als ein Drittel der StudentInnen (37.2%) beurteilt Technik „positiv", während knapp ein Drittel (31.4%) Technik „neutral" gegenübersteht.

Um festzustellen, wie bedeutsam das Geschlecht und die Fachzugehörigkeit der Studierenden für diese Urteilsausprägungen sind, wurde mit der fünfstufigen Urteilskategorie sowie mit den Kategorien Geschlecht und Fachkultur ein hierarchisches loglineares Modell berechnet.[88] Nach diesem Rechenverfahren ergibt sich eine („partielle") Assoziation zwischen Technikbewertung und Fachkultur, während die Interaktionen zwischen Geschlecht und Technikbewertung sowie zwischen Geschlecht, Fachkultur und Technikbewertung sich als unbedeutend erweisen. Wie beim Evaluationsscore des Semantischen Differentials ist auch hier die Fachkultur für das Urteil über Technik bedeutsamer als das Geschlecht .[89] Dieses Ergebnis kommt dadurch zustande, daß die beobachteten Urteile der StudentInnen der Natur- und Ingenieurwissenschaften in bezug auf das positive Urteil höher als statistisch erwartet, in bezug auf die negativen, inkonsistenten sowie ambivalenten Urteile niedriger als statistisch erwartet ausfallen. Bei den Studierenden der Sozialarbeit/Sozialpädagogik kehrt sich die Relation von erwarteten und beobachteten Werten um. Mit anderen Worten: Studierende der Natur- und Ingenieurwissenschaften beurteilen Technik tendenziell positiv, Studierende der Sozialarbeit/Sozialpädagogik tendenziell negativ.

Hervorzuheben ist, daß die Evaluation von Technik mit dem Semantischen Differential und die Bewertung von Technik in Form von Antworten auf eine offene Frage grundsätzlich verschiedenartige Urteilsvorgänge verlangen. Im Falle des Semantischen Differentials waren spontane Anmutungen gefragt, die eher emotionalen Einflüssen unterliegen. Dagegen handelt

---

88 Solche Modelle eignen sich für die statistische Analyse kategorialer Daten wie im vorliegenden Fall. Sie können unter anderem als Analogon von Varianzanalysen verwendet werden, wenn die Daten in Form von mehrdimensionalen Häufigkeitstabellen vorliegen.

89 Allerdings führte die Berechnung eines nicht-saturierten Modells für Technikbewertung, Fachkultur und Technikbewertung x Fachkultur nicht zu einer hinreichend befriedigenden Reproduktion der Werte der ursprünglichen dreidimensionalen Häufigkeitstabelle.

es sich bei den Urteilen, wie sie sich in Antworten zur offenen Frage manifestieren, um artikulierte, „bewußte" Meinungen, Urteile, die also im stärkeren Maße kognitiv kontrolliert sein dürften als Reaktionen auf das Semantische Differential. Trotzdem führen beide Untersuchungsinstrumente zu dem übereinstimmenden Ergebnis, daß für die Bewertung von Technik der Fachkultur größere Bedeutung als dem Geschlecht zukommt, sich demnach die befragten Frauen in ihrem affektiv-evaluativen Bezug zur Technik nicht signifikant von Männern unterscheiden.[90] Der durchgängige Effekt der Fachkultur wird insbesondere durch die Studierenden der Sozialarbeit/Sozialpädagogik evoziert, die sich affektiv-evaluativ von der Technik vergleichsweise stark distanzieren. Die erwartete positive Bewertung von Technik durch StudentInnen der Natur- und Ingenieurwissenschaften wird eindeutig nur in den Antworten zur offenen Frage erkennbar.

2.2.2 Die kognitive Dimension des Technikbezugs

Die Wahrnehmung von Technik, das (Nach-)Denken über Technik, das (allgemeine) Wissen über und um Technik lassen sich gewiß nicht mit einem einzigen Meßinstrument erfassen. Es ist deswegen von vorneherein einzugestehen, daß hier nur über einen Aspekt der kognitiven Dimension des Technikbezugs, über einen Indikator für die „Komplexität" des subjektiven Technikbegriffs, berichtet werden kann.[91]

Die „Komplexität" des Technikbegriffs wurde als Untersuchungsmerkmal aufgenommen, um das Ausmaß der kognitiven Auseinandersetzung mit Technik festzustellen. Meine Annahme war, daß sich die Intensität dieser Auseinandersetzung in der Kompetenz der Studierenden manifestiert, sich differenziert über Technik zu artikulieren. Um den Untersuchungsfragebogen in einer vertretbaren Größe zu halten, wurden keine zusätzlichen direkten Fragen zur Prüfung dieser Kompetenz bzw. der Komplexität des Technikegriffs aufgenommen; vielmehr habe ich versucht, die Komplexität bzw. Differenziertheit des Technikbegriffs aus den Antworten zur offenen Frage *Was verstehen Sie unter Technik?* zu erschließen. Als Kriterium zur Erfassung der Komplexität des Technikbegriffs einer Person wurden ihre Antworten herangezogen, soweit sie sich den drei Kategorien „Konstitutive Merkmale von Technik", „Technikgebiete/Technologien" und „Einsatzgebiete von Technik"[92] zuordnen ließen (vgl. Tabelle A1). Bei der Kategorie „Kon-

---

90 Zu einem analogen Ergebnis gelangt man, wenn man die positiven Einzelurteile der Antworten zur offenen Frage *Was verstehen Sie unter Technik?* aufsummiert, davon die negativen Einzelurteile subtrahiert und den so gebildeten Score varianzanalytisch untersucht.

91 Eine Differenzierung der Herangehensweise erfolgt bei der Vorstellung der Ergebnisse zum subjektiven Technikkonzept (Abschnitt 3.), ohne daß auch dort der Anspruch erhoben würde, in meiner Untersuchung das gesamte Feld der Technikkognitionen abbilden zu können.

92 In Abschnitt 3., der den subjektiven Technikbegriff der Studierenden behandelt, wird detaillierter auf die einzelnen Kategorien eingegangen.

stitutive Merkmale von Technik“ wurden beispielsweise Aussagen über technische Artefakte, über Technik als Verfahrenswissen, Überlegungen zum gesellschaftlichen Bezug von Technik, die Charakterisierung von Technik als „System“ oder als „Instrument“ codiert. Die drei Kategorien wurden nach der inhaltsanalytischen Auswertung der Antworten in 18 Variablen untergliedert. Je mehr Aussagen zu diesen Variablen vorlagen, desto komplexer wurde der Technikbegriff der betreffenden Person eingestuft. Der Komplexitätsscore wurde durch die Aufsummierung dieser 18 Codes gebildet.[93] Der Maximalwert von 18 war nur theoretisch zu erreichen. Hierzu hätte das Antwortspektrum einer Person Aussagen zu allen Subkategorien enthalten müssen. Um bewertende und kognitive Momente des Technikbegriffs deutlich zu trennen, blieben Codes zur Evaluation von Technik und auch zur Steuerbarkeitsthematik aus dem Komplexitäts-Score ausgeklammert.[94] Auch der Code zur „Geschlechtlichkeit von Technik“, der nur in einigen Antworten von Frauen repräsentiert war, blieb unberücksichtigt.

Tabelle 5: Komplexität des Technikbegriffs

			FACHKULTUR				
			Verwaltung	Ingenieurwiss.	Sozialarbeit	Σ w + m	
G		MW	3.78	3.12	4.14	MW	3.50
E	weibl.	SD	2.09	1.89	2.72	SD	2.21
S		N	36	122	57	N	215
C							
H		MW	4.18	2.75	3.95	MW	3.17
L	männl.	SD	2.31	1.89	2.87	SD	2.24
		N	28	150	43	N	221
	Σ					ΣΣ	
	Fach-	MW	3.95	2.92	4.06	MW	3.33
	kultur	SD	2.18	1.89	2.77	SD	2.27
		N	64	272	100	N	436

MW = Mittelwert; SD = Standardabweichung; N = Anzahl der Befragten.

93 Die Wahl dieser Codes anstelle einfacherer Operationalisierungen, etwa Wortzählungen, schien mir angebracht zu sein, um unterschiedliche Darstellungsstile (ganze Sätze versus Stichworte) gleich zu behandeln und um Entscheidungsprobleme über den Charakter von Wörtern (gezähltes Wort oder unberücksichtigt bleibendes Füllwort) zu vermeiden.

94 Das soll nicht heißen, daß Bewertungen von Technik und Aussagen über ihre Steuerbarkeit keine Kognitionen darstellten oder enthielten. In diesen beiden Größen sind jedoch weitere Elemente enthalten, die in meiner Untersuchung gesondert erfaßt werden sollen und deshalb analytisch von anderen kognitiven Komponenten des Technikbezugs getrennt werden.

Wie in Tabelle 5 ausgewiesen, beträgt der Mittelwert des Komplexitätsscores für die gesamte Untersuchungspopulation 3.33. Auf der deskriptiven Ebene zeigen sich weiterhin kleinere Unterschiede zwischen den Geschlechtern (MW der Studentinnen 3.50, MW der Studenten 3.17), größere zwischen den Fachkulturen (z.B. MW der Studierenden der Natur- und Ingenieurwissenschaften 2.92, MW der Studierenden der Sozialarbeit/Sozialpädagogik 4.06). Es fällt auf, daß die Studentinnen der Sozialarbeit den höchsten Score (MW 4.14), die Studenten der Ingenieurwissenschaften den niedrigsten Score (MW 2.75) haben. Die durchgeführte Varianzanalyse bestätigte allerdings bezüglich der Komplexität des Technikbegriffs nur zwischen den Fachkulturen signifikante und damit interpretierbare Unterschiede ($F = 12.57$; df 2, 430; $p < 0.001$). Die Differenzen zwischen Frauen und Männern erreichen bei weitem nicht das Signifikanzniveau.[95] Damit ist offensichtlich auch für die Ausprägung der kognitiven Dimension der Technikhaltung die Fachzugehörigkeit der Studierenden bedeutsamer als das Geschlecht.

Bemerkenswert ist, daß gerade die StudentInnen der Natur- und Ingenieurwissenschaften deutlich (und durch den post-hoc-Vergleich mit dem Scheffé-Test bestätigt) weniger ausführliche und differenzierte Aussagen über Technik gemacht haben als die Studierenden aus den beiden anderen Fachkulturen.

Das Ergebnis sollte jedoch vorsichtig interpretiert werden, da es durch das gewählte methodische Vorgehen bei der Operationalisierung von „Komplexität" (mit-)bedingt sein könnte. Möglicherweise drücken schriftliche Antworten auf eine allgemeine Frage über Technik nicht allein die Komplexität des Technikverständnisses aus, sondern werden durch bestimmte kognitive Stile (z.B. knappes oder präzises Formulieren vs. Neigung zu ausführlichen Stellungnahmen) überlagert. Das würde dann heißen, daß der geäußerte Technikbegriff nicht oder nur teilweise seiner mentalen Repräsentation entspricht.

Auch könnten Studierende eines naturwissenschaftlich-technischen Faches Technik als etwas Alltägliches, Selbstverständliches ansehen, wofür kein grundsätzlicher bzw. ausführlicher Explikationsbedarf bestünde. Nicht auszuschließen ist außerdem, daß der artikulierte Technikbegriff von diesen Studierenden auf die begrenzten Gegebenheiten des eigenen Faches zugeschnitten wird.

Eine interessante Interpretation des Ergebnisses bietet sich an, wenn man die methodischen Relativierungen einmal zurückstellt und davon ausgeht, daß es nicht nur Studierenden der Natur- und Ingenieurwissenschaften vorbehalten ist, sich differenziert mit Technik auseinanderzusetzen. Viel-

95 Die Varianzschätzungen werden auch bei dieser Analyse durch die ungleiche Besetzung der 2x3 Zellen und durch Varianzinhomogenitäten in den Zellen beeinträchtigt. Die zusätzlich durchgeführte Kovarianzanalyse mit „Ich-Nähe von Technik" und „Alter" als Kovariaten erbringt im übrigen dasselbe Resultat wie die Varianzanalyse.

leicht befaßt sich diese Personengruppe nur mit dem abgegrenzten Gebiet, das sie bearbeitet bzw. studiert, wohingegen sich (gebildete) Techniklaien mit technischen Entwicklungen und ihren Einsatzmöglichkeiten im allgemeinen beschäftigen, möglicherweise mehr darüber reflektieren (wenn auch nicht unbedingt mit mehr Kompetenz), als das „TechnikexpertInnen" tun. Dieser Sachverhalt - soweit er zutreffend aus dem Ergebnis erschlossen ist - könnte auf ein Potential hindeuten, über das heute auch oder gerade Techniklaien verfügen, um demokratische Kontrollen und Korrekturen technischer Entwicklungen und Anwendungen zu bewirken und um der Dominanz sogenannter technischer Sachzwänge, die einem eingeschränkten Blickwinkel auf Technik geschuldet sind, entgegenzuwirken.[96]

2.2.3 Die konative Dimension des Technikbezugs

Diese Dimension des Technikbezugs wurde über die Motivation für die Wahl eines technischen Studienfachs zu erfassen versucht. Da sich die befragten Studierenden bereits für oder gegen ein technisches Studienfach entschieden hatten, konnten die Motive für die Studienfachwahl nur retrospektiv ermittelt werden. Während sich der konative Technikbezug nur bei IngenieurstudentInnen untersuchen ließ, konnten aber für die gesamte Stichprobe die Motive für die Wahl des jeweiligen Studienfaches verglichen werden.

Zur Untersuchung der konativen Dimension wurden die Antworten zur offenen Frage *Welche verschiedenen Beweggründe spielten für die Wahl Ihres Studienfaches eine Rolle?* herangezogen, inhaltsanalytisch ausgewertet und nach intrinsischen und extrinsischen Motiven unterschieden. Als „intrinsisch" wurden Antworten codiert, die das Interesse am Fach selbst und nicht-materielle Gratifikationserwartungen als Entscheidungsgründe für das Studium hervorhoben. Dies waren beispielsweise Aussagen wie „Spaß an Elektronik", „Lust an der Arbeit mit Menschen" oder „Selbstverwirklichung". Demgegenüber wurden als „extrinsisch" Aussagen der Studierenden klassifiziert, die sich auf äußere Faktoren, beispielsweise familiäre Einflüsse („Beruf des Vaters"), Berufschancen („Aussicht auf spätere Aufstiegschancen") oder Einkommen („Zukunftschance, finanzielle Beweggründe"), bei der Wahl des Studienfaches bezogen. Aus diesen beiden Variablengruppen wurde der Score „Motivation" gebildet[97], indem die Werte der Variablen für die intrinsischen Motive aufsummiert und um die jeweiligen Werte bei den

---

96 Bemerkenswerterweise kommt U. Beck in seinem Kommentar der Proteste gegen die Versenkung der Shell-Plattform *Brent Spar* und gegen die französischen Atombombentests zu einer ähnlichen Schlußfolgerung. Die globalen Proteste deutet er als „subpolitische" Auseinandersetzung mit Umweltthemen, die die technische Expertenrationalität anzweifelt und transzendiert (Beck, 1995).

97 Um alle Variablen mit gleichem Gewicht (jeweils 0=nicht genannt, 1=genannt) in die Untersuchung aufnehmen zu können, wurden zuvor die mehrkategorialen Variablen („Berufsperspektiven", „Einflüsse der sozialen Umwelt") in dichotome Variablen umcodiert.

extrinsischen Subkategorien vermindert wurden. Die theoretisch mögliche Schwankungsbreite der so gebildeten Größe „Motivation“ lag zwischen +6 und -5, wobei positive Werte das Überwiegen intrinsischer Motive anzeigen.

Nach den vorliegenden Ergebnissen zum motivationalen Technikbezug, der sich - designbedingt - ja nur bei den Studentinnen und Studenten der Natur- und Ingenieurwissenschaften feststellen läßt, werden von den Ingenieurstudentinnen mehr intrinsische Motive für die Wahl ihres Studienfaches genannt als von ihren Kommilitonen ($t = 3.93$; $p < 0.001$). Die befragten Frauen äußerten stärker als Männer Interesse an den Studieninhalten und an den Herausforderungen des Berufes, i.e. des technischen Berufes. Möglicherweise bedarf es bei Frauen eher intrinsischer Motivation, um sich für ein natur- bzw. ingenieurwissenschaftliches Studienfach zu entscheiden, zumal, zumindest nach vorliegenden Untersuchungsergebnissen, Frauen eher weniger persönliche Anerkennung durch ihre soziale Umwelt erwarten und offensichtlich auch erfahren, wenn sie ein solches Studienfach wählen. Bei Männern scheinen dagegen in höherem Maße extrinsische Motive, also Anstöße von außen oder materielle Gratifikationserwartungen die Entscheidungen zu beeinflussen.[98]

Auch wenn hierzu die „Schiene“ des Technikbezugs verlassen wird, möchte ich die Studienfachorientierungen der StudentInnen der Natur- und Ingenieurwissenschaften in den Kontext der Motivstrukturen, die sich die für gesamte Untersuchungspopulation zeigen, stellen (Mittelwerte und Standardabweichungen für die Größe Motivation sind in Tabelle A4 im Anhang zusammengefaßt). Nach dem Ergebnis der Varianzanalyse sind die Studentinnen generell stärker intrinsisch für ihr Studium motiviert als ihre Kommilitonen ($F = 5.28$; df 1, 430; $p < 0.05$). Effektstarke Unterschiede ($F = 55.32$; df 2, 430; $p < 0.001$) sind zwischen den Fachkulturen festzustellen (erklärte Varianz durch den Faktor „Fachkultur“: 20.5%). Dabei überwiegt bei Studierenden des Faches „Verwaltung“ eine extrinsische Motivation, während die intrinsische Motivation für das Studium bei den Studierenden der Sozialarbeit/Sozialpädagogik am stärksten ausgeprägt ist. Die StudentInnen der Natur- und Ingenieurwissenschaften nehmen demnach eine intermediäre Stellung zwischen diesen beiden Fachkulturen ein.

Der Blick auf die Gesamtstichprobe erweitert den Interpretationshorizont für die Ergebnisse zur konativen Dimension des Technikbezugs. Auch wenn die künftigen Ingenieurinnen ein belegbar höheres Interesse an den Inhalten ihres Faches äußerten als ihre Kommilitonen, ist zu berücksichtigen, daß Studierende anderer, technikferner Fächer mitunter einen noch engeren, intrinsischen Bezug zu ihrem Studienfach aufbauen. Dadurch ist

98 Ingenieurstudentinnen nennen außerdem häufiger als ihre Kommilitonen „Interesse an der Technik“ als Studienfachwahlmotiv (ca. 36% vs. 31%), ohne daß dieser Unterschied allerdings signifikant und interpretierbar wäre.

auch meine Annahme, bei Frauen bedürfe es möglicherweise eher einer intrinsischen Motivation, um ein natur- bzw. ingenieurwissenschaftliches Studienfach zu wählen, bei Berücksichtigung anderer Fachkulturen zu relativieren.

2.2.4 „Nähe“ und persönlicher Bezug zur Technik

Informationen darüber, wie bedeutsam, das heißt, wie zentral Technik für die eigene Person ist, wurden vorrangig mit der siebenstufigen Skala zur „Ich-Nähe“ von Technik gewonnen. Im Sinne einer methodischen Triangulation wurde zudem ergänzend aus den Antworten zu den offenen Fragen zu erschließen versucht, inwieweit die Studierenden einen persönlichen Bezug zur Technik herstellen.

Tabelle 6: Ich-Nähe von Technik

			FACHKULTUR				
			Verwaltung	Ingenieurwiss	Sozialarbeit	Σ w + m	
G		MW	6.37	4.01	5.38	MW	4.78
E	weibl.	SD	.89	1.65	1.52	SD	1.77
S		N	30	103	53	N	186
C							
H		MW	4.88	3.49	4.97	MW	3.95
L	männl.	SD	1.61	1.55	1.20	SD	1.64
		N	26	138	38	N	202
	Σ					ΣΣ	
	Fach-	MW	5.68	3.71	5.21	MW	4.35
	kultur	SD	1.47	1.61	1.40	SD	1.75
		N	56	241	91	N	388

MW = Mittelwert; SD = Standardabweichung; N = Anzahl der Befragten.

Die Ich-Nähe von Technik, im folgenden mit „Nähe“ bezeichnet, konnte Werte zwischen 1 und 7 annehmen, wobei die „Nähe“ für eine Person umso größer ist, je niedriger der Wert ist (vgl. Abschnitt 1.2.3). Tabelle 6 enthält den Mittelwert für die Gesamtgruppe der einbezogenen Studierenden[99] sowie die nach Geschlecht, Fachkultur und den sechs Untergruppen (weibliche bzw. männliche Studierende in den drei Fachkulturen) aufgeschlüsselten

99 Die Stichprobengröße umfaßt bei „Nähe“ 388 Personen, da hier von 48 Befragten Angaben fehlten oder nicht instruktionsgemäß erfolgten. Einschränkend ist auch zur Varianzanalyse anzumerken, daß die Zellenbesetzung ungleich und die Varianzen in den Zellen inhomogen sind.

Mittelwerte. Blickt man zunächst auf die Gesamtgruppe der hier einbezogenen Studierenden, dann wird Technik im Durchschnitt mit einem Wert von 4.35 eher weniger ich-nah eingestuft. Aber bereits die Mittelwerte, die zwischen 6.37 für Studentinnen der Verwaltung und 3.49 für Studenten der Natur- und Ingenieurwissenschaften schwanken, beschreiben erwartete und starke Differenzen zwischen den untersuchten Studierenden. Die durchgeführte Varianzanalyse bestätigt, daß sowohl die Fachzugehörigkeit als auch das Geschlecht der Studierenden bedeutsam dafür sind[100], wie ich-nah bzw. ich-fern Technik beurteilt wird, wobei die Effekte der Einflüsse mit Eta^2 = 0.21 bzw. 0.05 ähnlich stark ausfallen wie bei der Untersuchung der Studienfachwahlmotivation. Also: Allein die Zugehörigkeit zu einer bestimmten Studienfachrichtung klärt über ein Fünftel der Varianz auf, die in den mit der Skala zur Ich-Nähe erhobenen Werten enthalten sind. Die Geschlechtszugehörigkeit trägt dagegen mit 5% zur Varianzaufklärung bei.

Nach dem post-hoc-Vergleich für die sechs Untergruppen der Stichprobe bilden weibliche und männliche Studierende der Natur- und Ingenieurwissenschaften erwartungsgemäß das Cluster mit der größten Ich-Nähe von Technik. Davon abgegrenzt ist ein intermediäres Cluster, dem die weiblichen und männlichen Studierenden der Sozialarbeit/Sozialpädagogik sowie die Studenten des Faches „Verwaltung" angehören. Die Studentinnen des Faches „Verwaltung" bilden wiederum eine eigene Gruppe, die sich von allen übrigen fünf Untergruppen dadurch unterscheidet, daß sie Technik besonders ich-fern lokalisiert; der Mittelwert liegt mit 6.37 bereits nahe am ich-fernen Ende der Skala zur Ich-Nähe.[101]

Teilt man die Untersuchungspopulation, abhängig von der Ich-Nähe von Technik, in drei zahlenmäßig ungefähr gleich starke Teilstichproben auf (1. Teilstichprobe: Ich-Nähewerte 1-3, 2. Teilstichprobe: Ich-Nähewerte 4-5, 3. Teilstichprobe: Ich-Nähewerte 6-7), zeigt sich, wie aufgrund des varianzanalytischen Ergebnisses vorauszusehen war, eine ungleichmäßige Aufteilung der Studierenden auf die Teilstichproben. In der 1. Teilstichprobe, Ich-Nähe von Technik, überwiegen StudentInnen der Natur- und Ingenieurwissenschaften; Studentinnen des Faches „Verwaltung" sind hier nicht vertreten. In der 3. Teilstichprobe, Ich-Ferne von Technik, überwiegen - gemessen an ihren relativen Anteilen an der Gesamtstichprobe - Frauen und die Studierenden aus nicht-ingenieurwissenschaftlichen Fachkulturen (vgl. Tabelle A5 im Anhang).

---

100 $F_{Geschl} = 19.07$; df 1, 382; $p < 0.001$. $F_{Fachk} = 52.03$; df 2, 382; $p < 0.001$.

101 Zu beachten ist, daß die post-hoc-Vergleiche wegen des liberaleren Prüfverfahrens (Duncan-Test) einen Interaktionseffekt annehmen, der nach dem Ergebnis der Varianzanalyse jedoch nur ein Trend ist. Folgt man dem varianzanalytischen Ergebnis, läßt sich nur sagen, daß die Studenten Technik ich-näher als Studentinnen und Studierende der Natur- und Ingenieurwissenschaften Technik ich-näher als Angehörige der beiden anderen Fachkulturen lokalisieren.

Da der Ich-Nähe von Technik die Rolle einer Moderator-Variablen beim subjektiven Technikbezug zukommen könnte, hätte sich im Prinzip angeboten, die Gesamtstichprobe in die drei oben genannten Teilstichproben aufzuteilen und die Ich-Nähe als unabhängige (Gruppierungs-)Variable neben dem Geschlecht und der Fachkultur einzuführen (als Ergänzung oder Alternative zu den durchgeführten Kovarianzanalysen). Aufgrund der starken Ungleichverteilung der Fachkulturen und der Geschlechter in den Teilstichproben erübrigen sich allerdings weitergehende mehrfaktorielle Varianzanalysen. Explorativ durchgeführten Einwegvarianzanalysen zur Technikevaluation, zur Komplexität des Technikbegriffs und zur Studienfachwahlmotivation läßt sich jedoch ein theoretisch interessanter Hinweis entnehmen: Einzig auf die Evaluation (nicht auf die Komplexität des Technikbegriffs und die intrinsische Studienfachwahlmotivation) hat die Ich-Nähe von Technik einen Einfluß. Es besteht hier ein linearer Zusammenhang dergestalt, daß erwartungsgemäß mit zunehmender Ich-Nähe von Technik die Bewertung von Technik positiver ausfällt.[102] Der moderierende Einfluß der Ich-Nähe von Technik zeigt sich also nur bei der evaluativen Dimension des Technikbezugs. Indem in den drei bezüglich der Ich-Nähe unterschiedenen Teilstichproben Frauen und Männer sowie die Fachkulturen ungleich repräsentiert sind, ist allerdings das Bedingungsverhältnis zwischen der Ich-Nähe und den Kategorien (unabhängigen Variablen) Geschlecht und Fachkultur nicht eindeutig bestimmbar. Das gefundene Ergebnis paßt aber zu Annahmen der Einstellungsforschung, wonach die Zentralität eines Objekts (hier: Technik) besonders bei der evaluativen Einstellungskomponente als intervenierende Variable fungiert (vgl. Witte, 1989, S.386 ff.).

Um weitere Informationen darüber zu gewinnen, wie das „persönliche Verhältnis“ der Studierenden zur Technik beschaffen ist, wurden die Antworten zu der offenen Frage *Was verstehen Sie unter Technik* und zum Fragenkomplex über die Technikentwicklung inhaltsanalytisch danach ausgewertet, ob sie einen persönlichen Bezug zur Technik ausdrücken. Als Indikator für einen „schwachen persönlichen Bezug“ (Wert=1) galt, wenn in den Aussagen Pronomen der ersten Person benutzt, der Technik menschliche Eigenschaften wie „egoistisch“, „freundlich“ attribuiert oder die Technik in emotional-affektiv gefärbten Worten („beängstigend“, „faszinierend“ etc.) charakterisiert wurde. Ein „starker persönlicher Bezug“ (Wert=2) wurde in den (seltenen) Fällen codiert, in denen zwei der genannten Kriterien gleichzeitig vorlagen oder wenn unmittelbar eine persönliche Betroffenheit geäußert wurde (z.B. „Ich bin überwältigt von den technischen Entwicklungen der Gegenwart“). Mit der getrennten inhaltsanalytischen Auswertung der Antworten zur Frage nach dem Technikbegriff und zum Fragenkomplex

102 Das Ergebnis entspricht selbstverständlich dem Resultat der Kovarianzanalysen („Alter“ und „Ich-Nähe“ als Kovariate zur Technikbewertung).

über die technischen Entwicklungen konnte zudem überprüft werden, ob - in Hinblick auf den „persönlichen Bezug zur Technik" - der Stil des verbalen Umgangs mit Technik in beiden Antworten durchgehalten wird.

Tabelle 7: Persönlicher Bezug zur Technik

Technikbezug		Geschlecht		Summe
		Weiblich	Männlich	
kein persönlicher Bezug	b	103	147	250
	e	123.3	126.7	
schwacher persönlicher Bezug	b	93	70	163
	e	80.4	82.6	
starker persönlicher Bezug	b	19	4	23
	e	11.3	11.7	
Summe		215	221	436

Chi-Quadrat: 20.69 Signifikanz: $p < 0.001$

b = beobachteter Wert, e = erwarteter Wert

Die Daten in Tabelle 7 belegen exemplarisch für die Antworten zum Technikbegriff, daß Frauen häufiger als Männer einen „persönlichen Bezug" zur Technik zum Ausdruck bringen. Nach den Ergebnissen der Kreuztabellenanalyse liegen die diesbezüglichen beobachteten Werte der Studentinnen über den statistisch erwarteten Werten. Der Chi-Quadrat-Test weist signifikante Unterschiede zwischen den Geschlechtern aus. Fast die gleichen Ergebnisse zeigen sich, wenn man die Aussagen der Studierenden über die technischen Entwicklungen hinsichtlich der darin enthaltenen Äußerungen über einen „persönlichen Bezug" zur Technik inhaltsanalytisch auswertet und einer Kreuztabellenanalyse unterzieht.

Auch bei den Fachkulturen gibt es eine signifikante Abweichung der beobachteten von den erwarteten Werten: Ein persönlicher Bezug zur Technik wird vor allem von den Angehörigen der nicht-technischen Fächer geäußert. Kontrolliert man die Fachkultur, zeigt sich weiterhin, daß der geschilderte Zusammenhang zwischen Geschlecht und persönlichem Bezug zur Technik bei den Studierenden der Sozialarbeit/Sozialpädagogik auftritt, bei den Studierenden der Natur- und Ingenieurwissenschaften nur ein entsprechender

Trend erkennbar ist, während sich bei den Studierenden des Faches „Verwaltung" keine geschlechtsspezifischen Unterschiede ergeben.[103]

Mit dem geäußerten persönlichen Bezug zur Technik verhält es sich (auf der Ebene von Gruppen) also umgekehrt wie bei der Ich-Nähe von Technik: Die Gruppen (Frauen, Studierende nicht-technischer Fächer), die Technik relativ ich-fern lokalisieren, fühlen sich insbesondere von Technik persönlich tangiert. Dieses Ergebnis verweist auf mögliche psychodynamische Motivierungen von Technikhaltungen (Ich-Ferne von Technik als *ego defensive* Reaktion, als Schutz vor zu großer Betroffenheit durch Technik?), deren Nachweis ich mit den vorliegenden Untersuchungsdaten allerdings nicht führen kann.

2.2.5 Zusammenfassende Interpretation der Ergebnisse zu Fragestellung 1

Als ein wesentliches Ergebnis der mehrdimensionalen Untersuchung des Technikbezugs ist festzuhalten, daß bei allen Dimensionen die Fachkultur der entscheidende oder der dominante Faktor war. Die Geschlechter differierten nur bei den Studienfachwahlmotiven und hinsichtlich der Bedeutung der Technik für die Person (Ich-Nähe, persönlicher Bezug). Sicherlich können Besonderheiten der untersuchten Population für diese Resultate mitverantwortlich sein. So wurde - wie schon erläutert - durch die weitgehend gleichmäßige Berücksichtigung von Männern und Frauen in den einzelnen Studienfächern die Konfundierung der Techniknähe des Studiums mit dem Faktor „Geschlecht" zu vermeiden versucht. Auf diese Weise verringern sich in der Untersuchung die sonst gegebenen, auf der ungleichen Geschlechterverteilung beruhenden geschlechtsspezifischen Einflüsse des Berufs bzw. Studienfachs. Hinzu kommt, daß mit den FachhochschulstudentInnen eine Gruppe befragt wurde, die hinsichtlich ihres Alters und Bildungsstands zu dem Personenkreis gehören dürfte, bei dem nach vorliegenden empirischen Befunden die Geschlechterdifferenzen beim Technikbezug relativ gering ausfallen. Insofern bestätigen meine Untersuchungsergebnisse vorliegende Befunde, nach denen neben dem Geschlecht noch andere Faktoren für die Haltung von Technik bedeutsam sind. Das heißt allerdings auch, daß Ergebnisse bei einer Gruppe von Frauen nicht auf andere Frauen pauschal übertragen werden können.

Im Alltag mögen sich jedoch die Verhältnisse etwas anders darstellen, da dort Geschlecht und Fachkultur verschränkt sind. Dagegen „mildert" die in meiner Stichprobe enthaltene große Anzahl von Ingenieurstudentinnen und (männlichen) Studierenden der Sozialarbeit/Sozialpädagogik - wie schon erwähnt - den meßbaren Einfluß dieser Verschränkung von Fachkul-

103 Die hier skizzierten Ergebnisse beruhen ebenfalls auf Kreuztabellenanalysen und dem Chi-Quadrat-Test.

tur und Geschlecht. Ein möglicher Einwand, diese Stichprobenzusammensetzung provoziere geradezu das gefundene Ergebnis, etwa weil die berücksichtigten Ingenieurstudentinnen eine Gruppe von Frauen mit einem besonders engen Technikbezug darstellten, scheint mir jedoch nicht berechtigt zu sein, wenngleich in quantitativen Feldstudien nicht eingeplante Stichprobeneinflüsse nie völlig ausgeschlossen werden können. Sollte es sich bei den befragten Ingenieurstudentinnen tatsächlich um eine besonders positiv zur Technik eingestellte Gruppe von Frauen handeln (weil sie sich vielleicht als Pionierinnen definieren), hätte sich dies als Wechselwirkung zwischen Fachkultur und Geschlecht in den Varianzanalysen niederschlagen müssen.

Allerdings ist die Denkfigur, Ingenieurstudentinnen repräsentierten eine Gruppe von Frauen mit besonderem Technikbezug, eine mehr aus allgemeinen Überlegungen deduzierte als empirisch untersuchte Annahme. Beschränkte man sich auf eine solche Interpretationsfolie zu Beginn einer empirischen Untersuchung von Technikhaltungen, geriete man leicht in einen logischen Zirkel, der Ingenieurstudentinnen einen generell positiveren Technikbezug unterstellt als anderen Frauen, eben weil jene das Studiengebiet gewählt haben. Studienfachwahl und Technikbezug würden dann zu austauschbaren, verallgemeinerten Indikatoren einer „Techniknähe“, die empirische Untersuchungen scheinbar erübrigte. Derartigen zirkulären Sichtweisen sollte ja gerade mit meiner Studie begegnet werden.

Eine Folgefrage, die sich aus der Bedeutung der Fachkultur bzw. Techniknähe des Studienfachs für die Haltung zur Technik ergibt, betrifft die Klärung dessen, was - neben der bekannten Vergeschlechtlichung - die Techniknähe eines Studienfachs auszeichnet und wie diese Nähe Technikhaltungen beeinflußt. Die Untersuchungsergebnisse liefern dazu nur Hinweise; denen kann aber an dieser Stelle nicht detailliert nachgegangen werden, da es hierzu einer ausführlichen Darstellung der Fachkulturdiskussion bedarf, um sie angemesssen zu interpretieren. Zweifellos verweisen aber meine Ergebnisse über den Einfluß der Fachkultur auf die Notwendigkeit, die Technikhaltungen auch im Rahmen der vorliegenden Analysen über Fachkulturen zu diskutieren.

Indessen können - im Kontext der Frauenforschung - bezüglich der drei zu Fragestellung 1 formulierten Hypothesen differenzierte Antworten gegeben werden. Hypothese 1, die - basierend auf den feministischen Analysen zur vergeschlechtlichten Entwicklung von Naturwissenschaften und Technik - entsprechend generelle Haltungsdifferenzen zwischen Frauen und Männern unterstellte, bestätigte sich nicht. Die im feministischen Diskurs herausgearbeiteten objektiven Gegebenheiten können zumindest nicht derart auf individuelle Haltungen verallgemeinert werden, daß Frauen und Männer sich generell unterscheiden würden. Allenfalls lassen sich die Ergebnisse so deuten, daß sich in der „Ich-Nähe“ die historische und gesellschaftliche Ausgrenzung der Frauen aus der Technik subjektiv kondensiert. Auch wenn

Frauen Technik weniger ich-nah lokalisieren, darf jedoch daraus nicht unmittelbar gefolgert werden, daß die Frauen Technik deswegen auch negativer bewerten[104], über einen undifferenzierten Technikbegriff verfügen oder weniger intrinsisch für ihr technisches Fach motiviert sein müßten. Darüber hinaus erinnern die Ergebnisse daran, daß man sich durchaus mit Technik differenziert auseinanderzusetzen vermag, auch wenn man kein technisches Fach studiert.

Daß sich - je nach berücksichtigter Dimension - partielle Geschlechtseffekte beim subjektiven Technikbezug zeigen, rechtfertigt nicht nur das differenzierte Vorgehen in meiner Untersuchung; die Ergebnisse mahnen außerdem zur Vorsicht bei der Zusammenschau vorliegender empirischer Untersuchungsbefunde zum Thema „Frauen und Technik". Faßt man solche Befunde zusammen, neigt man zu generalisierenden Aussagen, wonach Frauen eine distanziertere Haltung als Männer gegenüber Technik zeigen, obwohl die einzelnen Studien jeweils meist nur einzelne Aspekte der (weiblichen) Haltungen untersucht und somit geschlechtsspezifische Ausprägungen der Haltungen zur Technik nur eingeschränkt erfaßt haben. Die Datenaggregierung oder zusammenfassende Beurteilung empirischer Befunde beinhaltet wegen der damit einhergehenden Informationsreduktion, und gerade wenn man sich dabei auf Frauenfragen konzentriert, die Gefahr, Unterschiede zwischen den Geschlechtern zu konstruieren, zumindest zu akzentuieren.

Hypothese 2, der Annahmen über weibliche Zugangsweisen zur Technik zugrunde liegen und die geschlechtsspezifische Unterschiede bei der kognitiven und bei der motivationalen Dimension des Technikbezugs sowie bei der Ich-Nähe von Technik postuliert, wird zum Teil bestätigt und spezifiziert (wobei weitere, die Hypothese teilweise stützende Ergebnisse erst in Abschnitt 3. - zu Fragestellung 2 - vorgestellt werden). So scheinen Frauen, die ein naturwissenschaftliches oder ingenieurwissenschaftliches Studienfach wählen, an den Inhalten des Studiums und an der persönlichen Herausforderung des künftigen Berufes mehr interessiert zu sein als ihre männlichen Kommilitonen. Vielleicht, so könnte vermutet werden, hindert die „weibliche", intrinsisch ausgerichtete Motivationsstruktur auch manche Frauen, sich für ein natur- oder ingenieurwissenschaftliches Studienfach zu entscheiden, das zwar relative materielle Sicherheit verspricht, möglicherweise aber als Fach angesehen wird, das individuelle Interessen und Weiterentwicklungen wenig fördert. Die geringere Ich-Nähe von Technik, die sich bei den Frauen zeigt, könnte man, auch im Sinne von Hypothese 2, dergestalt interpretieren, daß sich hierin der lange Ausgrenzungsprozeß der Frauen aus technischen Berufen subjektiv, in individuellen Haltungen verdichtet.

104 Bei der Bewertungsdimension gewinnt die Größe „Geschlecht" allenfalls über einen Moderatoreffekt der Ich-Nähe von Technik tendenzielle Bedeutung.

Für Hypothese 3, die vor allem an psychoanalytische Überlegungen anknüpft und neben den bestätigten Unterschieden in bezug auf die Ich-Nähe von Technik geschlechtsspezifische Effekte bei der Evaluation von Technik annimmt, sprechen die Ergebnisse meiner Untersuchung weniger; das dürfte zum Teil auch durch das verwendete Methodeninstrumentarium bedingt sein, das weniger auf individuelle Biographie-, vielmehr auf soziale Rollenmerkmale abhebt. Psychodynamische Zusammenhänge beim Technikbezug deuten sich allenfalls bei der Einschätzung der Bedeutung der Technik für die Person an. Hier fällt die Diskrepanz auf, daß Frauen einen stärkeren persönlichen Bezug zur Technik artikulieren, obwohl sie die Technik weniger nah zum Ich lokalisieren und ihr damit eigentlich eine geringere Bedeutung für ihre Person beimessen als Männer. Ob psychologische Abwehrmechanismen dieses Ergebnis begünstigen, könnte erst durch „qualitative" Studien im Detail eruiert werden.

Abbildung 2: Technikbezug, Studienmotivation und Geschlecht

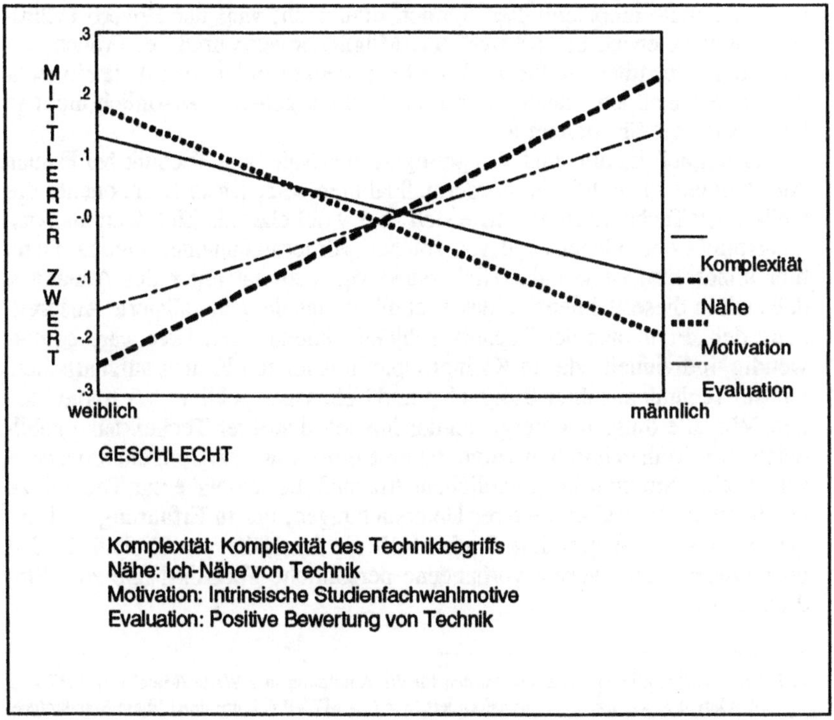

Insgesamt lassen die vorgelegten Befunde der mehrdimensionalen Untersuchung erkennen, daß die Trennlinie zwischen „Distanz" und „Nähe" zur

Technik nicht geradlinig zwischen den Geschlechtern verläuft. Das illustriert auch Abbildung 2, in der die beiden fett gedruckten Strichführungen signifikante Geschlechtsunterschiede anzeigen.[105]

Folgt man den dargestellten Ergebnissen, könnten vor allem die Studienfachwahlmotive und die geringere Ich-Nähe von Technik (verstanden als subjektiver Kondensationspunkt der objektiven Ausgrenzung von Frauen) Ansatzpunkte politischer Maßnahmen zur Frauenförderung sein, um die geschlechtsspezifische Segmentation in qualifizierten technischen Berufen bzw. Ingenieurberufen zu verringern. Die stärkere Betonung intrinsischer Motive für die Studienfachwahl läßt es empfehlenswert erscheinen, jungen Frauen vorrangig erfahren zu lassen, daß Technik bzw. ein ingenieurwissenschaftliches Studium etwas Interessantes sein, eine persönliche Herausforderung darstellen kann. Unzureichend wäre es dagegen, Frauen nur aufzuzeigen, daß ein ingenieurwissenschaftliches Studium etwas Einfaches, Bewältigbares ist. Manche Frauen unterlassen es vielleicht gerade deshalb, Ingenieurwissenschaften zu studieren, weil sie vermuten, daß sie hier ihre Potentiale nicht entfalten können, und nicht weil der Erwerb technischer Kompetenzen so „schwer" sei. Möglicherweise muß bei Frauen erst ein besonderes Interesse für die Technik geweckt werden, damit sie ein technisches Studienfach wählen, da für sie Technik generell persönlich nicht so bedeutsam wie für Männer ist.

Prinzipiell könnte auch die geringere Ich-Nähe von Technik bei Frauen Ansatzpunkt für politische Fördermaßnahmen sein. Diese Komponente des weiblichen Technikbezugs dürfte sich aber wohl eher als Ziel denn als Ausgangspunkt oder Gegenstand von solchen Fördermaßnahmen eignen. Denn hier anzusetzen ist grundsätzlich schwieriger, zumal unter der Annahme, daß sich in dieser Dimension des Technikbezugs die generalisierte Ausgrenzung der „Frau" aus der Technik subjektiv kondensiert. Hier wäre es notwendig, individuell oder in Kleingruppen mit jungen Frauen aufzuarbeiten, wie sie Technik aus ihrer Biographie und Lebensperspektive „verdrängt" haben. Wie allerdings der Vergleich der hinsichtlich ihrer Techniknähe gebildeten drei Teilstichproben zeigt, scheint ein natur- bzw. ingenieurwissenschaftliches Studium in beachtlichem Ausmaß die Ich-Nähe zur Technik zu begünstigen. Es bedarf weiterer Untersuchungen, um in Erfahrung zu bringen, inwieweit das gewählte Studienfach die Ich-Nähe von Technik fördert oder inwieweit die vorher vorhandene persönliche Technik-Nähe zum Studium führt.

---

105 Die berücksichtigten Variablen wurden für die Abbildung in z-Werte (Mittelwert, MW = 0, Standardabweichung, $s = 1$) transformiert [$z = (x - MW_x)*s^{-1}$], um durch diese Standardisierung die Maßstabsunterschiede auszugleichen. Zusätzlich wurden die z-Werte so gepolt, daß höhere Werte jeweils einen engeren Bezug zur Technik bzw. eine höhere intrinsische Studienfachwahlmotivation ausdrücken. Abbildung A1 in Anhang informiert in derselben Weise über die Stärke des Technikbezugs in Abhängigkeit von der Fachkultur.

3. Subjektive Technikkonzepte: Welche Akzente setzen Frauen?

3.1 Fragestellung und Hypothesen

Ist es überhaupt dasselbe, wenn Frauen und Männer über Technik sprechen? Oder gibt es geschlechtsspezifische Ausgestaltungen des Technikkonzepts und - damit verbunden und darüber hinausweisend - unterschiedliche Vorstellungen über die Entwicklung und die Steuerungsmöglichkeiten von Technik?

3.1.1 Aspekte subjektiver Technikkonzepte

Bei der Diskussion über „Technik und Geschlecht" wurde bisher kaum die Frage aufgeworfen, ob der Gegenstand „Technik" für alle Personen annähernd derselbe ist. Das Wissen darum, daß Technik als historisch und kulturell determiniertes und sich veränderndes Konstrukt individuelle Interpretations- und Gestaltungsspielräume bietet, sowie der Sachverhalt, daß zwar alle Menschen mit Technik konfrontiert sind, aber von ihr völlig unterschiedlich tangiert werden, läßt einen variierenden Gebrauch und ein wechselndes Verständnis der Inhalte von Technik erwarten. Diese Annahme wird auch in der sozialwissenschaftlichen Technikforschung (vgl. z.B. Scheuch, 1990; Schimpf-Hunnius & Hunnius, 1990) vertreten und von der Umfrageforschung ansatzweise empirisch bestätigt (vgl. Jaufmann & Jänsch, 1990; EMNID, 1991). Von einigen Frauenforscherinnen wird dafür plädiert, den Technikbegriff im jeweiligen Forschungskontext zu präzisieren und insbesondere das subjektive Technikverständnis von Frauen zu analysieren, um stereotypen Vorstellungen über geschlechtsspezifische Haltungen zur Technik begegnen zu können (vgl. Erb, 1994, 1996; Dippelhofer-Stiem & Odebrett, 1994).

In meiner Studie wurde deshalb explizit untersucht, welchen Technikbegriff die befragten StudentInnen haben, welche Merkmale die subjektiven Technikkonzepte kennzeichnen, um so Aufschluß über die Konstitution des Objekts „Technik" gewinnen, zu dem sich die Studierenden „verhalten".[106] Es sollte in diesem Zusammenhang festgestellt werden, ob die Technikkonzepte in Abhängigkeit vom Geschlecht und der Fachzugehörigkeit der Studierenden variieren. Mein primäres Interesse richtete sich bei dieser Fragestellung auf geschlechtsspezifische Begriffsvarianten, wenngleich der offen-

106 Im Gegensatz zur Einstellungsforschung, die untersucht, wie Personen auf ein als konstant angenommenes Objekt, den „Stimulus", reagieren, gehe ich in meiner Studie davon aus, daß Personen nicht nur auf Objekte reagieren, sondern diese auch konstituieren können.

sichtliche Einfluß der Fachkultur (vgl. Abschnitt 2.) stets mitzuberücksichtigen ist.

Davon ausgehend, daß „Technik" - wie andere Begriffe - sowohl einen denotativen (durch Inhaltselemente definierten) Bedeutungsumfang besitzt, als auch einen konnotativen Bedeutungshorizont aufweist, der die Anmutungen, den „Bedeutungshof" eines Begriffs enthält, interessierten mich gruppenspezifische Ausgestaltungen beider Aspekte des Technikbegriffs. Es sollte - bei der Suche nach denotativen Bedeutungsvarianten - festgestellt werden, ob die Studierenden unter Technik vorrangig Artefakte oder eher Verfahrensmethoden verstehen, ob sie etwa den Zweck-Mittel-Charakter von Technik betonen, aber auch, wie komplex ihr Technikbegriff ist[107], also wieviele Elemente in diesem Begriff verschränkt werden. Weiterhin sollte geprüft werden, ob die Studierenden je nach Geschlechts- oder Fachzugehörigkeit bestimmte Techniken bzw. Technologien bevorzugt unter dem Begriff „Technik" subsumieren. Schließlich sollten die Technik-Assoziationen der Studierenden in Erfahrung gebracht werden, um so Aufschluß über die konnotative Bedeutungsvariante von Technik zu erhalten.

Auf der Basis der definitorischen Eingrenzung des subjektiven Technikbegriffs bzw. seiner etwaigen geschlechtsspezifischen Varianten können weitere relevante Technikkognitionen untersucht werden, die Perspektiven künftigen Umgangs mit Technik tangieren. Die Forderung nach Humanisierung der Technik und nach Aufhebung ihrer Frauen ausgrenzenden Vergeschlechtlichung regt dazu an nachzuforschen, welche Veränderungspotentiale sich andeuten und welcher Veränderungsbedarf bereits auf seiten der Individuen artikuliert wird. Gerade vor dem Hintergrund der von feministischer Seite zum Ausdruck gebrachten Hoffnung auf eine humanere technische Entwicklung durch Frauen, erschien es mir wünschenswert, empirisch gestützte Aussagen darüber zu erhalten, ob von den Studentinnen Perspektiven formuliert werden, die jenseits des männlich definierten und etablierten Status quo der Technik liegen.

Von Interesse war weiterhin, wie sich die Studierenden mit dem der Technik immanenten Beherrschungsproblem - mit ihrer Beherrschbarkeit und mit den von ihr aktivierten Beherrschungsmotiven - auseinandersetzen. Zwar muß die subjektive Wahrnehmung des Individuums, Kontrolle über einen Sachverhalt zu haben, nicht unbedingt mit den objektiven Gegebenheiten übereinstimmen. Wie jedoch zahlreiche empirische Untersuchungen vornehmlich im Bereich der Psychotherapieforschung und der pädagogischen Psychologie zu dem maßgeblich von Rotter (1966) entwickelten Konzept des *locus of control* zeigen, scheinen solche Kontrollwahrnehmungen

107 Zur Komplexität des Technikbegriffs vgl. Abschnitt 2.2.2.

das Handeln eines Individuums, sein Wohlbefinden, seine Aktivität und seine (schulische) Leistungsfähigkeit, entscheidend zu beeinflussen.[108]

3.1.2 Exkurs: Zur Bedeutung des *locus of control*-Konzepts

Der Terminus *locus of control*, der als „Kontrollüberzeugung" (Krampen, 1989) oder als „kognizierte Kontrolle" (Osnabrügge, Stahlberg & Frey, 1985) ins Deutsche übertragen wurde, umschreibt nach Rotter (1966, S.1) eine generalisierte Überzeugung des Individuums, seine Verantwortung für die Handlungsfolgen[109] betreffend. Als Ausdruck von *internal control* wird eine Überzeugung bezeichnet, nach der ein Individuum ein Ereignis als Ergebnis seines Handelns, als von ihm kontrolliert, wahrnimmt, etwa als Ergebnis eigener Anstrengung, Befähigung einschätzt. *External control*, der Gegenpol zu dieser Überzeugung, liegt dagegen vor, wenn eine Person ein Ereignis nicht als Folge ihres Handelns beurteilt, sondern dafür äußere Umstände, etwa Glück oder Pech verantwortlich macht.

Allerdings gibt es mittlerweile auch Versuche, Unzulänglichkeiten und die beschränkte „Ideologie" des *locus of control*-Konzepts aufzuzeigen (Krampen, 1989; Rothbaum, Weisz & Snyder, 1982; Flammer, Züblin & Grob, 1988). So wird moniert,

- daß Selbstkontingenz für die Handlungsfolgen und Selbstverursachung des Handelns vermischt werden,
- daß persönliche Akkomodationsprozesse an unveränderliche Situationen (*secondary control*) mit *external control*, dem wahrgenommenen Kontrollverlust, gleichgesetzt werden,
- daß *internal control* über Ereignisse und Objekte der Außenwelt ohne Rücksichtnahme auf den jeweiligen Objekt- oder Lebensbereich und die realistischerweise vorhandenen Interventionsmöglichkeiten konzipiert und zu einer bloßen „Jeder-ist-seines-Glückes-Schmied"-Ideologie wird.

Obwohl sich der Rottersche Terminus *locus of control* eigentlich auf die Überzeugungen eines Individuums hinsichtlich der Kontrolle seiner eigenen Handlungsfolgen bezieht, enthält dieses Konzept Anregungen für die Untersuchung von Kontrollwahrnehmungen in bezug auf Technik. So ist es bedeutsam, in Erfahrung zu bringen, inwieweit die Ausprägung von Kontrollwahrnehmungen geschlechts- und/oder fachdisziplinären Einflüssen unterliegt. Wenngleich die Kontroversen um das *locus of control*-Konzept im Rahmen meiner eigenen Fragestellungen nur am Rande interessieren, so sprechen sie immerhin dafür, Resultate zu Kontrollüberzeugungen vorsichtig zu interpretieren. Denn gerade in bezug auf Technikkognitionen ist zu

---

108 Insofern ließe sich das *locus of control*-Konzept als Spezialfall des sogenannten Thomas-Theorems auffassen („If men define situations as real, they are real in their consequences").

109 Gemäß seiner lerntheoretischen Diktion spricht Rotter (ebd.) von „control of reinforcement".

beachten, daß Kontrollüberzeugungen sowohl Selbstwirksamkeitsüberzeugungen als auch Beherrschungsmotive umfassen können.

3.1.3 Hypothesen

Unter Berücksichtigung der in Kapitel I und II vorgestellten Analysen und Forschungsergebnisse lassen sich zur Untersuchung des zweiten Fragenkomplexes die folgenden Hypothesen formulieren:

Hypothese 4:

Nach den wenigen Ergebnissen aus der Umfrageforschung ist zu vermuten, daß sich die Studentinnen in ihrem Technikbegriff von ihren männlichen Kommilitonen unterscheiden, mit „Technik" etwa eher Umwelttechnologien und Haushaltstechnik verbinden (vgl. (EMNID, 1991; Jaufmann & Jänsch, 1990; Jugendwerk der deutschen Shell, 1985, 1992). Die Studenten dürften dagegen verstärkt Artefakte wie Autos, Maschinen unter Technik subsumieren. Jedoch ist zu bedenken, daß die bei den repräsentativen Studien gefundenen geschlechtsspezifischen Unterschiede zum Teil auch durch die Stichprobenauswahl (Anteil von Frauen und Männern gemäß ihrer unterschiedlichen Verteilung auf Berufe, Ausbildungsgänge etc.) mitbedingt sein könnten. Da diese verteilungsbedingten Unterschiede bei meiner Untersuchungsstichprobe vermieden werden, könnten hier geschlechtsspezifische Einflüsse durch den Einfluß der Fachkultur überlagert werden.

Bezieht man sich auf psychoanalytisch orientierte Aussagen über männliche Größenphantasien, die sich in technischen Artefakten (z.B. Maschinen) vergegenständlichen, dann ist anzunehmen, daß Männer, insbesondere Ingenieurstudenten, aus psychodynamischen Gründen einen engen, auf Sachtechnik reduzierten Technikbegriff artikulieren.

Allgemein läßt sich Analysen über die Entwicklung von Naturwissenschaft und Technik entnehmen, daß Männer die heutige Technik geprägt und kontrolliert haben. Von daher könnte weiterhin vermutet werden, daß Männer Technik eher als Instrument definieren, das sie entwickeln und zweckgebunden einsetzen können.

Hypothese 5:

Was die konnotative Seite der subjektiven Technikkonzepte betrifft, lassen Analysen wie die von Cockburn (1988) oder die vielzitierte Arbeit von Hofstätter (1979), mit Einschränkungen auch die Befunde von Schurz & Pflüger (1987), vermuten, daß mit Technik vor allem „männliche" Stereotype wie Stärke, Härte, Aktivität assoziiert werden. Dies scheint angesichts der gut dokumentierten Bedeutung männlicher Wünsche und Projektionen für die

Konstitution technischer Wirklichkeit auch plausibel zu sein. Offen ist, ob Männer in stärkerem Maße als Frauen mit Technik „männliche“ Stereotype assoziieren.

Hypothese 6:

In der Frauenforschung und feministischen Technikdebatte wird die Hoffnung zum Ausdruck gebracht, daß durch eine verstärkte Präsenz von Frauen in qualifizierten technischen Berufen langfristig eine Humanisierung der technischen Entwicklung eingeleitet werden könnte. Zwar läßt sich aus den bisher empirisch ermittelten Haltungen von Frauen zur Technik noch keine neue technische Entwicklungsrichtung prognostizieren. Nach vorliegenden Untersuchungsergebnissen (z.B. Faulstich-Wieland & Dick 1988, 1989; Faulstich-Wieland, 1992; Jugendwerk der Deutschen Shell, 1985, 1992; Kaplan & Derichs-Kunstmann, 1991) ist jedoch anzunehmen, daß Frauen und damit auch Studentinnen eher als ihre männlichen Kommilitonen die sozialen Auswirkungen von Technik thematisieren, verstärkt sozialverträgliche Technikentwicklungen (im medizinischen, ökologischen Sektor etc.) befürworten bzw. sich um das Stagnieren solcher Entwicklungen sorgen. Diese Haltungen dürften sich also bei allen Studentinnen, über die verschiedenen Fachdisziplinen hinweg, zeigen.

Hypothese 7:

Sowohl aufgrund der (wenn auch nicht unumstrittenen) Thesen der Frauenforschung (vgl. vor allem die psychoanalytisch beeinflußten Analysen zu den Beherrschungsmotiven in bezug auf Technik), als auch entsprechend der empirischen Untersuchungsbefunde ist anzunehmen, daß Männer Technik eher für kontrollierbar und steuerbar halten oder diese weniger als ein Phänomen ansehen, das menschlicher Kontrolle entgleitet (vgl. Jugendwerk der Deutschen Shell, 1981; Metz-Göckel et al., 1991; Ritter, 1994; vgl. hierzu auch die österreichische Studie von Reichardt, 1983)[110].

Allerdings ist auch zu erwarten, daß für solche Kontrollüberzeugungen die Fachzugehörigkeit mindestens ebenso bedeutsam sein dürfte wie das Geschlecht: Denn es ist zu vermuten, daß die Überzeugung, Technik kontrollieren zu können, eher von Personen vertreten wird, die sich aktiv-gestaltend mit Technik beschäftigen. So dürfte mit der Entscheidung für ein Ingenieurstudium zugleich auch die Haltung verbunden sein, daß die Menschen technische Prozesse und Entwicklungen steuern können.

---

110 Als gegenläufiger Befund ist mir nur das Ergebnis aus der „Brigitte-Studie“ bekannt, wonach etwas mehr Männer als Frauen dem Computer zutrauen, den Menschen kontrollieren zu können (Brigitte/Brandes & Schiersmann, 1986).

3.2 *Technikkonzepte der Studentinnen und Studenten*

3.2.1 Merkmale eines geschlechtsspezifisch differenzierten subjektiven Technikbegriffs

Wie ist es nun um den Technikbegriff der Studierenden bestellt? Die Antworten zu der offenen Frage *Was verstehen Sie unter Technik?* spiegeln ein breites Spektrum des subjektiven Technikverständnisses wider. „Technik" wurde beispielsweise als „Auto", „Maschinen", „Gesamtheit von Erkenntnissen, Verfahren, Apparaten", „Ergebnis aus Überlegungen des Menschen mit Hilfe seiner Intelligenz" oder auch als „Hilfsmittel des Menschen" definiert. Bereits diese wenigen Beispiele dürften die unterschiedlichen Akzentuierungen im Technikbegriff der Studierenden illustrieren. Um bei der inhaltsanalytischen Auswertung die Vielfalt der Aussagen berücksichtigen zu können, war ein differenziertes Kategoriensystem erforderlich. Eine Kurzfassung derjenigen Teile des Kategoriensystems, auf die in dieser Arbeit Bezug genommen wird, ist im Anhang beigefügt (vgl. Tabelle A1).

Für die detaillierte Analyse des Technikkonzepts der Studierenden und seiner „weiblichen" bzw. „männlichen" Ausprägungen wurden die drei inhaltsanalytischen Kategorien „Konstitutive Merkmale von Technik", „Technikgebiete/ Technologien" und „Einsatzbereiche von Technik" ausgewählt und die Häufigkeitsverteilungen der Antworten (in Prozent) zu diesen Kategorien untersucht.

Die häufigsten Aussagen der StudentInnen bezogen sich auf die Kategorie „Konstitutive Merkmale von Technik". Die kumulierten Anteile liegen hier über 208%.[111] „Technikgebiete/Technologien" und „Einsatzbereiche von Technik" wurden seltener als Aspekte von Technik genannt. Die kumulierten Anteile liegen trotz Zulassung von Mehrfachantworten jeweils weit unter 100%, nämlich bei 59.90% bzw. 65.30%.

Ich konzentriere mich zunächst auf die konstitutiven Merkmale von Technik. Diese Kategorie wurde in sechs Variablen untergliedert: „Technik als vergegenständlichtes Artefakt", „Technik als Verfahrenswissen", „Technik als zivilisatorische Leistung, Gesellschaftlichkeit der Technik", „Technik als Form der Rationalität, als Wissenschaftlichkeit", „Technik als System" und „Instrumenteller Charakter der Technik". Von den Studierenden wurde insbesondere der „instrumentelle Charakter" von Technik angesprochen („mit Technik erweitert der Mensch seine begrenzten Fähigkeiten", „Arbeitserleichterung, Arbeitsüberwachung"). Relativ häufig waren auch Äußerungen über Technik als zivilisatorische Leistung und über die Eingebundenheit von Technik in gesellschaftliche Prozesse („vom Menschen erdachte Verfahren, Praktiken und Hilfsmittel", „nahezu jeder Lebensbereich

111 Die kumulierten Anteile liegen über 100%, weil Mehrfachantworten zugelassen wurden.

ist von der Technik erfaßt"). Gemessen an der Anzahl der Nennungen folgten dann Aussagen zu „Technik als Artefakt" (z.B. „Auto", „Computer" „Maschinen", „Werkzeuge") und zu „Technik als Form der Rationalität" (z.B. „nüchterne Wissenschaft zur Problemlösung", „Arbeit nach logischen Gesetzen, es geht hier um Tatsachen und Beweise", „sehr rational, funktionell, ohne jegliche Gefühle").

Um nun zu erfahren, ob die Studentinnen in ihrem Technikbegriff andere Akzente setzen als ihre männlichen Kommilitonen, wurde mit Hilfe von Chi^2-Tests jede Variable geprüft. Die statistischen Berechnungen ergaben zum Teil signifikante Unterschiede zwischen den Geschlechtern: Besonders deutlich ist die Differenz zwischen Studentinnen und Studenten hinsichtlich der Äußerungen über das Verhältnis von Technik und Gesellschaft. Von über der Hälfte der Frauen, aber nur von knapp einem Drittel der Männer wird die gesellschaftliche Bedeutung von Technik bzw. der gesellschaftliche Einfluß auf die Konstruktion von Technik thematisiert ($p < 0.01$). Dagegen wird von den Studenten der instrumentellen Funktion von Technik offensichtlich eine höhere Bedeutung beigemessen ($p < 0.01$); denn zu der insgesamt gewichtigsten Variable „Instrumenteller Charakter von Technik", liegen zwar auch von der Mehrheit der Frauen Antworten vor (51.2%), aber von mehr als zwei Dritteln der Männer (67.4%). In den Antworten der Studentinnen finden sich weiterhin signifikant häufiger Aussagen über „technische Artefakte" und zu „Technik als Form der Rationalität". Zu den beiden anderen Variablen („Technik als Verfahrenswissen" und „Technik als 'System'") liegen insgesamt weniger Aussagen der Studierenden vor. Hier lassen sich auch keine signifikanten Differenzen zwischen den Geschlechtern feststellen.

Abbildung 3 illustriert neben den geschlechtsspezifischen Unterschieden unter anderem, in welcher Relation die sechs Variablen der Kategorie „Konstitutive Merkmale von Technik" innerhalb des Technikkonzepts der Studentinnen bzw. der Studenten zueinander stehen.[112] Schaut man zunächst auf das Kreisdiagramm der konstitutiven Technikmerkmale für die Studentinnen (w), dann scheinen diese der gesellschaftlichen Einbindung von Technik (mit 23,3%) wie dem instrumentellen Charakter von Technik (mit 23.3%) gleichermaßen Relevanz beizumessen. Aber auch Technik als „Artefakt" mit einem Anteil von 20.9% und als „Form der Rationalität" (mit 19.4%) sind wesentliche Aspekte dieses Technikverständnisses. Bei den Studenten erfährt dagegen die instrumentelle Funktion von Technik (mit 33.9%) die stärkste Gewichtung im Technikkonzept. Technische Artefakte, die „Gesellschaftlichkeit von Technik" und Technik als „Form der Rationa-

112 In Abbildung 3 wurden die aufsummierten Mehrfachantworten bei Frauen und bei Männern jeweils gleich 100% gesetzt, so daß die Werte in den Graphiken die Anteile der Variablen untereinander, nicht die Prozentanteile der Antworten darstellen.

Abbildung 3: Geschlechtsspezifische Aspekte des Technikbegriffs

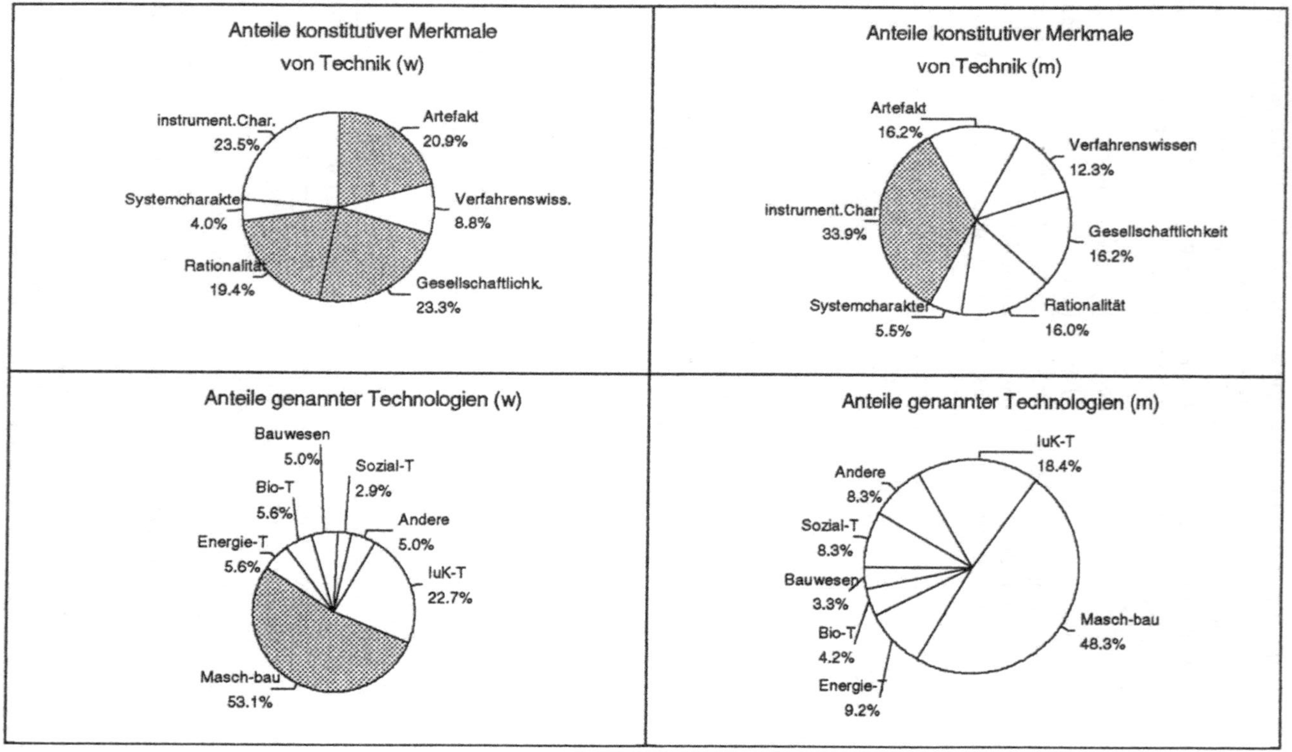

lität“ werden hier mit etwa gleichen Anteilen (ca. 16%) als konstitutive Elemente von Technik genannt. Die dunkel markierten Felder der beiden Kreisdiagramme zeigen an, wo sich Studentinnen und Studenten bei den konstitutiven Merkmalen von Technik, wie erwähnt, signifikant unterscheiden.

Das Ergebnis über konstitutive Technikmerkmale ermöglicht es, zur Kontroverse der Frauenforschung, ob Frauen eine besonders „pragmatische“ Haltung gegenüber Technik einnehmen (vgl. z.B. Schiersmann, 1987a,b; Faulstich-Wieland & Dick, 1988; Löchel, 1994), empirische Befunde beizusteuern. Wenngleich in eine pragmatische Haltung sicherlich ein instrumentelles Verständnis von Technik einfließt, erscheint bei den von mir befragten Studentinnen der pragmatische Umgang mit Technik seltener in der Form einer reinen Zweck-Mittel-Relation. „Pragmatisch“ könnte nach meinen Ergebnissen vielmehr für Frauen heißen, daß sie Technik nicht abstrakt als „Instrument“ definieren, sondern deren gesellschaftliche Bedeutung oder Auswirkung betonen. Frauen sehen die Technik eher in die gesellschaftliche Praxis eingebettet, Männer charakterisieren dagegen die Technik überwiegend in ihren instrumentellen, funktionalen Bezügen, als Mittel. Weiterhin zeigt sich, daß ein beträchtlicher Anteil der befragten Frauen die besondere - wissenschaftlich-rationale - Zugangsweise der Technik auf ihre Objekte anspricht.

Weitere Aspekte des Technikbegriffs der Studierenden wurden mit der Kategorie „Technologien/Technikgebiete“ erfaßt.[113] Die genannten Technologien lassen sich verschiedenen Gebieten (Variablen) zuordnen: Informations- und Kommunikationstechnologien/Elektrotechnik (IuK-T)[114], Maschinenbau, Energietechnik, Biotechnologie/Medizintechnologie, Bauwesen/Baugewerbe, Sozialtechnische Methoden/Verhaltenstechniken, Andere. Am häufigsten wurden von den StudentInnen Technologien bzw. technische Produkte genannt, die den „Maschinenbau“ betreffen („Maschinen“, „Flugzeuge“, „Autos“). An zweiter Stelle stehen Äußerungen zu den Informations- und Kommunikationstechnologien, während die anderen Technologien eine geringere Beachtung erfahren.

Die für die Gesamtgruppe der Studierenden festgestellten Prioritäten bei den Technologien zeigen sich dann auch im Technikbegriff von Frauen und Männern. Abbildung 3 enthält in der unteren Hälfte zwei weitere Kreisdiagramme, in denen, analog zu den konstitutiven Merkmalen von Technik, je-

---

113 Hier ist anzumerken, daß sich diese Kategorie inhaltlich zum Teil mit der Variable „Technik als Artefakt“ überschneidet. Wie bereits an anderer Stelle ausgeführt (vgl. Abschnitt 1.3.1), ist mein Kategoriensystem so angelegt, daß es Mehrfachcodierungen einer Antwort erlaubt. Mit der expliziten Erfassung von Technologien/Technikgebieten in einer gesonderten Kategorie besteht die Möglichkeit festzustellen, welche Technologien und Technikgebiete angesprochen werden. Dadurch läßt sich dann herausfiltern, welche Gebiete besondere Beachtung erfahren.

114 Die Abkürzung wird auch in Abbildung 3 zur Kennzeichnung dieser Technologien in der graphischen Darstellung verwendet.

weils für die Gruppe der Studentinnen (w) und der Studenten (m) illustriert wird, wie sich die Aussagen auf die einzelnen Technologien verteilen. Die dunkle Markierung bei „Maschinenbau" verweist hier allerdings nur auf tendenzielle, nicht auf signifikante Unterschiede zwischen den Geschlechtern ($p = 0.0501$). Von den Studentinnen wird dieses Technikgebiet, bei dem Technik vorrangig als Sachtechnik erscheint, stärker betont. Möglicherweise spiegelt sich hier ein traditionelles oder konventionelles Moment im Technikverständnis von Frauen wider. Dieses Ergebnis deutete sich bereits bei der Kategorie „Konstitutive Merkmale" an, bei der die Studentinnen technische Artefakte deutlich häufiger nannten als die Studenten.

Bei der dritten Kategorie „Einsatzbereiche von Technik" nennen die Studierenden vor allem die klassischen Bereiche „Wirtschaft" (Industrie, Arbeitsleben) und „Reproduktion" (Alltag, Haushalt und Freizeit) sowie „Ökologie". Hier zeigen sich aber keine signifikanten Unterschiede zwischen Frauen und Männern. Es wurde deshalb darauf verzichtet, die genannten Einsatzbereiche in graphischer Form darzustellen.

Hypothese 4 wird durch die vorliegenden Ergebnisse insofern bestätigt, als sich Studentinnen und Studenten in ihrem Technikbegriff unterscheiden. Jedoch sind die geschlechtsspezifischen Besonderheiten zum Teil anders akzentuiert als angenommen: Es sind die Studentinnen, die verstärkt technische Artefakte wie Autos, Maschinen unter Technik subsumieren und die Sachtechnik betonen. Dies könnte darauf hindeuten, daß Frauen eher einen traditionellen Technikbegriff gebrauchen, möglicherweise weil sie bisher in geringerem Maße als Männer an technischen Entwicklungen und Veränderungen beteiligt waren und noch sind, ihnen deshalb Technik eher in ihrer konventionellen Form als „Sachtechnik" präsent ist.

Eine andere Annahme in Hypothese 4 bestätigte sich ebenfalls, nämlich, daß die Studenten stärker den instrumentellen Charakter von Technik betonen. Allerdings wurde auch von einer Mehrheit der Studentinnen die instrumentelle Funktion von Technik hervorgehoben. Im Gegensatz zu den Männern, die Technik vorwiegend in ihrem instrumentellen funktionalem Bezug charakterisieren, ist aber bei den Frauen das instrumentelle Verständnis von Technik stärker mit Überlegungen zur gesellschaftlichen Bedeutung und Einbindung der Technik verbunden.

Welche Hinweise ergeben sich nun aus meinen Daten bezüglich der Bedeutung der Fachdisziplinen für die Ausgestaltung des subjektiven Technikkonzepts? Nimmt man noch einmal die Kategorie „Konstitutive Merkmale von Technik" in den Blick, dann zeigen sich bei den Variablen „Technik als Artefakt" und „Technik als Verfahrenswissen" signifikante Unterschiede zwischen den Fachkulturen. Unter die zuerst genannte Variable fallen die Antworten von 55% der Studierenden der Sozialarbeit/Sozialpädagogik, dagegen nur von 30.9% der Studierenden der Natur- und Ingenieurwissenschaften. Die StudentInnen des Faches „Verwaltung" liegen dazwischen.

Vor allem Studierende außerhalb der Natur- und Ingenieurwissenschaften haben demnach einen Technikbegriff, der Elemente eines traditionellen oder konventionellen Technikverständnisses enthält. Dieses Ergebnis ist zu meinen obigen Überlegungen zum Technikbegriff von Frauen analog, daß die geringere Involviertheit in technische Entwicklungsprozesse und damit eine größere „Technikferne" ein traditionelles Technikverständnis begünstigen könnte. Die Studierenden der „Verwaltung" äußern sich häufiger als die anderen StudentInnen zur Variable „Technik als Verfahrenswissen" (Technik als besondere Handlungskompetenz). Vielleicht hängt dieser Unterschied mit der beruflichen Erwartung dieser Studierenden zusammen, die als künftige VerwaltungswirtInnen Aufgaben „technisch" im Sinne von funktional bewältigen müssen und deshalb auch den Begriff „Technik" eher in einer anderen Form - nicht als Sachtechnik - präsent haben.

Auch bei den „Technologien" ergeben sich signifikante Unterschiede zwischen den Fachkulturen. „Informations- und Kommunikationstechnologien" und „Maschinenbau" werden von den Studierenden der Natur- und Ingenieurwissenschaft weniger häufig als von den anderen Befragten genannt. Bei der „Biotechnologie" und der „Sozialtechnologie" unterscheiden sich die Studierenden der Sozialarbeit/Sozialpädagogik von den übrigen Studierenden, wobei den Ergebnissen bei diesen beiden letzten Variablen aufgrund der geringen Antworthäufigkeiten keine große Relevanz beizumessen ist.

Bei den „Einsatzbereichen von Technik" unterscheiden sich die StudentInnen der Natur- und Ingenieurwissenschaften von den Studierenden der anderen Fachdisziplinen nur hinsichtlich des Bereichs „Wirtschaft": Dieser Bereich wird von ihnen seltener genannt.

Nach den statistischen Überprüfungen der fachkulturellen Einflüsse auf den subjektiven Technikbegriff unterscheiden sich vor allem Studierende der Sozialarbeit/Sozialpädagogik von den Studierenden der Natur- und Ingenieurwissenschaften: 6 von 7 statistischen Signifikanzen betrafen diese beiden Fachkulturen.

Die bei der Untersuchung der „Komplexität" des Technikbegriffs (vgl. Abschnitt 2.2) festgestellte Bedeutung der Fachkulturen und speziell der Unterschiede zwischen Studierenden der Sozialarbeit/Sozialpädagogik und der Natur- und Ingenieurwissenschaften manifestieren sich also auch bei der Detailuntersuchung der Elemente des subjektiven Technikbegriffs. Allerdings zeigen sich in der Detailuntersuchung darüber hinaus auch bedeutsame und interpretierbare geschlechtsspezifische Akzentuierungen im Technikkonzept, wie sie oben in ausführlicher Form dargestellt wurden.

Festzuhalten ist weiterhin, daß in Antworten auf die offenen Fragen, vorrangig die den Studierenden unmittelbar verfügbaren Elemente ihres Technikverständnisses artikuliert worden sein dürften. Werden wie in meiner Untersuchung diese Antworten für die Auswertung herangezogen, dann ist anzunehmen, daß Elemente des Technikbegriffs, die zwar mental vorhanden sind, aber nicht schriftlich fixiert werden, etwa weil sie für weniger relevant gehalten oder als zu kompliziert gelten, um kurz und knapp formuliert zu werden, weitgehend unberücksichtigt bleiben. In aller Regel lassen Erhebungsbedingungen, wie sie auch in meiner Studie gegeben waren, es auch nicht zu, Reflexionsprozesse über Technik in Gang zu setzen und zu Papier zu bringen. Schließlich war es das Spezifikum meiner Untersuchung, die Studierenden nach Technik generell zu befragen. Es blieb ihnen überlassen, diese allgemeine Frage mit konkreten Inhalten - z.B. mit Kenntnissen des eigenen technischen Faches - zu füllen oder abstrakt-definitorisch abzuhandeln.

3.2.2 Was wird mit Technik assoziiert?

Um die konnotativen Bedeutungsvarianten von Technik in Erfahrung zu bringen, wurden mit dem Semantischen Differential, das - wie transkulturelle linguistische Studien zeigen - die Facetten des Bedeutungshofs von Begriffen erfaßt, die Assoziationen der Studierenden zu „Technik" erhoben. Es geht hier, mit anderen Worten, um die Erfassung der stereotypen Anmutungen des Konzepts „Technik", wie sie in einer Kultur - mehr oder weniger einhellig - geteilt werden.

Abbildung 4 enthält die Assoziationsprofile für die Studentinnen und Studenten, die aus den Mittelwerten der einzelnen Items des Semantischen Differentials gebildet wurden.[115] Die Profile für Frauen und Männer gleichen sich weitgehend. Von beiden Geschlechtern wurden der „Technik" vorrangig die Eigenschaften nüchtern, kühl, geordnet, klar, hart, streng, aktiv, stark, ernst, robust attribuiert. Wenn auch der Verlauf beider Profile nahezu identisch ist, was sich in einer Profilkorrelation zwischen dem „weiblichen" und „männlichen" Kurvenverlauf von $r = 0.99$ niederschlägt[116], so sind allerdings einige Unterschiede in der Profilhöhe erkennbar. Das bedeutet, daß bei der Stärke, mit der den Items zugestimmt wird bzw. diese abgelehnt werden, eine Differenz zwischen den Geschlechtern besteht.

---

115 Aus technischen Gründen ist in der Abbildung nur jeweils der eine Pol der Eigenschaftspaare des Semantischen Differentials wiedergegeben. Das vollständige Semantische Differential befindet sich in dem verwendeten Fragebogen, der im Anhang beigefügt ist. Der Wert 0 in der Mitte der Skala bedeutet, daß ein Konzept mit keinem Pol eines Eigenschaftspaares assoziiert, also bei dem betreffenden Item „neutral" eingeschätzt wird.

116 Vergleichbar hoch sind die Profilkorrelationen für „Technik" zwischen den drei Fachkulturen. Zu beachten ist generell, daß Korrelationen nur den Verlauf, nicht die Höhe der verglichenen Profile berücksichtigen.

Abbildung 4: Technikassoziationen der befragten Studierenden

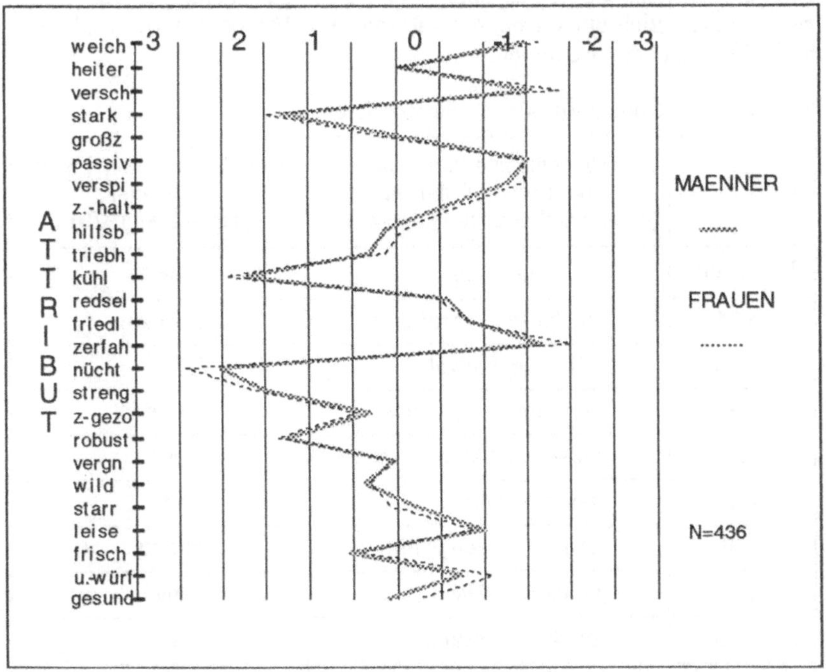

Wie bereits an anderer Stelle ausgeführt (Abschnitt 1.2.1) habe ich beim Semantischen Differential die Version von Hofstätter übernommen. Hofstätter hat in den sechziger und siebziger Jahren mit dem Semantischen Differenial Studierende zum Konzept „Technik" befragt. Dies sind meines Wissens die einzigen Befragungen, in denen Technik mit diesem Instrument beurteilt wurde. Es bietet sich deshalb an, meine Untersuchungsergebnisse mit denen von Hofstätter (1979) zu vergleichen. Allerdings waren die exakten quantitativen Ergebnisse Hofstätters nicht direkt verfügbar, da er die Technikassoziationen in den mir vorliegenden Veröffentlichungen nur in Form von Graphiken (analog der Abbildung 4) wiedergab, so daß die bei ihm eng mit Technik assoziierten Items per Lineal identifiziert werden mußten. In Tabelle 8 sind die Ergebnisse des Vergleichs wiedergegeben.

Die zehn Items des Semantischen Differentials, die in meiner Untersuchung (von der gesamten Stichprobe) eng mit Technik assoziiert werden (Werte > 4, wobei 3 den neutralen Punkt im Differential kennzeichnet, wenn man die Werte von -3 bis +3 aus Gründen der rechnerischen Verarbeitung in Werte von 0 bis 6 transformiert), sind identisch mit den Items, die bereits

1979 bei Hofstätter eng mit Technik verbunden waren.[117] Bei den in Tabelle 8 aufgeführten, eng mit Technik assoziierten Items handelt es sich im übrigen vornehmlich um solche, die aufgrund von Faktorenanalysen „Stärke“ und „Aktivität“ repräsentieren.[118]

Tabelle 8: Technikassoziationen im Vergleich

	Technikaffine Items des Semantischen Differentials (eigene Untersuchung, N=436)	Technikaffine Items nach Hofstätter (Hofstätter 1979)
Mittelwert*	Itempaar	Item
5.21	*nüchtern* - verträumt	nüchtern
4.84	*kühl* - gefühlvoll	kühl
4.84	zerfahren - *geordnet*	geordnet
4.71	verschwommen - *klar*	klar
4.56	weich - *hart*	hart
4.55	*streng* - nachgiebig	streng
4.49	passiv - *aktiv*	aktiv
4.39	*stark* - schwach	stark
4.39	verspielt - *ernst*	ernst
4.31	*robust* - zart	robust

* Die Items sind nach den Mittelwerten, die sich in meiner Untersuchung ergaben (Gesamtstichprobe), in absteigender Reihenfolge angeordnet. Die Assoziation eines Items bzw. des (kursiv wiedergegebenen) Itempols mit Technik ist umso stärker, je höher der Wert liegt (theoretisches Maximum = 6).

Als interessantes Ergebnis des Vergleichs bleibt festzuhalten, daß die Konnotationen zu Technik über einen vergleichsweise langen Zeitraum stabil geblieben sind. Hinzu kommt, daß die der Technik vorrangig attribuierten Eigenschaften zum Teil mit Merkmalen des klassischen Stereotyps von Männlichkeit (aktiv, stark, hart ...) identisch sind. Auf solche Stereotypen

117 Hofstätter weist in seinem Aufsatz (1979) darauf hin, daß er die Werte von 1979 bereits 1964 gefunden hatte.

118 Vgl. z.B. Osgood, Suci & Tannenbaum (1957), Mayntz, Holm & Hübner (1972), Hentschel & Klintman (1974).

wird auch manchmal in der feministischen Diskussion rekurriert, um die besondere Affinität von „Männlichkeit" und „Technik" zu erklären.

Die in Hypothese 5 formulierte Erwartung, daß die Studierenden mit Technik eher männliche Stereotype assoziieren würden, hat sich somit bestätigt. Auch wenn in meiner Studie bisher noch keine Korrelation der Assoziationsprofile von „Mann" und „Technik" berechnet wurde, um zu prüfen, ob sich die bei Hofstätter gefundenen Ähnlichkeiten der Profile (vgl. hierzu Abschnitt 2.2 in Kapitel I) bestätigen, so verweisen bereits die bisher eruierten Konnotationen zu Technik auf eine Nähe zum männlichen Geschlechtsrollenstereotyp.[119]

Über Hofstätter hinausgehend - der in seiner Untersuchung nicht nach Geschlecht differenziert hat -, interessierte mich angesichts der immer wieder betonten Affinität von Technik und Männlichkeit, ob sich geschlechtsspezifische Unterschiede etwa in der Form manifestieren, daß Männer oder auch Frauen in stärkerem Maße „männliche" Stereotypen mit Technik assoziieren. Zwar zeigen die Profile der Studentinnen und Studenten bei den Technikassoziationen einen fast identischen Verlauf (vgl. Abbildung 4), sie differieren aber - wie bereits erwähnt - zum Teil in der Profilhöhe. Deshalb wurde die Assoziationsstruktur von Frauen und Männern verglichen. Zu diesem Zweck wurden die 25 Items des Semantischen Differentials als abhängige Variablen einer Multivariaten Varianzanalyse unterzogen, um festzustellen, ob sie sich in Abhängigkeit von den Kategorien „Geschlecht" und „Fachkultur" unterscheiden. Das Verfahren ergibt im Multivariaten Signifikanztest einen Geschlechtereffekt (aufgeklärte Varianz ca. 10%).[120] Das heißt, daß sich die Studentinnen und Studenten in der Ausprägung der Technikassoziationen, insgesamt genommen, unterscheiden. Als besonders diskriminativ erweisen sich hierbei vor allem die Semantischen Differential-Items „nüchtern", „krank", „geordnet" und „herrisch". Wie man auch in Abbildung 4 erkennen kann, sind bei den genannten Items die Technikassoziationen der Studentinnen ausgeprägter.

Die Frage nach geschlechtsspezifischen Differenzen bei den Technikassoziationen läßt sich also dahingehend beantworten, daß weibliche und männliche Studierende in ihren Antworten das klassische Stereotyp von Technik reproduzieren. Frauen stellen jedoch auf der assoziativen Ebene stärker als Männer die Verbindung zwischen Technik und Männlichkeit charakterisierenden Stereotypen her bzw. verwenden stärker negativ wertende Attribute. Es kann sein, daß sich in diesem Ergebnis ein stärkeres Empfinden von Frauen für die Vergeschlechtlichung der Technik manifestiert.

---

119 Da ich in meiner Studie mit dem Semantischen Differential sowohl die Assoziationen zu „Technik" wie auch zu „Mann" erhoben habe, könnte dieser Profilvergleich bei den Studierenden durchgeführt werden. Hierzu bedarf es aber zusätzlicher Auswertungen, die erst zu einem späteren Zeitpunkt vorgenommen werden.

120 Ein hochsignifikanter Effekt zeigt sich außerdem für die Fachkulturen.

Die ausgeprägteren Stereotypen über Technik könnten ein Grund für Frauen sein, daß sie der Technik distanzierter begegnen. Auszuschließen ist aber auch nicht, daß sich im Ergebnis lediglich eine „Verunsicherung" der Männer in Hinblick auf die Wahrnehmung vormals eindeutig männlich besetzter Domänen (wozu Technik gehört oder gehörte) ausdrückt.

Die Ergebnisse bestätigen die Stabilität stereotyper Assoziationen bzw. Wahrnehmungen von Technik. Darüber hinaus ergänzen meine Ergebnisse feministische Analysen über die vergeschlechtlichte Struktur technischer Berufsfelder. Nach diesen Analysen dienen vergeschlechtlichte Stereotypisierungen des Berufs Männern dazu, ihre Dominanz in diesen Berufsfeldern zu legitimieren und aufrechtzuerhalten. Allerdings zeigen meine Ergebnisse - wenn auch bezogen auf Technik als Abstraktum -, daß solche Stereotypisierungen kein „Privileg" von Männern zu sein scheinen, sondern gerade auch von Frauen vorgenommen werden. Es wäre künftig genauer zu untersuchen, ob der Reproduktion und Wahrnehmung stereotyper Merkmale von Technik durch Frauen eher eine affirmative Funktion zukommt oder ob sie Ansatzpunkte für eine kritische Infragestellung der Vergeschlechtlichung technischer Berufe sind.

3.2.3 Risiken und Aufgaben technischer Entwicklungen

Anknüpfend an die von feministischer Seite artikulierte Hoffnung auf eine humanere technische Entwicklung durch Frauen, habe ich die Antworten zur offenen Frage nach Fehlentwicklungen bzw. Risiken technischer Entwicklungen sowie nach künftigen Schwerpunkten und Aufgaben einer technischen Zivilisation danach ausgewertet, ob die Studentinnen andere Risiken benennen bzw. in der technischen Entwicklung andere Prioritäten setzen möchten als ihre männlichen Kommilitonen. Um die Vielzahl von Aussagen ordnen zu können, wurden die Kategorien „Risiken technischer Entwicklungen" und „Aufgaben und Postulate für künftige technische Entwicklungen" in verschiedene Bereiche untergliedert. Zur Eruierung geschlechtsspezifischer Prioritätensetzungen wurden die folgenden sieben Risiko- und Aufgabenbereiche technischer Entwicklungen einander gegenübergestellt:

- Der Bereich Reproduktion („Reprod")[121] erfaßt Antworten die den weiten Bereich der menschlichen Reproduktion thematisieren, die einerseits Risiken der bisherigen Technik für den Menschen in seinem Alltagsleben und seinen zwischenmenschlichen Beziehungen ansprechen (z.B. „daß der Mensch mehr und mehr in den Hintergrund gedrängt wird", „menschliche Isolierung und Entfremdung"), andererseits den verstärkten Einsatz von Technik zum Nutzen des Menschen in seinem sozialen

121 Die Abkürzungen in der Klammer werden bei der grafischen Darsellung der Risiken und Aufgaben in Abbildung 5 verwendet.

Umfeld fordern (z.B. „Sicherung des menschlichen Lebens, ohne Gefahren zu produzieren“, „daß die Technik für alle Menschen erlernbar und begreifbar wird“, „die Lebensqualität aller Menschen zu verbessern“).

- Der Bereich Wirtschaft („Wirtsch“) umfaßt Antworten über Risiken und Aufgaben der Technik im Wirtschaftssektor (also Aussagen zu Risiken wie „in Berufen, wo der Mensch nur noch den Anweisungen der Maschine folgen muß“, „Rationalisierung durch Industrieroboter“ versus Aussagen zu künftigen Aufgaben wie „Technik und technische Arbeitsplätze sollen den Menschen angepaßt werden“, „dort, wo stupide Arbeiten ausgeführt werden, könnte Technik ihren Einsatz finden“).
- Zum Bereich Gesundheit („Gesundh“) gehören Antworten, die Kritik an der Medizintechnologie und Gentechnologie enthalten (z.B. „Nuklearmedizin“, „künstliche Verlängerung von Leben“, „Genmanipulation“) und/oder die technisch-wissenschaftliche Maßnahmen zum Gesundheitsschutz und zur Lösung von Ernährungsproblemen wünschen (z.B. „Krankheitsbekämpfungen, Aids, Krebs“, „technische Mittel zur besseren Lebensmittelversorgung der 3. Welt“).
- Zum Bereich „Umwelt“ werden Antworten gezählt, die technisch bedingte Natur- und Umweltbelastungen nennen (z.B. „technischer Fortschritt geht auf Kosten der Umwelt, Ozonloch“, „zu wenig Investitionen für die Umwelt“) sowie Forderungen nach umweltschonenden Technologien enthalten („energiesparende, umweltschonende Produktionstechniken“, „Entwicklung bewußt verlangsamen und eine Technik schaffen, die die Lebenskreisläufe erhält, nicht zerstört“).
- Dem speziellen ökologischen Bereich „Energie“ werden Aussagen zugeordnet, die Kritik am Energiesektor (z.B. „Atomenergie, da man die Folgen nicht absehen kann“) und am bestehenden Verkehrssystem üben und Alternativen hierzu verlangen (z.B. „regenerative Energien“, „alternative Energieprojekte, ökologische Verfahrenstechnik“).
- Zum Bereich „Militär“ gehört einerseits die Thematisierung menschheitsgefährdender militärtechnischer Entwicklungen („immer ausgeklügeltere Waffensysteme, die eine Bedrohung der Menschheit darstellen“, „Gefahr durch fortwährendes Wettrüsten“), andererseits die Forderung nach friedensfördernden Maßnahmen („Forschung und Entwicklung von Waffen sollte gestoppt werden“, „Rüstungskontrolle“).
- Dem Bereich moralische Bedenken bzw. politisch-moralische Postulate („Pol.Mor“) werden schließlich Antworten zugeordnet, die in zum Teil allgemeiner Weise moralische und politische Bedenken über technische (Fehl-)Entwicklungen (z.B. „teilweise ist die technische Entwicklung zu weit gegangen, es gibt technische Dinge, die nicht lebensnotwendig für die Menschen sind“, „Folgen technischer Entwicklungen werden zu wenig bedacht“) oder entsprechende Postulate für die künftige Technikwicklung zum Ausdruck bringen (z.B. „Technik sollte so gestaltet wer-

den, daß sie auch Entwicklungsländern hilft und nicht nur unserer Wohlstandsgesellschaft dient", „technische Weiterentwicklung, aber verbunden mit Kontrolle und sinnvoller Planung").

Von den Studierenden wurden insgesamt mehr Risiken bisheriger technischer Entwicklungen (kumulierte Anteile 178.50%) angesprochen als Perspektiven für die Zukunft entwickelt (kumulierte Anteile für künftige Aufgaben 154%). Konzentriert man sich zunächst auf die angesprochenen „Risiken", dann fällt auf, daß vor allem politisch moralische Bedenken dominieren (von 41.3 % der Befragten). Technische Risiken und Fehlentwicklungen im Wirtschaftsbereich werden dagegen nur von 15.8% aller StudentInnen thematisiert, während ca. ein Fünftel bis gut ein Viertel der Befragten jeweils Risiken in den anderen Bereichen nennen: „Energie" (26.60%), „Militär" (25.50%), „Reprod" (24.80%), „Umwelt" (24.10%) und „Gesundh" (20.40%).

Abbildung 5 illustriert, welche Bereiche bei der Einschätzung von Risiken der technischen Entwicklung insbesondere von den Studentinnen bzw. von den Studenten angesprochen werden.[122] Wie sich aus den Kreisdiagrammen leicht erkennen läßt, setzen Frauen und Männer zum Teil zwar etwas andere Akzente, unterscheiden sich aber in keinem der Bereiche gravierend (maximale Differenz beim Bereich „Gesundh": 4.7%).

Bei den genannten Aufgaben und Postulaten für künftige technische Entwicklungen wurden teilweise andere Bereiche favorisiert: Im Vordergrund stehen hier ökologische Themen (50.2% der Studierenden nennen Aufgaben im Umweltbereich, 24.3% im Energiesektor), es folgen dann politisch moralische Postulate (28.4%) und Aussagen zum Reproduktionsbereich (24.8%). Aufgaben in den Bereichen „Wirtschaft" (6.70%) und „Militär" (3.40%) wird weniger Bedeutung beigemessen. Interessanterweise unterscheiden sich die Studentinnen und Studenten bezüglich der von ihnen präferierten Aufgabenbereiche; die Verteilungen für die Frauen und Männer weichen signifikant voneinander ab. Die Studentinnen nennen vergleichsweise häufig technische Aufgaben im Gesundheitswesen (20% der Frauen äußern sich hierzu; bei den Männern sind es dagegen nur 12.7%). Dagegen werden von den Studenten stärker Aufgaben in den beiden ökologischen Bereichen („Umwelt", „Energie") angesprochen als von den Studentinnen. Frauen argumentieren auch weniger politisch-moralisch über künftige technische Entwicklungen (vgl. Abbildung 5).

---

122 Zum Verständnis der Grafik sei darauf hingewiesen, daß die ersten Zahlenwerte bei den einzelnen Bereichen Prozentwerte sind, in denen Mehrfachantworten berücksichtigt wurden. Die dahinterstehenden Prozentwerte repräsentieren jeweils anteilig die einzelnen Bereiche, addieren sich also in jedem Kreisdiagramm zu 100% und bestimmen damit auch die jeweilige Größe der Sektoren.

Abbildung 5: Risiken und Aufgaben technischer Entwicklung

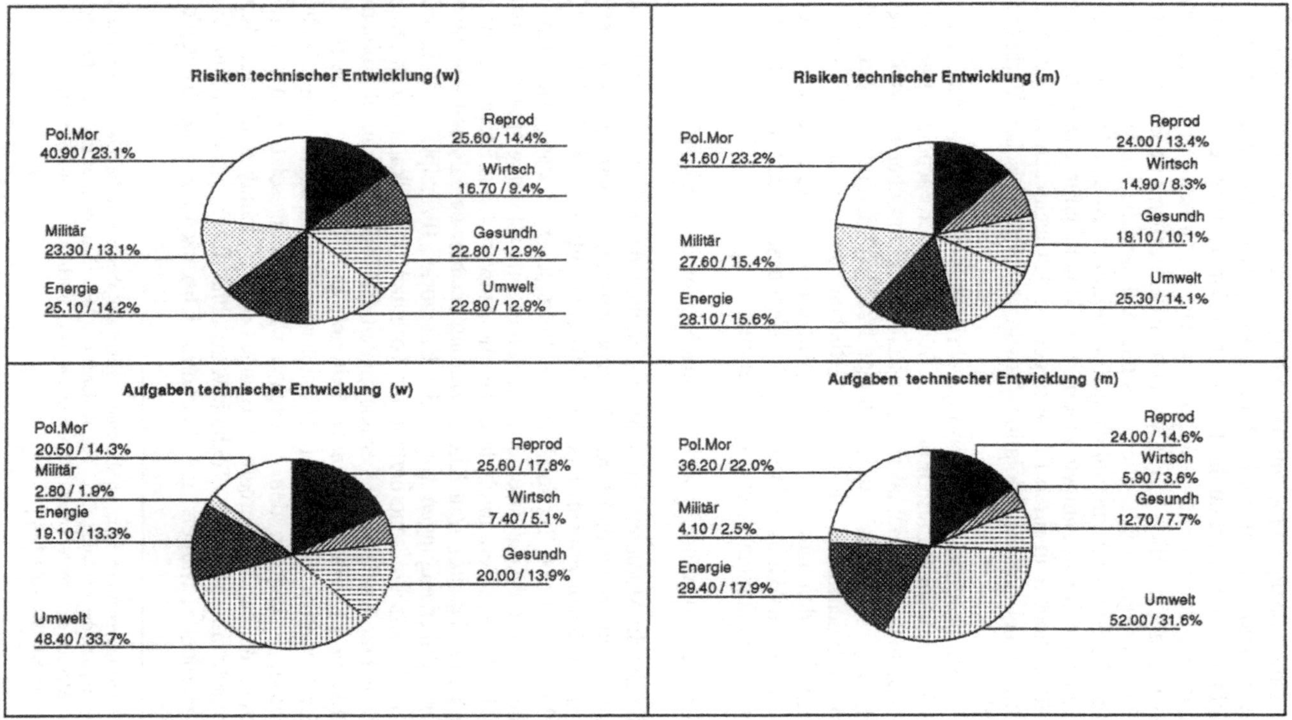

Unter Bezugnahme auf Hypothese 7 läßt sich jedoch insgesamt festhalten, daß Frauen und Männer weitgehend ähnliche „Risiken" und „Aufgaben" hinsichtlich der technischen Entwicklung sehen. Die Annahme, Frauen würden stärker als Männer soziale Auswirkungen und Perspektiven von Technik im Blick haben, wird durch das vorliegende Ergebnis jedenfalls nicht bestätigt. Es fällt allerdings auf, daß sich die Studentinnen in geringerem Maße als ihre männlichen Kommilitonen zu den Aufgaben künftiger technischer Entwicklungen äußern. Dies könnte dafür sprechen, daß Frauen zurückhaltender in ihren Erwartungen an den technischen Fortschritt, vorsichtiger bei der Extrapolation (erwünschter) technischer Veränderungen sind.

Auch bei diesem Auswertungsschritt liegt natürlich die Frage nahe, welche Hinweise sich hinsichtlich der Bedeutung der Fachdisziplinen ergeben. Nimmt man noch einmal auf die „Risiken" technischer Entwicklungen Bezug, dann zeigen sich statistisch signifikante Differenzen zwischen den IngenieurstudentInnen, die weniger „Risiken" thematisieren, und den Studierenden aus den anderen Fachdisziplinen. Bei den Aufgaben künftiger technischer Entwicklungen lassen sich im Gegensatz zu den Risiken keine statistisch signifikanten Effekte nachweisen.

3.2.4 Technikkontrolle oder Übermächtigkeit der Technik?

Ich habe die Studierenden nicht explizit nach der Beherrschbarkeit von technischen Prozessen und Entwicklungen gefragt, sondern aus den Antworten zu den offenen Fragen inhaltsanalytisch erschlossen, ob das Thema „Kontrollierbarkeit von Technik" für die Befragten so wichtig war, daß es von ihnen auch im Kontext einer allgemeinen Fragestellung angesprochen wurde. Ich konzentriere mich dabei auf die Antworten zur Frage *Was verstehen Sie unter Technik?*: Zur Klassifizierung der hier enthaltenen Aussagen über Kontrollüberzeugungen wurde die Kategorie „(Prinzipielle) Beherrschbarkeit oder soziale Steuerbarkeit der Technik" als Indikator für *internal control* und die Kategorie „Übermächtigkeit der Technik, Kontrollprobleme" als Indikator für *external control* gebildet. Der Kategorie „Beherrschbarkeit oder Steuerbarkeit" wurden beispielsweise Äußerungen wie „Technik ist neutral, es liegt an den Menschen wie sie eingesetzt wird", „erfaßbare, durchschaubare, steuerbare Vorgänge" oder „Technik wird vom Menschen gemacht und gesteuert. Technik wäre ohne den Menschen nicht denkbar" zugeordnet[123], während die Kategorie „Übermächtigkeit der Technik, Kon-

123 Strenggenommen enthalten allerdings jegliche Angaben über technische Aufgaben der Zukunft implizit die Annahme, daß Technik durch den Menschen machbar und steuerbar sei, daß der Mensch also der technischen Entwicklung oder mächtigen technischen Experten nicht passiv ausgeliefert sein müsse.

trollprobleme“ etwa folgende Antworten enthält; „Technik ist undurchschaubar und bedrohlich“, „Mensch kann leicht die Kontrolle über sie verlieren“, „Fortschritt, der nicht mehr steuerbar ist, Mensch tritt in den Hintergrund“ oder „Durchblick haben immer nur wenige, weil die Kenntnisse zu viel und zu detailliert sind“. Bereits die wenigen Beispiele illustrieren, wie facettenreich das Spektrum der Überlegungen zur Kontrolle von Technik ist. Insgesamt wurde von 87 Personen, das sind ca. 20% der gesamten Untersuchungsgruppe, im Kontext der Antworten zum Technikbegriff die Steuerbarkeit von Technik thematisiert (vgl. Tabelle 9). Wenngleich dieser Anteil auf den ersten Blick gering erscheinen mag, so spricht es jedoch für die Relevanz dieses Themas im Rahmen der Auseinandersetzung mit Technik, wenn rund ein Fünftel der Studierenden sich spontan hierzu äußerte, obwohl sie nicht ausdrücklich zur Steuerbarkeitsthematik, sondern zu ihrem Technikverständnis befragt wurden.

Tabelle 9: Internal versus external control und Geschlecht

Geschlecht		Control		Summe
		External	Internal	
Weiblich	b e	33 25.6	9 16.4	42
Männlich	b e	20 27.4	25 17.6	45
Summe		53	34	87

Chi-Quadrat: 10.63 Signifikanz: $p < 0.001$
b = beobachteter Wert, e = erwarteter Wert

Tabelle 9 gibt Aufschluß über die geschlechtsspezifischen Präferenzen bei den Urteilen zur Steuerbarkeit von Technik. Die Ergebnisse der Kreuztabellenanalyse zeigen, daß bei den Studentinnen externale Kontrollüberzeugungen überwiegen, was sich darin ausdrückt, daß die beobachteten Werte die erwarteten Werte übersteigen.[124] Bei *internal control* liegen dagegen die beobachteten Werte der Männer über den erwarteten Werten, das heißt, daß

124 Personen, die Aussagen zur *internal control* machten, wurden dieser Kategorie auch zugewiesen, wenn sie - wie das in einigen wenigen Fällen geschah - zusätzlich Angaben machten, die in Richtung *external control* gingen. Diese Vorgehensweise schien mir am plausibelsten zu sein, um auch abwägende, unrealistische *internal control* relativierende Meinungen zu berücksichtigen.

die Studenten eher eine internale Kontrollüberzeugung vertreten. Entsprechend der Annahme von Hypothese 7 thematisieren die Studenten häufiger die Möglichkeit der Steuerung der technischen Entwicklung durch den Menschen, während die Studentinnen stärker Probleme der Steuerbarkeit sehen, einen Kontrollverlust des Menschen befürchten sowie Technik eher als „schwer durchschaubar“ und „bedrohlich“ charakterisieren. Die Unterschiede zwischen den Geschlechtern sind hochsignifikant, wie der Chi-Quadrat-Test bestätigt.

Zusätzlich wäre sicherlich aufschlußreich gewesen, in einem weiteren Auswertungsschritt die Aussagen der Studierenden zur Steuerbarkeit qualitativ auszuwerten, um so die vielfältigen unterschiedlichen Akzentuierungen von der „Machbarkeit“ des technischen Fortschritts bis zur empfundenen „Bedrohung durch Technik“ im Detail zu analysieren und mit Überlegungen aus der aktuellen Technikdebatte über das Wechselspiel von „Omnipotenzphantasien“ und „Angst“ im Umgang mit Technik zu konfrontieren (vgl. insbesondere Löchel 1994).

Tabelle 10: Internal versus external control und Fachkultur

Fachkultur		Control		Summe
		External	Internal	
Verwaltung	b e	11 9.1	4 5.9	15
Natur- und Ingenieurwissenschaften	b e	17 23.8	22 15.2	39
Sozialarbeit, Sozialpädagogik	b e	25 20.1	8 12.9	33
Summe		53	34	87

Chi-Quadrat: 8.94 Signifikanz: $p < 0.05$
b = beobachteter Wert, e = erwarteter Wert

In Hypothese 7 wird außerdem die Vermutung geäußert, daß für die Ausprägung von Kontrollüberzeugungen neben dem Geschlecht auch die Fachzugehörigkeit der Studierenden von Bedeutung sein dürfte. Ebenfalls per Kreuztabellenanalyse wurde geprüft, ob sich statistisch interpretierbare Unterschiede zwischen den Fachkulturen feststellen lassen. In Tabelle 10 sind die Ergebnisse dieser Berechnungen zusammengefaßt. Bei den Studierenden der Natur- und Ingenieurwissenschaften liegen die beobachteten Werte von *in-*

ternal control über den erwarteten, bei den Studierenden aus den beiden anderen Fachkulturen verhält es sich genau umgekehrt. Diese vertreten eher eine externale Kontrollüberzeugung, was sich in den höheren beobachteten Werten bei *external control* niederschlägt. Wie der Chi-Quadrat-Test bestätigt, unterscheiden sich somit die IngenieurstudentInnen signifikant durch einen größeren Anteil internaler Kontrollüberzeugungen von den Studierenden der anderen Fachdisziplinen. Dies entspricht der Annahme in Hypothese 7, wonach Studierende der Ingenieurwissenschaften, die sich aktiv gestaltend mit Technik beschäftigen, auch eher die Möglichkeit sehen, die Technik und technische Entwicklungen kontrollieren und steuern zu können.

Abbildung 6: Ausprägungen der internal versus external control von Technik

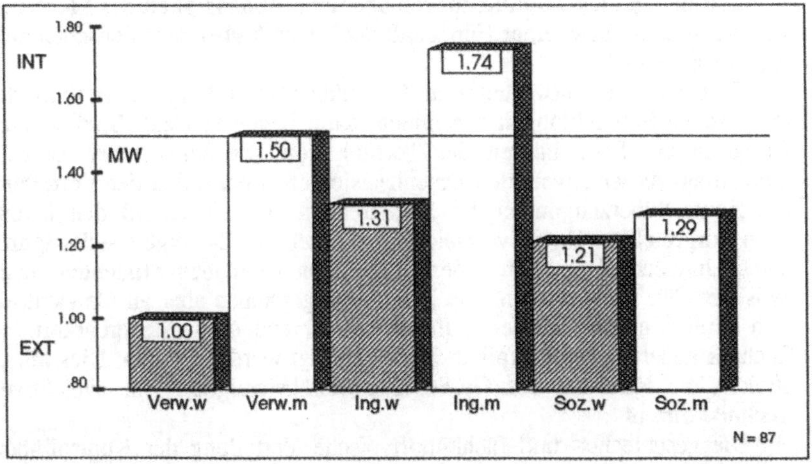

Berücksichtigt man Geschlecht und Fachkultur, dann läßt sich, mit anderen Worten, festhalten, daß Männer generell und Studierende der Natur- und Ingenieurwissenschaften häufiger Angaben darüber machen, daß sie den Menschen bzw. sich als Souverän über Technik betrachten. Frauen und Angehörige nicht-technischer Fächer äußern sich dagegen eher skeptisch hinsichtlich der Beeinflußbarkeit technischer Prozesse. Abbildung 6 veranschaulicht noch einmal für die sechs Untersuchungsgruppen, die sich unter Einbeziehung von Geschlecht und Fachkultur ergeben, die Ausprägungen der Kontrollüberzeugungen. Behandelt man die kategorialen Aussagen zu *external* vs. *internal control* - aus explorativen Gründen - als stetige Variable (mit Werten zwischen 1=*external* und 2=*internal* control), dann zeigen sich in bezug auf die mittlere Ausprägung folgende Unterschiede zwischen den sechs Gruppen: Die *internal control*-Überzeugung liegt in den männlichen

Untergruppen über der in den weiblichen Unterguppen (mit Ausnahme der ungefähr auf gleicher Ebene mit den Studenten der Sozialarbeit lokalisierten Studentinnen der Natur- und Ingenieurwissenschaften). Bemerkenswert ist die hohe *internal control*-Überzeugung bei den männlichen Studierenden der Ingenieurwissenschaft und die Zugehörigkeit sämtlicher Antworten der Studentinnen der Verwaltung zur externalen Kategorie (Varianz = 0!).[125]

Auch in den Antworten der Studierenden zu dem Fragenkomplex über die technischen Entwicklungen[126] findet sich eine Vielzahl von Aussagen über *internal* und *external control* von Technik, die ebenfalls ein komplexes Bild ergeben.[127] Gerade in den Äußerungen über *external control* lassen sich hier noch einmal Akzentuierungen feststellen: So wird einerseits die Verselbständigung der Technik und deren Kontrolle problematisiert, also die Technik selbst in den Blick genommen, andererseits der Mensch in den Vordergrund gerückt, Befürchtungen über eine Abhängigkeit des Menschen von der Technik bzw. einer Herrschaft der Technik über den Menschen zum Ausdruck gebracht.

Faßt man die Antworten zum Technikbegriff und zur Beurteilung der technischen Entwicklungen zusammen, dann liegen von 229 Studierenden Aussagen zur Steuerbarkeit der Technik vor. Die statistischen Berechnungen auf dieser erweiterten Datenbasis ergeben bezüglich der Verteilung der Kontrollüberzeugungen der Studierenden ein substantiell den bereits oben vorgestellten Daten vergleichbares Ergebnis: Es zeigen sich signifikante Unterschiede zwischen den Studentinnen und den Studenten sowie zwischen den Fachkulturen. Die Ergebnisse gewinnen aber an Gewicht, da sich immerhin mehr als der Hälfte der Studierenden zur Steuerbarkeit von Technik äußerten, ohne explizit danach gefragt worden zu sein. Dies unterstreicht die Relevanz der Größe „Kontrollüberzeugung“ im subjektiven Technikkonzept.

Die geschlechts- und fachkulturtypische Verteilung der Kontrollüberzeugungen in der erwarteten Richtung möchte ich nicht im Sinne von „gut“ oder „schlecht“ bewerten, da in diesen Überzeugungen sowohl realistische wie unrealistische Erwartungen über die Möglichkeiten und Gefahren von Technik verschränkt sein könnten. Aufgrund der größeren Steuerbarkeitsüberzeugungen bezüglich Technik bei den Studierenden der Natur- und Ingenieurwissenschaften ist aber zu vermuten, daß die größere *external con-*

125 Das Ergebnis wird durch die, wegen fehlender statistischer Voraussetzungen selbstverständlich nur explorativ durchgeführte Einwegvarianzanalyse bestätigt, die signifikante und effektstarke Unterschiede zwischen den besagten Untergruppen ausgibt.

126 Es handelt sich hier um die Fragen: *Wie beurteilen Sie die technischen Entwicklungen der Gegenwart? Sehen Sie Fehlentwicklungen (wenn ja, welche)? Wo sollten Ihrer Meinung nach künftig die Schwerpunkte der technischen Entwicklung gesetzt werden?*

127 Zur kategorialen Erfassung dieser Aussagen zur Steuerbarkeit vgl. Tabelle A1 im Anhang.

trol bei Frauen generell die Aufnahme eines ingenieurwissenschaftlichen Studiums und die Integration in die technische Fachkultur erschwert.

3.2.5 Zusammenfassende Interpretation der Ergebnisse zu Fragestellung 2

Die detaillierte Untersuchung der Technikkognitionen bestätigt, daß Frauen Technik teilweise anders verstehen als Männer. Von daher relativieren sich die dargestellten Ergebnisse zu Fragestellung 1 (vgl. Abschnitt 2.2). Offenbar wird der Gegenstand der Haltungen, die „Technik“, abhängig vom Geschlecht begrifflich unterschiedlich akzentuiert. Somit beziehen sich die Technikhaltungen der weiblichen und männlichen Studierenden nicht auf etwas Identisches, sondern auf einen unterschiedlich nuancierten und konturierten Technikbegriff. Mit anderen Worten, das, was Frauen und Männer meinen, wenn sie von Technik sprechen, beruht wohl auf einem gemeinsamen Verständnishorizont; bestimmte Regionen des Horizonts werden jedoch von den Geschlechtern unterschiedlich stark hervorgehoben. Diese Tendenz zeigt sich auch in einigen anderen empirischen Studien, die den subjektiven Technikbegriff untersucht haben (vgl. Kapitel II). Folglich können Unterschiede bzw. fehlende Unterschiede zwischen den Geschlechtern etwa bei der Bewertung der Technik zumindest teilweise mit deren unterschiedlichen „Optik“ zusammenhängen. Meine Ergebnisse stützen die Forderung aus der sozialwissenschaftlichen Technikforschung (vgl. Schimpf-Hunnius & Hunnius, 1990; Scheuch, 1990) und aus der Frauenforschung (vgl. Erb, 1994; Dippelhofer-Stiem & Odebrett, 1994), den Technikbegriff im jeweiligen Kontext zu bestimmen, und geben näheren Aufschluß über die subjektiven Technikkonzepte der Studentinnen und Studenten.

Die Besonderheiten, die das Technikkonzept von Frauen auszeichnen, lassen sich nach den Ergebnissen meiner Untersuchung folgendermaßen zusammenfassen: Es zeigt sich als erstes, daß Frauen den gesellschaftlichen Bezug von Technik betonen und Technik weniger als Männer auf ihren instrumentellen Nützlichkeitsaspekt reduzieren. Darüber hinaus nehmen Frauen pointierter als Männer den stereotypen Bedeutungshof von Technik wahr, erleben also den traditionell vergeschlechtlichten, „maskulinen“ Habitus der Technik bzw. technischer Berufe in besonderem Maße. Frauen scheinen aber auch selbst eher einen konventionellen, die Sachtechnik betonenden Technikbegriff zu haben. Auf Steuerbarkeitsprobleme von Technik reagieren Frauen sensibler als Männer. Diese Sensibilität mag zum einen implizieren, daß Frauen weniger als Männer in einem technischen Studienfach bzw. Beruf eigene Handlungsspielräume für die Gestaltung von Technik und technischen Entwicklungen sehen und damit auch zu nutzen versuchen. Zum anderen paßt hierzu auch das Ergebnis, daß Frauen vergleichsweise zurückhaltend in ihren Äußerungen über die Perspektiven technischer Entwicklungen sind. Wie aus Abbildung 5 (bei Aufsummierung der jeweils ersten Zahlenwerte zu den Kreisdiagrammsektoren) zu ersehen ist, liegen von Frauen 20.5% weniger Angaben zu künftigen technischen Aufgaben vor als von Männern.

Mit Anmerkungen zur folgenden sich mir aufdrängenden Frage möchte ich den Abschnitt abschließen: Welche Bedeutung kommt den erzielten Ergebnissen (unter Einschluß der in Abschnitt 2.2 vorgestellten) für die Vision einer von Frauen gestalteten Technik zu? Nach meinen Ergebnissen ist davon auszugehen, daß in einer stärker von Frauen geprägten Technik bestimmte Parameter anders gewichtet würden. Im Vergleich zur „Männertechnik" würde Technik von Frauen wohl weniger als unpersönliches, beliebig einsetzbares Mittel definiert. Für sie muß Technik vor allem interessant sein, etwas, das persönlich weiterbringt und wofür man sich persönlich engagieren kann. Weiterhin scheinen Frauen den Gesellschaftsbezug von Technik umfassender als Männer zu verstehen: Sie berücksichtigen nicht nur Nutzeffekte, sondern stärker die historisch-gesellschaftlichen Voraussetzungen des technischen Fortschritts. Aus dieser Haltung heraus mag auch verständlich werden, daß sie die Handhabbarkeit technischer Innovationen vorsichtiger, zurückhaltender beurteilen, als dies Männer tun. Man könnte bei einer verstärkten Präsenz von Frauen in qualifizierten technischen Berufen mithin erwarten, daß technische Aufgaben umsichtiger in Angriff genommen würden, als das heute der Fall ist. Für eine radikale Neudefinition und Umgestaltung der bestehenden Technik finden sich in meinen Ergebnissen jedoch kaum Hinweise. Die Haltungen der befragten Frauen entsprechen Vorstellungen, wie sie etwa Hickel (1992) in Anlehnung an Harding für eine „Nachfolgewissenschaft" postuliert hat: Sie meint, „daß das Nachdenken in der Technik gleichberechtigt ergänzt werden soll durch das Nachdenken über die Technik" (Hickel, 1992, S.133). Als Indikatoren einer solchen Wissenschaft nennt sie beispielsweise, bei der Entwicklung, Einführung und den Ausbau von Technologien die Folgen zu antizipieren, eine schrittweise sich entwickelnde und reversibel bleibende Technik zu betreiben sowie ein „fehlerfreundliches", Katastrophen vorbeugendes Vorgehen zu wählen. Frauen, die sich mit Technik auseinandersetzen, scheinen um die gesellschaftliche Kontingenz der Technik und um die sich daraus für sie ergebenden Handlungsspielräume immerhin zu wissen.

Infolgedessen ist es politisch angezeigt, die Potentiale (im Sinne von Metz-Göckel), über die Frauen zu verfügen scheinen, zu fördern und die mit ihnen verknüpfte Innovation der Technik zu propagieren. Dagegen ginge der Versuch, Frauen eine grundlegende Veränderung der Technik aufzubürden, an den Haltungen der Frauen vorbei und bedeutete zudem eher eine demotivierende als motivierende Überforderung der Frauen.

4. Weibliche Identität und Technikorientierung

4.1 Fragestellung und Hypothese

Inwieweit problematisieren Studentinnen der Ingenieurwissenschaften traditionelle Geschlechtsrollenerwartungen, die eine technikferne Haltung von Frauen zur Technik unterstellen? Wie integrieren diese Frauen Technik in ihr Selbstkonzept?

Die Geschichte der Naturwissenschaften und die Entstehung der modernen Technik ist - folgt man feministischen Analysen - auch eine Geschichte der Ausgrenzung von Frauen, und zwar in mehrfacher Hinsicht. So wurden Frauen von der Teilhabe an der Institutionalisierung von Naturwissenschaft und Technik ausgeschlossen, und ihre Beiträge wurden in der Wissenschaftsgeschichtsschreibung lange Zeit verleugnet. Darüber hinaus wurde das „Weibliche" bzw. weibliche Prinzipien als etwas der wissenschaftlich-technischen Vernunft Entgegengesetztes definiert. Im traditionellen Bild von der Rolle der Frau verdichtete sich dieser reale und symbolische Ausgrenzungsprozeß.

Die wissenschaftskritischen und sozialhistorischen Analysen bieten Erklärungen für die soziale Distanz von Frauen zur Technik; offen bleibt, wie Frauen selbst ihr Verhältnis zur Technik und zu traditionellen Geschlechtsrollenmustern bestimmen. Die subjektive Definition dieses Verhältnisses wird insbesondere dann biographisch bedeutsam, wenn sich Frauen für einen qualifizierten technischen Beruf entscheiden. Diese Frauen stehen dann nicht nur vor der Aufgabe, in eine traditionell Männern vorbehaltene und von ihnen verteidigte Domäne einzudringen und sich dort zu bewähren. Hinzu kommt, daß sie durch die Aufnahme eines technischen Berufs, ja bereits durch die Aufnahme eines technikwissenschaftlichen Studiums in eine „Welt" eintreten, die den kulturellen Mustern von Weiblichkeit und den normativen Erwartungen an Frauen entgegengerichtet ist. Vorliegende Forschungsbefunde verweisen darauf, daß Frauen diese Situation als konflikthaft „erleben" können. Metz-Göckel (1990b) nimmt an, daß die Wahl von männlich geprägten und dominierten Berufen bei Frauen grundsätzlich Ambivalenzen im Selbst erzeugt. Wie diese Ambivalenzen ausgehalten oder aufgelöst werden, könnte nach Metz-Göckel (1992) von der vorherrschenden *coping*-Strategie der einzelnen Frauen abhängen, ob deren Selbstkonzept aktiv oder defensiv auf diese Ambivalenz zu reagieren imstande ist. Nach Sklorz-Weiner können Frauen sich aber auch mit solchen Aspekten des technischen Berufs identifizieren, die es ihnen erlauben, „ihre mehr auf zwischenmenschliche Beziehungen ausgerichtete Identität" einzubringen. Sie können versuchen, ihre Tätigkeit in einen Rahmen zu stellen, der „mehr einen Bezug zu den Menschen innerhalb und außerhalb des Systems als zum System selbst hat“ (Sklorz-Weiner, 1994, S.14). Die Suche von Frauen nach „Nischen“ innerhalb technischer Berufe (vgl. Faulstich-Wieland, 1989, S.44) könnte beispielsweise ein Hinweis für eine solche Haltung sein.

In bisherigen Untersuchungsergebnissen deuten sich verschiedene Arten der Auseinandersetzung mit den prinzipiell konfligierenden Anforderungen an: So kann die intensive Beschäftigung mit Technik Frauen dazu bewegen, sich entweder kritisch von traditionell weiblichen Rollenmustern zu distanzieren oder aber die technische Betätigung in ein modifiziertes Weiblichkeitsbild zu integrieren. Die Studien von Rundnagel (1986) und Janshen/Rudolph et al. (1987) weisen darauf hin, daß die Frauen sich mit ihrer Entscheidung für einen Ingenieurberuf zum Teil explizit gegen typisch weibliche Verhaltensmuster abgrenzen wollten und teils bewußt traditionelle Frauenberufe ablehnten. Dieser Distanzierungsversuch impliziert jedoch nicht, daß die Frauen sich komplementär dazu mit der „Techniker-Rolle“ identifizieren, die Anforderungen eines technischen Männerberufes ungebrochen in ihr Selbstbild übernehmen (vgl. auch Teubner, 1989; zur Informatik vgl. Erb, 1996). Einige Ingenieurinnen äußern wie ihre männlichen Kollegen den Wunsch, Technik zu „beherrschen“; sie wehren sich aber mehrheitlich gegen einen zu starken emotionalen Bezug zur Technik, den sie bei ihren männlichen Kollegen wahrnehmen und kritisieren. Auch Berg-Peer (1981) hat unter Bezugnahme auf Kanter (1977a, 1977b) dargelegt, daß es mehrere Möglichkeiten für Ingenieurinnen zu geben scheint, ihre *token*-Situation im Beruf zu verarbeiten. Ritter (1994) unterscheidet aufgrund ihrer fünf offenen Interviews mit weiblichen Computerfans drei verschiedene Formen, wie die jungen Frauen sich in ihrem Lebensentwurf mit dem Computer auseinandersetzen: Versuch, die Beschäftigung mit dem Computer und die als männlich wahrgenommenen Wünsche und Anteile ihrer eigenen Person mit ihrer Weiblichkeit auszubalancieren; Neutralisierung der Weiblichkeit; Identifikation mit dem Männlichen, verbunden mit der Abwertung des Weiblichen.

Da die verschiedenen Annahmen und Belege noch weiterer empirischer Konkretisierung bedürfen, wollte ich anhand meiner vergleichsweise großen Stichprobe von Ingenieurstudentinnen erkunden, welche typischen Muster der Ausbalancierung zwischen „Weiblichkeit“ und „Technik“ die Frauen in ihrem Selbstkonzept vornehmen. Denn wenn man berücksichtigt, daß das Ich bzw. die Ich-Identität einer Person im Sinne von Goffman (1975) eine aktive, konstruktive Instanz, kein bloßer Reflex auf (widersprüchliche) Rollenanforderungen ist und „Weiblichkeit“ und „Technik“ als historisch und kulturell entstandene und sich verändernde Konzepte individuelle Interpretations- und Gestaltungsspielräume lassen[128], dann gilt es zuerst einmal in Erfahrung zu bringen, wie die befragten Studentinnen selbst die prinzipiell konkurrierenden Anforderungen wahrnehmen und welche Strategien sie entwickeln, um Ambivalenzen zu begegnen. Dem Selbstkonzept der Frauen kommt also eine wichtige Bedeutung zu.

Mit der Ich-Nähe von Technik und Weiblichkeit wird sozusagen auf einen topologischen Aspekt des Selbstkonzepts Bezug genommen. Meine Studie konzentriert sich somit auf eine meines Wissens bisher nicht untersuchte Selbstkognition, nämlich auf die psychischen Entfernungen der vorgelegten Konzepte zum Ich.[129] Mit der Skala zur Ich-Nähe sollte - wie bereits an anderer Stelle erörtert - in Erfahrung gebracht werden, wie ich-nah die Konzepte „Technik", „Weiblichkeit" und traditionell weiblich bzw. männlich konnotierte Konzepte wie z.B. Emotionalität, Sensibilität, soziales Engagement, Stärke, Theorie von Studentinnen der Natur- und Ingenieurwissenschaften angesiedelt werden. Auf der Basis der mit der Skala zur Ich-Nähe erhobenen Daten können die Konzepte verglichen und Informationen darüber gewonnen werden, ob die Nähe von Technik zum Ich mit der Ich-Nähe der anderen Konzepte korrespondiert. Zwar weisen vorliegende Untersuchungsergebnisse darauf hin, daß die Art des Technikbezugs von Frauen mit davon abhängt, wie sie sich mit traditionellen Geschlechtsrollenerwartungen auseinandersetzen; gleichzeitig ist aber auch ein Brüchigwerden dieser traditionellen Geschlechterrollen festzustellen. Gerade vor diesem Hintergrund erschien es mir wichtig zu untersuchen, wie zentral „Technik" für die Ich-Identität von Frauen ist, die sich mit ihrer Studienfachentscheidung entgegen traditionellen Rollenmustern verhalten, und ob etwa bei einer besonderen Ich-Nähe von Technik auch andere, dem Stereotyp von Männlichkeit affine, Konzepte, ich-nah eingestuft werden.

Für diese Untersuchung wurden Anregungen aus der Identitäts- und Selbstkonzeptforschung aufgenommen. Mit dem folgenden Exkurs soll verdeutlicht werden, wie die skizzierte Fragestellung und die weiter unten formulierte Untersuchungshypothese auf diese Forschungstradition zurückgreifen.

Ich stütze mich bei der Untersuchung der Ich-Nähe zum Teil auf Überlegungen Goffmans zum Identitätskonzept, wie er sie vor allem in seiner klassischen Studie „Stigma - Über Techniken der Bewältigung beschädigter

128 Auch im wissenschaftlichen Diskurs gibt es bisher keine einheitliche Definition von „Weiblichkeit", wie beispielsweise die Ausführungen von Knapp zum „weiblichen Arbeitsvermögen" zeigen, das als eine „Art Joker-Kategorie" in der Frauenforschung eine unterschiedliche inhaltliche Konkretisierung erfährt und vielfältige Assoziationen hervorruft (Knapp, 1987, S.246). Zum Technikbegriff vgl. Abschnitt 2.4 und Faulstich-Wieland (1989, S.38 ff.).

129 Die sich im Rahmen des dazu verwendeten Skalierungsverfahrens ergebenden Zahlenwerte sind selbstverständlich, wie bei numerischen Operationen mit latenten psychologischen Konzepten generell, nur als Analoga, als Veranschaulichungen aufzufassen, was angesichts der eingesetzten heuristischen Erhebungsmethode in besonderem Maße gilt.

Identität" (1975, ([engl. 1963]) entwickelt hat (vgl. dazu auch Huber & Krainz, 1994). Goffman unterscheidet bekanntlich soziale, persönliche und Ich-Identität. Unter sozialer Identität versteht Goffman zugeschriebene Merkmale, die sich aus den sozialen Rollen einer Person ergeben und die ein Individuum zu verkörpern und darzustellen verpflichtet ist. Demgegenüber sind mit persönlicher Identität die Merkmale verbunden, nach denen „das Individuum von allen anderen differenziert werden kann" (Goffman, 1975, S.74), die sich aus seiner einzigartigen Biographie ergeben. Ich-Identität ist schließlich die Instanz, mit deren Hilfe das Individuum persönliche und soziale Merkmale zu verbinden versucht, mit deren Hilfe es selbstreferentiell handeln kann. In Goffmans Terminologie wären Konzepte von „Weiblichkeit" oder die weibliche Geschlechtsrolle ein Aspekt der sozialen Identität von Frauen, verbunden mit spezifischen normativen Erwartungen, mit denen sich die weiblichen Individuen auseinandersetzen müssen. Vollmer-Schubert (1991) stellt auf die weibliche Identität bezogen allerdings die Frage, ob weibliche Identität aufgrund ihrer weitreichenden Bedeutung für die Person und wegen der Permanenz der mit ihr verbundenen Anforderungen mit anderen sozialen Identitäten (Rollenmustern) gleichgesetzt werden kann.[130] Die Überlegungen zur „Weiblichkeit" als spezifischer Aspekt der sozialen Identität von Frauen sind für meine Untersuchung insofern bedeutsam, als es darum geht, die Ich-Nähe von Weiblichkeit in Relation zur Ich-Nähe anderer Konzepte zu stellen.

Goffmans Konzeption von „Ich-Identität" ist dem Selbstkonzept verwandt, das die psychologische Selbstkonzeptforschung als mentale Repräsentation der eigenen Person bestimmt. Es ist nach Mummendey der „Inbegriff mehr oder weniger überdauernder selbstbezogener Kognitionen" (Mummendey, 1984, S.171). Die Selbstkonzeptforschung untersucht, wie sich die mentale Repräsentation der eigenen Person etwa im Selbstbild, der Selbstbewertung und Selbstwahrnehmung vollzieht. Sie weist auf die Bedeutung interner Selbstmodelle für menschliches Erleben und Handeln hin, ihren eigenständigen Beitrag zur Verhaltenserklärung und -vorhersage. Die Selbstmodelle besitzen für das Individuum instrumentellen Wert, „indem sie zur Planung, Vorhersage, Erklärung und Kontrolle von Ereignissen und Handlungen in der jeweiligen Situation erlebnismäßig beitragen" (Filipp, 1984, S.148).

Umstritten ist, ob das Selbstkonzept eine Einheit darstellt oder ob ein Individuum über eine Pluralität von Selbstkonzepten verfügt.

---

130 Vollmer-Schuberts Auffassung, daß Ich-Identität bei Frauen nicht „über" oder „hinter" der weiblichen Identität, sondern neben ihr stehe, weil weibliche Identität kaum bruchlos in die Ich-Identität integriert werden könne (vgl. Vollmer-Schubert, 1991, S.172 ff.), soll in diesem Rahmen nicht weiter diskutiert werden. Ihr Vorschlag widerspricht allerdings der Logik des dreiteiligen Konzepts von Identität.

„Das Problem, ob man von einem oder mehreren Selbstkonzepten zu sprechen habe, wird dann gelöst, wenn man akzeptiert, daß Selbsttheorien zugleich integriert und differenziert sind. So sind sehr viele einzelne Selbstkognitionen einem umfassenden, übergreifenden Selbstsystem eingegliedert. Da sich eine Person ihres Selbstsystems nicht bewußt ist, ist es unsinnig zu fragen, ob sie ein in sich geschlossenes Selbstkonzept besitzt. Dieses muß erschlossen werden, beispielsweise aus den gleichen affektiven Reaktionen bei Bedrohung jedes beliebigen Aspekts der eigenen Person oder aus der Desorganisation des gesamten Selbstsystems im Falle akuter Schizophrenien. Das Selbstkonzept als in sich geschlossenes System zu akzeptieren, schließt nicht aus, daß es differenziert ist und sogar Inkonsistenzen aufweist. Zwar werden diese, wie erwähnt, als belastend erlebt, so daß das Selbstsystem immer nach innerer Harmonie zu streben scheint, ohne dieses Ziel jemals voll zu erreichen." (Epstein, 1984, S.33)

In der Diskussion über das Verhältnis von Frauen zur Technik wird zum Teil explizit auf das Selbstkonzept Bezug genommen. Nach Metz-Göckel wird das Selbstkonzept insbesondere dann tangiert,

„wenn eine Entscheidung zu treffen oder eine Option offen zu halten ist, die mit dem traditionellen Frauenstereotyp und -bild nicht übereinstimmt. Wählen Frauen ein natur- bzw. ingenieurwissenschaftliches Studienfach, dann harmoniert dieses nicht so schlicht mit ihrer 'Frauenrolle', ganz im Unterschied zu den männlichen Kommilitonen, die sich in harmonischer Übereinstimmung mit ihrem Geschlechterstereotyp befinden, das sie sogar mitkonstituieren." (Metz-Göckel, 1992, S.59)

Wie in der Adoleszenz geschlechtsrollenkonformes oder innovatives Verhalten entsteht (das beispielsweise impliziert, daß Mädchen sich für Naturwissenschaft und Technik interessieren), erklärt Hannover (1992), indem sie auf das situationsspezifisch variierende „spontane Selbstkonzept" (McGuire, 1984; McGuire & Padawer-Singer, 1976) rekurriert. Mädchen sind nach Hannover in der Adoleszenz stärker als Jungen dem Konflikt zwischen Erwachsenenrolle und traditioneller Geschlechtsrolle ausgesetzt, da sich bei Frauen diese beiden Rollen teilweise widersprechen. Werden Mädchen - etwa in geschlechtshomogenen Schulklassen - spontan dazu angeregt, „wie ein Erwachsener", d.h. kompetent, entscheidungsfähig, unabhängig zu handeln, können sie eher eine „androgyne Geschlechtsrollenorientierung"[131] entwickeln, die sich für die Mädchen selbstwertsteigernd auswirkt. Mädchen mit androgynen Rollenorientierungen zeigen eher Interesse und positive Einstellungen gegenüber traditionell maskulinen Fächern wie Naturwissenschaften und Technik (vgl. Hannover, 1992, S.36 ff.). Dominieren aufgrund der situativen Gegebenheiten dagegen spontane Selbstkonzepte bei den Mädchen, die Anleihen bei der traditionellen Frauenrolle machen, werden die Mädchen tendenziell eine feminine Geschlechtsrollenorientierung übernehmen und sich eher für typische Mädchenfächer interessieren.

---

131 Hannover verweist in diesem Zusammenhang auf Bem (1981) und Spence & Helmreich (1978). Zum Androgynitätskonzept vgl. z.B. auch Bierhoff-Alfermann (1989), Meesmann & Sill (1994).

Sowohl die Identitäts- als auch die Selbstkonzeptforschung beschäftigen sich mit Aspekten eines wie auch immer konzipierten „Selbst". Bisher stehen jedoch die Diskurse beider Forschungsrichtungen - zumindest soweit sie mir bekannt sind - weitgehend unverbunden nebeneinander. Dies mag wohl auch damit zusammenhängen, daß das Selbst- und das Identitätskonzept jeweils mit unterschiedlichen Theorietraditionen und unterschiedlichen Forschungsmethodologien (z.B. phänomenologischen, psychoanalytischen oder empirisch-analytischen Vorgehensweisen) verbunden sind und somit auch zum Teil unterschiedliche Merkmale des „Selbst" bzw. von „Identität" in den Blickpunkt rücken. Manchmal werden die Begriffe Selbstbild, Selbstkonzept, Lebensentwurf, Identität auch nebeneinander verwendet, ohne daß die verschiedenen Theoriebezüge diskutiert werden (vgl. z.B. Ritter, 1994). Die von Pörzgen (1994) neuerdings vorgenommene paradigmatische Unterscheidung der Selbstkonzeptforschung nach einem phänomenologischen, behavioristischen und kognitiv orientierten Standpunkt deutet auf gemeinsame Theoriebezüge von Selbstkonzept- und Identitätskonzeptforschung hin. Pörzgen selbst stellt allerdings nicht explizit einen Bezug zur Identitätsforschung her. Das wechselseitige Zur-Kenntnis-Nehmen der verschiedenen Forschungstraditionen, ihrer Untersuchungsergebnisse sowie die Diskussion der Vorzüge und Nachteile der einzelnen Konzepte in einem übergreifenden Zusammenhang könnte im Sinne einer Theorietriangulation[132] (vgl. Abschnitt 1.1) sicherlich zu einer Erweiterung des Forschungsblickwinkels führen. Hier besteht noch erheblicher Theoriebedarf.

Wenn Ingenieurstudentinnen die Ich-Nähe von Konzepten wie Technik und Weiblichkeit einschätzen, beziehen sie sich also auf - tendenziell widersprüchliche - Aspekte der sozialen Identität. Je nachdem, wie die persönliche Identität der Befragten beschaffen ist und wie Erfahrungen und Erwartungen in das Selbstkonzept bzw. die Ich-Identität integriert werden, sind unterschiedliche Formen der Bewältigung des Widerspruchs zu erwarten. Die Ich-Nähe ist für mich ein Indikator, um festzustellen, welche Muster der Anordnung dieser symbolisch und kulturell unterschiedlich geprägten Konzepte zum Ich von den Ingenieurstudentinnen gewählt werden. Mit der folgenden Hypothese werden hierzu Überlegungen angestellt.

Hypothese 8:

Es lassen sich vier Identitätsmuster unterscheiden, nach denen die Studentinnen die Konzepte Technik und Weiblichkeit zu ihrem Ich anordnen könnten:

- *„Integration" (Ich-Nähe von „Weiblichkeit" und von „Technik");*

132 Vgl. z.B. Prein, Kelle, Kluge (1993, S.14), die hierzu auf Denzin (1977) verweisen.

- *„feminine Orientierung“ (Ich-Nähe von „Weiblichkeit“, Ich-Ferne von „Technik“);*
- *„Distanzierung“ (Ich-Ferne von „Weiblichkeit“ und von „Technik“;*
- *„Technikorientierung“ (Ich-Ferne von „Weiblichkeit“, Ich-Nähe von „Technik“).*

Es sollte herausgefunden werden, wie häufig diese (durch Dichotomisierung der Skalenwerte zu erfassenden) Muster auftreten, mit welchen Attributen der Geschlechterrollen die vier Identitätsmuster korrespondieren und welche korrelativen Hinweise sich auf die Bedeutung der Identitätsmuster für den subjektiven Technikbezug ergeben.

4.2 Geschlechtsrollenorientierung und Technikbezug

4.2.1 Ich-Nähe von Technik und von Weiblichkeit

Bereits im Kontext der Fragestellung zum mehrdimensionalen Technikbezug hatte sich gezeigt, daß die Studentinnen der Natur- und Ingenieurwissenschaften innerhalb der Gruppe der weiblichen Studierenden diejenigen waren, die Technik am nähesten zum Ich einstufen (Mittelwert 4.01). Dagegen betrug bei den Studentinnen der Sozialarbeit/Sozialpädagogik der Mittelwert 5.38 und bei den Studentinnen des Faches „Verwaltung“ 6.37 (vgl. Tabelle 6). Die Unterschiede zwischen den drei Gruppen sind nach dem Ergebnis der Varianzanalyse statistisch signifikant. Zieht man nun zum Vergleich die Daten über die Ich-Nähe von Weiblichkeit heran, ergibt sich eine andere Konstellation: Hier sind es die Studentinnen der Sozialarbeit/Sozialpädagogik, die Weiblichkeit am ich-nähesten lokalisieren (Mittelwert 2.37). Die Studentinnen der Natur- und Ingenieurwissenschaften verorten Weiblichkeit mit einem Mittelwert von 3.07 dagegen weniger nah zu ihrem Selbst und unterscheiden sich dabei nach dem varianzanalytischen Ergebnis signifikant ($p < 0.05$) von den Studentinnen der Sozialarbeit/Sozialpädagogik.[133] Die Studentinnen des Faches „Verwaltung“ liegen dazwischen (MW=2.73). Mit Abbildung 7 wird für die Gesamtgruppe der weiblichen Studierenden aus den drei Fachkulturen veranschaulicht, wie zentral sie Technik in Relation zu Weiblichkeit für sich selbst erachten.

Betrachtet man die Gruppe der Studentinnen der Natur- und Ingenieurwissenschaften im Kontext der Gesamtgruppe der befragten Frauen, dann zeigt sich auf der Ebene der Mittelwerte bei allen Studentinnen ein ähnli-

---

133 Beachtenswert ist, daß die Varianz der Werte für die Gruppe der Studentinnen der Natur- und Ingenieurwissenschaften am größten ist und von den anderen weiblichen Gruppen abweicht. Diese Varianzinhomogenität macht die Schätzung der Werte für die zentrale Tendenz leider etwas unsicher.

cher Trend: Weiblichkeit wird ich-näher eingestuft als Technik. Bei den Studentinnen der Natur- und Ingenieurwissenschaften ist jedoch die Differenz zwischen den Mittelwerten der beiden Konzepte geringer als bei den Studentinnen aus den beiden anderen Fachkulturen.

Abbildung 7: Ich-Nähe von Technik und von Weiblichkeit

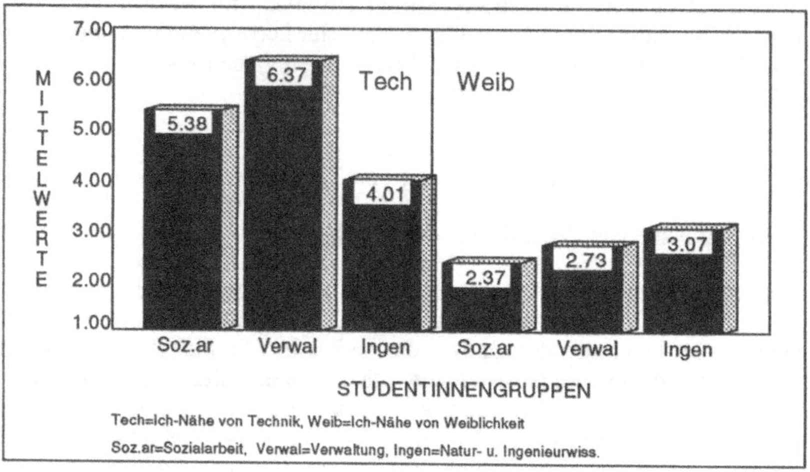

Tech=Ich-Nähe von Technik, Weib=Ich-Nähe von Weiblichkeit
Soz.ar=Sozialarbeit, Verwal=Verwaltung, Ingen=Natur- u. Ingenieurwiss.

4.2.2 Identitätsmuster von Studentinnen der Natur- und Ingenieurwissenschaften

Die bisher vorgestellten Ergebnisse informieren zunächst erst einmal darüber, wie sich die Studentinnen der Natur- und Ingenieurwissenschaften bei der Verortung von Weiblichkeit und Technik zu ihrem Selbst im Vergleich zur Gesamtgruppe der befragten Studentinnen verhalten. Ein differenzierteres Bild ergibt sich, wenn man entsprechend der eingangs formulierten Fragestellung und entlang der vier hypothetisch entwickelten Identitätsmuster überprüft, in welcher Konstellation Weiblichkeit und Technik von den Studentinnen der Natur- und Ingenieurwissenschaften zu ihrem Ich angeordnet werden. Um darüber Aufschluß zu erhalten, wurden die Skalenwerte der Studentinnnen zu den Konzepten Technik und Weiblichkeit am jeweiligen Median der Konzepte dichotomisiert. Der Median wurde somit als Kriterium herangezogen, um gemäß der vorgenommenen Klassifikation der Identitätsmuster die Präferenz der Studentinnen für eines der vier Identitätsmuster einzuschätzen. Bei Technik hatte der Median den Wert 4; Werte unter 4 galten dementsprechend als ich-nah, Werte über 4 als ich-fern. Der Median bei Weiblichkeit betrug 2.5; hier wurden Werte unter 2.5 als ich-nah, Werte über 2.5 als ich-fern eingestuft. In Tabelle 11 wird dargestellt, wie sich die Identitätsmuster zahlenmäßig und prozentual bei den Studentinnen der Natur- und Ingenieurwissenschaften verteilen.[134]

Tabelle 11: Identitätsmuster von Studentinnen der Natur- und Ingenieurwissenschaften

IDENTITÄTSMUSTER	ICH-NÄHE	HÄUFIGKEIT	PROZENT
Integration	Ich-Nähe von Weiblichkeit und von Technik	28	33.7
feminine Orientierung	Ich-Nähe von Weiblichkeit, Ich-Ferne von Technik	14	16.9
Distanzierung	Ich-Ferne von Weiblichkeit und von Technik	24	28.9
Technikorientierung	Ich-Ferne von Weiblichkeit, Ich-Nähe von Technik	17	20.5
	SUMMEN	83	100.0

Offensichtlich werden die Identitätsmuster mit einer gleichgerichteten Tendenz in höherem Maße präferiert, als diejenigen mit einer Überkreuzkombination beider Konzepte. Demnach sind also die Identitätsmuster „Integration" und „Distanzierung" bei den Studentinnen am stärksten vertreten. Über ein Drittel der Studentinnen beurteilten Weiblichkeit wie auch Technik ich-nah. Dies deutet darauf hin, daß es diesen Frauen möglicherweise gelingt, die unterschiedlichen Orientierungen und Erwartungen, die gemeinhin mit den Konzepten verbunden sind, in ihrem Selbstkonzept zu integrieren. Knapp 30% der Studentinnen lokalisierten sowohl Weiblichkeit als auch Technik ich-fern. Ich habe dieses Muster entsprechend meiner Hypothese als „Distanzierung" bezeichnet. Man könnte es aber auch „Offenheit" nennen und die Distanzierung von beiden Konzepten als Anzeichen dafür ansehen, daß diese Frauen sich möglicherweise neu orientieren möchten und daher die traditionellerweise mit Weiblichkeit und Technik assoziierten Erwartungen für sich erst einmal zurückweisen. Aus dem letzteren Blickwinkel betrachtet, erscheint mir dann auch die relativ hohe Anzahl von Studentinnen mit diesem Identitätsmuster nicht mehr ganz so überraschend. Inte-

134 Insgesamt wurden 122 Studentinnen aus den Natur- und Ingenieurwissenschaften befragt. Die in der Tabelle 11 ausgewiesene Zahl von 83 kommt dadurch zustande, daß bei 22 Studentinnen auswertbare Angaben zum Konzept Weiblichkeit oder zum Konzept Technik fehlten und 17 Studentinnen bei Technik den Median-Wert erreichten und deshalb als „mittlere Gruppe" unberücksichtigt blieben.

ressanterweise ist das Identitätsmuster „Technikorientierung", das eine Ich-Nähe von Technik, aber eine Distanz zu Weiblichkeit impliziert - und das manche gängigen Annahmen in der Frauenforschung bei Frauen in technischen Berufen nahelegen - vergleichsweise unterrepräsentiert. Die kleinste Gruppe bilden die Studentinnen mit einer „femininen Orientierung".[135] Diese Frauen haben sich also trotz ihrer persönlichen Distanz zur Technik für ein natur- oder ingenieurwissenschaftliches Studium entschieden.

Gerade wenn es, wie in meiner Studie, darum geht, die hypothetisch formulierten Identitätsmuster bei einer Gruppe von Studentinnen der Natur- und Ingenieurwissenschaften erstmals aufzuspüren, gilt es zu bedenken, daß es sich auch bei diesen Wissenschaftsdisziplinen nicht um einen monolithischen Block handelt. Vielmehr ist von verschiedenen Fachkulturvarianten innerhalb der Naturwissenschaften wie auch in den technischen Diszplinen auszugehen, so daß sich auch die Studentinnen je nach gewähltem Studienfach in ihren Selbstkonzepten unterscheiden dürften. Wie bereits an anderer Stelle ausgeführt (vgl. Abschnitt 1.4.1), war ich unter anderem deshalb darum bemüht, eine möglichst hohe Anzahl von Studierenden aus den Natur- und Ingenieurwissenschaften in meine Studie einzubeziehen, um auch innerhalb dieser Fachkultur Detailauswertungen vornehmen zu können. Aufgrund der geringen Zellenbesetzungen war es aber bei der Ermittlung von Identitätsmustern nicht möglich, nach einzelnen Studienfächern zu unterscheiden; es konnte aber eine Unterteilung nach „harten" und „weichen" Studienfächern[136] vorgenommen werden, um in Erfahrung zu bringen, ob die Studentinnen aus den jeweiligen Studienfächern unterschiedliche Identitätskonzepte präferieren. Es zeigte sich, daß die Studentinnen aus den sogenannten harten Fächern das Identitätsmuster „Integration" bevorzugen; Studentinnen aus diesen Fächern sind auch eher „technikorientiert". Das Identitätsmuster „Distanzierung" wird dagegen eher von Studentinnen der „weichen" Fächer favorisiert. Bereits diese wenigen Trends bestätigen meine Annahme, daß künftig bei einer detaillierten Untersuchung des Verhältnisses von Frauen (wie von Männern) zur Technik auch innerhalb der natur- und ingenieurwissenschaftlichen Fachkultur differenziert werden muß und daß diese Fachkultur nicht - wie dies häufig im Kontext der Technikdebatte ge-

---

135 Generell möchte ich anmerken, daß es mir zunächst erst einmal darum ging, mögliche Identitätsmuster zu benennen und zu ermitteln. Die gewählten Bezeichnungen sind somit als vorläufig zu verstehen. Gerade der Begriff „feminine Orientierung" könnte irritieren. Bei meinen Ergebnissen hat sich diese Beschreibung jedoch angeboten, weil die Studentinnen, die dieses Identitätsmuster favorisierten, für sich am ehesten Attribute der traditionellen Weiblichkeitsrolle akzeptierten. Es ist also keineswegs beabsichtigt, mit diesem Begriff eine neue Stereotypisierung vorzunehmen.

136 Zu den „weichen" Fächern zählten Architektur, Informatik und Mathematik; als „hart" wurden die Fächer Maschinenbau, Elektrotechnik, Chemische Technologie, Kunststofftechnik und Bauingenieurwesen eingestuft.

schieht - en bloc mit anderen, nicht-technischen Fachdisziplinen verglichen werden sollte.

Um aussagekräftige Interpretationen zu den eruierten Identitätsmustern vornehmen zu können und um weiteren Aufschluß darüber zu gewinnen, wie Frauen, die sich für ein bisher „frauenuntypisches“ Studium entschieden haben, traditionellen Geschlechtsrollenerwartungen in ihrem Selbstkonzept begegnen, wurde in einem nächsten Auswertungsschritt untersucht, inwieweit die vier Identitätsmuster der Studentinnen mit der Ich-Nähe der anderen, ebenfalls mit der Skala erhobenen eher traditionell weiblich bzw. männlich konnotierten Konzepte korrespondieren.[137]

Tabelle 12 gibt einen Überblick über die Ergebnisse. In der ersten Spalte sind die, neben den Konzepten Weiblichkeit und Technik mit der Skala zur Ich-Nähe erhobenen Konzepte wie Soziales Engagement, Sensibilität eingetragen und danach sortiert, ob sie männlichen oder weiblichen Rollentraditionen affin sind. Das Konzept Kreativität wurde als nicht eindeutig einem Geschlechterstereotyp zuordenbar angesehen und deshalb in einer eigenen Rubrik (unterste Zeile) gesondert dargestellt. Die Mittelwerte zu den einzelnen Konzepten zeigen an, wie ich-nah die jeweiligen Konzepte von der Gesamtgruppe, also von den hier einbezogenen 83 Studentinnen der Natur- und Ingenieurwissenschaften, lokalisert wurden. In der ersten Zeile sind in den Spalten zwei bis fünf die vier Identitätsmuster aufgeführt, nach denen dann auch die vier Gruppen benannt wurden, die sich aus den Studentinnen zusammensetzen, die das jeweilige Identitätsmuster präferieren. Es wurde für jede der vier Gruppen festgestellt, wie ich-nah sie im Durchschnitt die einzelnen Konzepte lokalisierten. Die Mittelwerte der vier Gruppen wurden dann hinsichtlich ihrer Ich-Nähe zu den einzelnen Konzepten, unter Bezugnahme auf den Mittelwert der Gesamtgruppe, in eine Rangreihe gebracht. Durch positive oder negative Vorzeichen wurde unterschieden, ob die Gruppe jeweils über oder unter dem Gesamtmittelwert für alle 83 Befragten lag. Wegen der besseren Übersichtlichkeit wurden in Tabelle 12 in den Spalten zwei bis fünf für die Identitätsmuster anstatt der Mittelwerte jeweils positive oder negative Vorzeichen eingetragen. So ist gut überschaubar, wie die Gruppe der Studentinnen mit dem jeweiligen Identitätsmuster im Durchschnitt die anderen Konzepte eingeschätzt hat. Mittels Einweg-Varianzanalysen wurden Vergleiche der vier Gruppen vorgenommen, also geprüft, ob sich die Gruppen bezüglich der Ich-Nähe der jeweiligen Konzepte signifikant unterscheiden. Angaben über die varianzanalyti-

137 Bei diesen Auswertungen habe ich allerdings nicht mehr zwischen „harten“ und „weichen“ Studienfächern differenziert, da bei der Berücksichtigung aller mit der Skala zur Ich-Nähe erhobenen Daten aufgrund der unterschiedlichen Zellenbesetzungen keine statistisch interpretierbaren Aussagen möglich gewesen wären. Bei einer künftigen Untersuchung bedarf es hierzu einer größeren Anzahl von Studentinnen aus den verschiedenen Studienfächern bzw. einer höheren zahlenmäßigen Besetzung einzelner ausgewählter Studienfächer.

Tabelle 12: Affinität der Identitätsmuster zu geschlechtlich geprägten Konzepten

Identitätsmuster ⇒	„Integration" (1)	„fem. Orientierung" (2)	„Distanzierung" (3)	„Technikorientierung" (4)	signifik. MW-Unterschiede („>" = ich-näher)	Varianzen
	Vergleich der Ich-Nähe*					
weiblich konnotierte Konzepte						
Soziales Engagement (MW=3.86)**	++	--	-	+	(1)>(2) (4)>(2)	homogen
Sensibilität (MW=2.46)	+	++	--	-	(2)>(3) (1)>(3)	homogen
Partnersch./Familie (MW=1.99)	++	--	+	-	(1)>(4) (1)>(2)	inhomogen
Emotionalität (MW=2.32)	+	++	-	--	Trend: p=0.0637	inhomogen
männlich konnotierte Konzepte						
Beruf (MW=2.78)	++	--	-	+	(1)>(3) u. (2) (4)>(3) u. (2) (3)>(2)	homogen
Sachlichkeit (MW=3.56)	+	--	-	++	(1)>(2) u. (3) (4)>(2) u. (3)	inhomogen
Stärke (MW=3.00)	+	-	--	++	(1)>(3) (4)>(3)	homogen
Unabhängigkeit (MW=2.19)	+	--	-	++	(1),(4),(3) > (2)	homogen
Theorie (MW=4.71)	++	--	-	+	(1)>(2) u. (3) (4)>(2) u. (3)	homogen
geschlechtsunspezifisch						
Kreativität (MW=2.74)	++	--	-	+	n.s.	homogen

* ++ Gruppe mit jeweils größter Ich-Nähe ⎤ Gruppen, die ich-näher
+ Gruppe mit jeweils großer Ich-Nähe ⎦ als der Gesamtmittelwert liegen
- Gruppe mit jeweils geringer Ich-Nähe ⎤ Gruppen, die ich-ferner
-- Gruppe mit jeweils geringster Ich-Nähe ⎦ als der Gesamtmittelwert liegen

** Jeweiliger Mittelwert für die Gesamtgruppe der Ingenieurstudentinnen schen Ergebnisse sind in Spalte 6 und 7 enthalten (signifikante Unterschiede zwischen den vier Gruppen; homogene oder inhomogene Varianzen der vier Gruppen). Hinsichtlich der Ich-Nähe der männlich und weiblich konnotierten Konzepte unterscheiden sich die vier Studentinnengruppen auf charakteristische Weise.

Bei der Gruppe (1), die durch das Identitätsmuster „Integration" charakterisiert ist, fällt auf, daß alle weiblichen und männlichen Konzepte ich-näher als in der Gesamtgruppe angesiedelt sind. Bei den weiblich konnotierten Konzepten unterscheidet sich diese Gruppe bezüglich der Konzepte soziales Engagement und Partnerschaft/Familie erstaunlicherweise besonders stark von der Gruppe (2), deren Angehörige eher „feminin orientiert" sind, indem die zuerst genannte Gruppe beide Konzepte signifikant ich-näher lokalisiert. Bei den männlich geprägten Konzepten sind es vor allem Beruf und Theorie, die Gruppe (1) als vergleichsweise ich-nah beurteilt. Auch die anderen Konzepte, Sachlichkeit, Stärke und Unabhängigkeit, werden ich-näher als von der Gesamtgruppe eingeschätzt. Bei den männlich geprägten Konzepten unterscheidet sich Gruppe (1) vor allem von Gruppe (2) und Gruppe (3) signifikant. Versucht man aufgrund der Ergebnisse ein Selbstbild der Studentinnen in Gruppe (1) zu zeichnen, dann könnte man von Frauen sprechen, die sich mit den vielfachen Rollenanforderungen identifizieren, die gleichzeitig an sozialen Beziehungen wie an intellektuellen und beruflichen Herausforderungen interessiert sind.

Bei den Studentinnen in der Gruppe (2) „feminine Orientierung" liegen sämtliche männlich konnotierten Konzepte hinsichtlich der Ich-Nähe weit unter dem Gesamtmittelwert. In dieser Hinsicht unterscheidet sich die Gruppe statistisch signifikant vor allem von den Studentinnen, die das Identitätsmuster „Integration" oder „Technikorientierung" bevorzugen. Lediglich beim Konzept Stärke zeigen sich keine statistisch signifikanten Unterschiede zu den anderen Gruppen. Die Bezeichnung „feminine Orientierung" wird insofern gestützt, als die Studentinnen in dieser Gruppe offensichtlich die beiden „weiblichen" Sekundärtugenden Sensibilität und Emotionalität besonders ich-nah wahrnehmen. Erstaunlich ist dagegen, daß sie die Konzepte Soziales Engagement und Partnerschaft/Familie im Vergleich zu den Angehörigen der anderen Gruppen am weitesten vom Ich entfernt lokalisieren. Wird ein technisches Studienfach gewählt, geht offenbar bei diesen Studentinnen die vorhandene Technikferne mit Abstrichen in den sozialen Beziehungen einher. Das Selbstbild dieser Gruppe von Studentinnen ist demnach durch „feminine" Ausdrucksformen charakterisiert, die mit sozialer Bindung verknüpften Aspekte von Weiblichkeit (soziales Engagement, Partnerschaft/Familie) sowie die im natur- und ingenieurwissenschaftlichen Bereich verlangten Dispositionen des technisch-männlichen Habitus treten zurück. Es ist möglich (wenn auch durch meine Ergebnisse nicht belegbar), daß die Studentinnen mit einer „femininen Orientierung" die Diskrepanz zwischen den verschiedenen (expressiv-emotionalen und sozialen, nach außen gerichteten) Elementen traditionell weiblicher Rollenanforderungen im Selbstkonzept konflikthaft erleben.

Von den Studentinnen in der Gruppe (3), „Distanzierung", werden die weiblich wie auch die männlich konnotierten Konzepte relativ wenig geschätzt. Lediglich bei Partnerschaft/Familie liegt die Gruppe über den Mittelwert der Gesamtgruppe, unterscheidet sich allerdings statistisch nicht signifikant von den übrigen Gruppen. Bei den männlich konnotierten Konzepten finden sich ausschließlich signifikante Unterschiede zu den beiden Gruppen „Integration" und „Technikorientierung" und ein ähnliches Antwortverhalten wie bei den Studentinnen mit einer „femininen Orientierung". Allerdings ist hier die Distanz zu den Konzepten Beruf und Unabhängigkeit geringer, die Distanz zu Stärke dagegen deutlicher ausgeprägt.

Es ist schwierig, vom Antwortverhalten der Studentinnen in dieser relativ stark besetzten Gruppe, die den Gegenpol zur Gruppe „Integration" bildet, auf ein konturiertes Selbstbild zu schließen. Mit Ausnahme von Partnerschaft/Familie werden die Konzepte in der Skala vergleichsweise ich-fern lokalisiert. Dieser Sachverhalt könnte auf die Schwierigkeit der Studentinnen hinweisen, sich in den durch Männlichkeits-Weiblichkeits-Differenz gekennzeichneten Fachdisziplinen zu orientieren. Möglicherweise sind diese Frauen aber auch besonders offen für eine persönliche Neuorientierung und stehen deshalb den berücksichtigten Konzepten distanziert gegenüber. Eine solche Annahme wird durch den Umstand gestützt, daß das Identitätsmuster „Distanzierung" insbesondere von Studentinnen aus den sogenannten „weichen" ingenieurwissenschaftlichen Studienfächern bevorzugt wird. Vielleicht sind Frauen in diesen Fächern besonders bemüht, gerade in den technischen Bereichen nicht sofort wieder in eine „weibliche" Ecke gedrängt zu werden und distanzieren sich unter anderem auch deswegen von „weiblichen" Verhaltensmustern.

Für die Gruppe der Studentinnen mit dem Identitätsmuster (4) „Technikorientierung" ist bei den weiblich konnotierten Konzepten erwähnenswert, daß Soziales Engagement ich-näher als von den „feminin" orientierten Frauen eingestuft wird. Das nach herkömmlichem Rollenverständnis unerwartete Ergebnis zeigt sich auch bei der anderen techniknahen Gruppe. „Soziales Engagement" - was darunter auch immer en detail verstanden wird - scheint also bei diesen Frauen mit einem technischen Berufswunsch verknüpft zu sein. Im übrigen werden aber von den Studentinnen mit dem Identitätsmuster „Technikorientierung" erwartungsgemäß traditionell weibliche Ausdrucksformen vergleichsweise ich-fern lokalisiert; im Gegensatz dazu werden Sachlichkeit, Stärke, Unabhängigkeit noch ich-näher als von den Frauen in der Gruppe „Integration" beurteilt. Die Studentinnen in der Gruppe „Technikorientierung" scheinen über ein Selbstbild zu verfügen, in dem „feminine" Ausdrucksformen zugunsten eher „maskuliner" Orientierungen zurückstehen. Ihre persönlichen Orientierungen nähern sich somit dem traditionell männlichen Habitus der technischen Studienfächer an.

Durch meine eben skizzierten Ergebnisse lassen sich bisherige Befunde und Analysen der Frauenforschung, in denen die Auseinandersetzung von Frauen mit technischen Berufs- und weiblichen Rollenanforderungen Thema ist, stützen, aber auch differenzieren. Die mehrfach festgestellte bzw. aus Interviewdaten erschlossene Ablehnung weiblicher Verhaltensmuster bei Ingenieurinnen (vgl. z.B. Janshen, Rudolf et al., 1987; Rundnagel, 1986) findet sich nach meinen Ergebnissen bei den Studentinnen in der Gruppe mit dem Identitätsmuster „Technikorientierung". Aber auch die Beobachtung von Teubner (1989) und Rundnagel (1986), daß die strukturellen Vorgaben eines Männerberufs im allgemeinen nicht nahtlos von Frauen übernommen werden, läßt sich durch meine Daten belegen: So gibt es einerseits die Studentinnen in der Gruppe (3) „Distanzierung", die sich sowohl von männlichen Stereotypen und Anforderungen als auch von weiblichen Stereotypen abgrenzen, andererseits die Studentinnen, die das Identitätsmuster „Integration" favorisieren und weibliche und männliche Rollenmerkmale in ihrem Selbstbild zu verbinden versuchen.

Von innerpsychischen Konflikten bei Frauen mit dem Identitätsmuster „Distanzierung" wäre unter der Bedingung auszugehen, daß diese Gruppe die von Berg-Peer (1981) bei Ingenieurinnen festgestellte Tendenz zur Isolation und Abfinden mit einer Außenseiterinnenrolle verkörpert. Der von Berg-Peer weiterhin postulierte Typus des weiblichen „Insiders", der sich männlich identifiziert, sowie die von ihr angenommenen Entsprechungen der Moss-Kanterschen Varianten weiblicher Rollenstereotype könnten durch die Studentinnen in der Gruppe „Technikorientierung" bzw. durch diejenigen in der Gruppe „feminine Orientierung" repräsentiert werden. Auch Metz-Göckels (1990b, 1992) Annahme, daß sich die Ambivalenz von Fachfrauen in den Natur- und Ingenieurwissenschaften aus der Abgrenzung von weiblichen Rollenstereotypen bzw. der Hinwendung zur männlich dominierten Naturwissenschaft und Technik ergibt, wird durch meine Ergebnisse belegt und differenziert: Es scheint verschiedene Möglichkeiten zu geben, sich den habituellen Anforderungen technischer Berufe zu stellen. Interessant wäre, in einer weiterführenden Studie zu klären, ob die von Metz-Göckel postulierten Ambivalenzen ungefähr im selben Umfang und in derselben Weise bei Studentinnen auftreten, und zwar unabhängig davon, welches Identätsmuster jeweils von den Studentinnen präferiert wird.

Die zwei zahlenmäßig am stärksten vertretenen Identitätsmuster „Integration" und „Distanzierung", nach denen entweder männliche und weibliche Rollenelemente zu integrieren versucht werden oder eine Distanzierung von beiden Rollenanforderungen vorgenommen wird, finden in der qualitativen Studie von Ritter (1994) die vielleicht deutlichsten Entsprechungen. Die Auseinandersetzung mit moderner Technik durch junge Frauen kann nach

Ritter in Form einer Balance männlicher und weiblicher Rollenelemente im Selbstkonzept erfolgen - dies kommt den Charakteristika des Identitätsmusters „Integration" nahe - oder in Form der Neutralisierung von „Weiblichkeit" geschehen - letztere Form der Auseinandersetzung ähnelt dem Identitätsmuster „Distanzierung", das die Studentinnen der Gruppe (3) bevorzugen. Für Ritter ist darüber hinaus auch die Identifikation mit dem „Männlichen" bei gleichzeitiger Abwertung des „Weiblichen" möglich, was bei den Studentinnen in der Gruppe „Technikorientierung" als Ich-Nähe männlich konnotierter Konzepte und als Distanzierung von weiblichen Konzepten aufscheint.

4.2.3 Validierung der Identitätsmuster

In einem abschließenden Untersuchungsschritt wurde angestrebt, die Bedeutung der eruierten Identitätsmuster noch weiter aufzuschlüsseln. Zu diesem Zweck wurden die zu anderen Fragestellungen der Studie bereits erhobenen Daten herangezogen und mit den vorliegenden Daten über die Identitätsmuster in Beziehung gesetzt. Es wurde geprüft, ob und wie die nach den vier Identitätsmustern unterschiedenen Studentinnengruppen in ihren Assoziationen zu „Technik" und zu „Frau", in ihrem Technikverständnis sowie bei der Studienfachwahlmotivation differieren. Diese Auswertungen stellen eine bescheidene erste Anstrengung zur Validierung der Ich-Nähe-Skala dar.

Tabelle 13 gibt Aufschluß über die Ergebnisse dieses Untersuchungsschrittes. Die Daten sind nach einem analogen Prinzip wie in Tabelle 12 angeordnet. In der ersten Spalte von Tabelle 13 werden die Variablen, deren Beziehung zu den Identitätsmustern untersucht wurde, und die Untersuchungsinstrumente bzw. die Untersuchungsfragen mit denen die Daten erhoben wurden, aufgeführt. Wenn zu den Variablen Mittelwerte vorlagen, ist jeweils der Mittelwert für die Gesamtgruppe[138] der Studentinnen der Natur- und Ingenieurwissenschaften angegeben, ansonsten bildeten die Häufigkeiten[139] den Bezugspunkt. In der ersten Zeile in den Spalten zwei bis fünf sind die vier Identitätsmuster bzw. die nach ihnen benannten Gruppen eingetragen.

Für jede der vier Studentinnengruppen wurde festgestellt, ob sie bei der Ausprägung der untersuchten Merkmale über den Mittelwert bzw. über den erwarteten Häufigkeiten der Gesamtgruppe lag. Ein Pluszeichen bedeutet, daß in der jeweiligen Gruppe das Merkmal stärker ausgeprägt ist als in der Gesamtgruppe bzw. die Häufigkeit über der durchschnittlichen Häufigkeit

138 Bei der Gesamtgruppe handelt es sich auch hier wieder um die 83 Studentinnen der Natur- und Ingenieurwissenschaften, deren Werte bei der Ermittlung der vier Identitätsmuster berücksichtigt werden konnten.

139 Das heißt, die Anzahl der Frauen, deren Antworten auf offene Fragen den betreffenden Kategorien zugeordnet wurden.

Tabelle 13: **Beziehungen der Identitätsmuster zu ausgewählten Variablen**

Identitätsmuster ⇨	„Integration" (1)	„fem. Orientierung" (2)	„Distanzierung" (3)	„Technikorientierung" (4)	signifikante Unterschiede („>" = Ausprägung stärker)
	Gruppenvergleich				
Semantisches Differential					
Konventionelle Technikassoziationen (MW=47.04)*	-	+	+	-	(2)>(4)
Konventionelle Weiblichkeits-Assoziationen (MW=34.43)	-	+	+	-	n.s.
"Was verstehen Sie unter Technik?"					
Komplexität (MW=3.23)	+	-	+	-	n.s.
Technik als Artefakt (Häufigkeiten)	-	+	+	-	n.s.
Gesellschaftlichkeit von Technik (Häufigkeiten)	+	-	+	+	n.s.
Technik als Form von Rationalität (Häufigkeiten)	-	-	+	-	n.s.
Instrumenteller Charakter der Technik (Häufigkeiten)	+	-	-	+	L.R.=0.068
Studienfachwahlmotive					
Intrins. Orientierung (MW=0.83)	-	-	+	+	n.s.

+ Gruppen mit Ausprägung des Merkmals über dem Gesamtmittelwert (MW) oder über den erwarteten Häufigkeiten.
- Gruppen mit Ausprägungen des Merkmals unter dem Gesamtmittelwert (MW) oder unter den erwarteten Häufigkeiten.

* Jeweiliger Mittelwert für die Gesamtgruppe der IngenieurstudentInnen.

für die vier Gruppen liegt. Ein Minuszeichen markiert eine schwächere Ausprägung/Häufigkeit des Merkmals als in der Gesamtgruppe. In Tabelle 13 werden nicht die Einzelwerte der vier Gruppen ausgewiesen, sondern zur besseren Übersicht Plus- und Minuszeichen eingetragen, um anzuzeigen, wie sich die einzelnen Gruppen bei den in Spalte eins aufgeführten Merkmalen in Relation zur Gesamtgruppe verhalten. Über Einweg-Varianzanalysen wurde geprüft, ob sich die vier Gruppen bei den untersuchten Variablen unterscheiden; das Ergebnis der Analysen wird in Spalte sechs ausgewiesen.

Die in Tabelle 13 aufgeführten Ergebnisse fallen - inferenzstatistisch gesehen - zweifellos weniger spektakulär aus als die mit der Ich-Nähe-Skala erzielten Resultate. Auch wenn man diese Daten als hypothesengenerierend ansehen sollte, ergaben sich aus ihnen bereits zusätzliche bestätigende Hinweise auf die Bedeutung der bisher ermittelten Identitätsmuster.

Schaut man sich nun die Ergebnisse in Tabelle 13 im einzelnen an, dann differieren die vier Gruppen bei den mit dem Semantischen Differential erfaßten Assoziationen tendenziell zu „Frau“ und vor allem zu „Technik“ in einer den Identitätsmustern naheliegenden Form. Studentinnen mit größerer Technikdistanz, insbesondere die Gruppe (2) „feminine Orientierung“, scheinen „Technik“ und „Frau“ konventioneller aufzufassen. Das heißt, sie verbinden im Vergleich zu den Studentinnen der beiden anderen Gruppen mit „Technik“ eher traditionelle Männlichkeitsattribute, mit „Frau“ eher traditionelle Attribute von „Weiblichkeit“. Statistisch signifikant unterscheiden sich allerdings nur die Gruppe (2) „feminine Orientierung“ und die Gruppe (4) „Technikorientierung“, und zwar bezüglich ihrer Assoziationen zu „Technik“.

Von den mit der offenen Frage *Was verstehen Sie unter Technik?* erhobenen Technikkognitionen wurden neben der Größe „Komplexität“ (vgl. Abschnitt 2.2.2) diejenigen Variablen der Kategorie „Konstitutive Merkmale von Technik“ einbezogen, zu denen in der Gesamtstichprobe sich als geschlechtsspezifisch erweisende Aussagen vorlagen und zu denen von den 83 Studentinnen Antworten in hinreichender Größenordnung abgegeben wurden. Die Studentinnen in der Gruppe (1) und der Gruppe (3), die sich von traditionellen Rollenklischees freizumachen versuchen, scheinen sich im Vergleich zur Gesamtgruppe relativ differenziert über Technik zu äußern, denn bei ihnen liegt der Mittelwert von „Komplexität“ über den Mittelwert der Gesamtgruppe. Allerdings zeigt sich keine eindeutige Verbindung zwischen der „Komplexität“ des Technikverständnisses und der Art und Weise, wie ich-nah die Studentinnen „Technik“ und „Weiblichkeit“ verorten. Studentinnen der Gruppe (1) und (4), die Technik ich-nah lokalisieren, vertreten in geringerem Maße eine (eher konventionelle) Vorstellung von Technik als Artefakt und nähern sich durch die Hervorhebung der technischen Instrumentalität dem bereits für Männer typischen Antwortmuster (vgl. Abschnitt 3.2). Sie heben sich damit von den Studentinnen der Gruppe (2) und der Gruppe (3) ab, die Technik ich-fern ansiedeln und eher einen konventionellen, Sachtechnik betonenden Begriff von Technik zu pflegen scheinen sowie den instrumentellen Charakter der Technik weniger betonen. Lediglich von den Studentinnen in Gruppe (2) „feminine Orientierung" wird die „Gesellschaftlichkeit von Technik" wenig thematisiert. Nachdem sich in der Gesamtstichprobe die Betonung der Gesellschaftlichkeit von Technik gerade als charakteristisch für den weiblichen Umgang mit Technik erwies, hätte ich diese Ergebnistendenz bei den „feminin orientierten" Frauen nicht erwartet.

Interessant sind die - allerdings nicht statistische Signifikanz erreichenden - Werte der Gruppe (3) „Distanzierung". Einerseits scheinen die Studentinnen eher ein konventionelles Verständnis von „Frau" und „Technik" zu haben, andererseits betonen sie den gesellschaftlichen Bezug von Technik, fassen als einzige Gruppe Technik als besondere Form der rational-wissenschaftlichen Auseinandersetzung mit Umwelt und Natur auf und betonen wie Gruppe (4) das Interesse an der Sache (intrinsische Motivation) als entscheidend für die Studienfachwahl. Aus der bei dieser Gruppe beobachteten Distanz zu männlich und weiblich konnotierten Konzepten darf somit keineswegs gefolgert werden, daß sie in Bezug auf Technik keinen Standpunkt hätte oder sich gar orientierungslos zeigte. Möglicherweise ist das traditionelle Bild von Frauen und von Technik mitverantwortlich für die die Gruppe kennzeichnende Distanzierung von Weiblichkeit und von Technik auf der Ich-Nähe-Skala.

4.2.4 Zusammenfassende Interpretation der Ergebnisse zu Fragestellung 3

Die Eruierung und Beschreibung der hypothetisch entwickelten Identitätsmuster ermöglicht es, mit Hilfe der Ich-Nähe von traditionellen Geschlechtsrollenmustern und von Technik innerhalb der Gruppe der Studentinnen der Natur- und Ingenieurwissenschaften zu differenzieren. Die Untersuchung der Identitätsmuster kommt zumindest teilweise zu quantitativ haltbaren und vor allem auch interpretationsfähigen Resultaten, auch wenn die Befunde einer Kreuzvalidierung durch eine neue Untersuchungsstichprobe bedürfen. Indem sowohl traditionelle Geschlechtsrollenmuster wie auch der Technikbezug gleichermaßen zum Thema gemacht wurden, konnte gezeigt werden, daß auch Studentinnen in den Natur- und Ingenieurwissenschaften feminine Identitätsmuster präferieren. Dies bestätigt meine Überlegungen, daß es nicht genügt, Frauen in den Natur-und Ingenieurwissenschaften primär unter dem Blickwinkel ihres (besonders ausgeprägten) Technikbezugs zu charakterisieren, dagegen eine feminine Orientierung für Frauen zu reservieren, die sich für ein typisches „Frauenstudium" entschieden haben. Bemerkenswert ist aber vor allem, daß neben den „klassischen" Identitätsmustern „feminine Orientierung" und „Technikorientierung", die sich im Raum der traditionellen Geschlechterdichotomie bewegen, die beiden Identitätsmuster „Integration“ und „Distanzierung“ identifiziert und ansatzweise rekonstruiert werden konnten. Diese Identitätsmuster, bei denen auf entgegengesetzte Weise die Inkompatibilitäten von „Technik“ und „Weiblichkeit“ im Selbstkonzept auszubalancieren versucht werden, sind quantitativ stärker vertreten, als die beiden „klassischen“ Muster. Die Gruppierung „Integration“ verbindet männliche und weibliche Rollenelemente im Selbstkonzept. Berücksichtigt man zusätzlich Ergebnisse aus Tabelle 13, wenden sich jedoch die Studentinnen, die dieses Identitätsmuster favorisieren, tendenziell von traditionellen Assoziationen zu Frauen und zu Technik ab, halten (im Semantischen Differential) also beide Konzepte für weniger gegensätzlich als andere Studentinnen. Die Studentinnen mit dem Identitätsmuster „Distanzierung“ dagegen grenzen sich in ihrem Selbstkonzept von traditionell männlichen und weiblichen Rollenelementen ab, zeigen aber ein eher konventionelles Verständnis von Technik.

Interessant sind die Identitätsmuster „Integration“ und „Distanzierung“ aus folgendem Grund: Sie verweisen auf die Grenzen traditioneller Geschlechterrollen und einer daran geknüpften sozialen Identität von Frauen. Die Studentinnen, die diese Identitätsmuster präferieren, entziehen sich offensichtlich in ihrem Selbstkonzept den Anforderungen traditioneller Geschlechterrollen. Die Existenz dieser innovativen Identitätsmuster könnte dafür sprechen, daß Frauen, wenn sie ein natur- oder ingenieurwissenschaftliches Studienfach wählen, nicht nur andere Vorstellungen in die Natur- und Ingenieurwissenschaft einbringen, sondern sich auch in ihrem Selbst verändern.[140] Wie das im einzelnen geschieht, welche Formen der Identitätsbalance praktiziert werden, welche sozialen und innerpsychischen Konflikte die „Neudefinition“ der eigenen Rolle jenseits der überkommenen Muster sozialer Identität nach sich zieht, kann ich im Rahmen meiner quantitativen Studie nicht beantworten. Hierfür wären weiter- und vor allem „tiefer“gehende „qualitative“ Studien erforderlich, die auf meiner quantitativen Studie aufbauen könnten.[141]

---

140 Diese Annahme betont die *eine* Kausalitätsrichtung. In meiner Querschnittuntersuchung konnte nicht festgestellt werden, ob bereits vorhandene innovative Orientierungsmuster junge Frauen bewegen, ein natur- oder ingenieurwissenschaftliches Studienfach zu wählen. Zur Klärung der Frage, welche Kausalitätsrichtung maßgeblich ist und ob beide zusammenwirken, müßten Längsschnittdaten (oder wenigstens Daten aus Quasi-Längsschnittstudien) vorhanden sein.

141 Mit dieser Intention habe ich zu diesem Fragenkomplex bereits mit Ingenieurstudentinnen aus einer Fachhochschule Gruppendiskussionen durchgeführt, deren Auswertung noch aussteht.

IV. Ausblick: Bedeutung der Untersuchungsergebnisse für die Frauenforschung

An einer umschriebenen Gruppe - FachhochschulstudentInnen verschiedener Fachdisziplinen bzw. Fachkulturen - wurde aufgezeigt, wie die Strukturkategorie „Geschlecht“, deren Bedeutung bisher vornehmlich diskursiv-gesellschaftstheoretisch hergeleitet und an gesellschaftlich objektivierten Indikatoren festgemacht wurde, die mentalen Technik-Repräsentationen der betreffenden Personen, deren subjektiven Technikbezug beeinflußt. Die Arbeit erreichte das eingangs gesteckte Ziel, über eine quantitative Untersuchung zum einen den subjektiven Technikbezug von Frauen im Vergleich zu Männern möglichst genau und detailliert zu bestimmen, zum anderen Identitätsmuster zu unterscheiden, mit denen Studentinnen der Natur- und Ingenieurwissenschaften die habituell maskulinen Anforderungen des künftigen Berufs mit weiblichen Rollenanforderungen zu vereinbaren versuchen. Meiner Untersuchung gelang dabei die Dekonstruktion vereinfachter Vorstellungen über das Verhältnis von Frauen und Technik, indem sie zugleich - gewissermaßen konstruktiv, objektivierend - Annahmen und Ergebnisse feministischer Forschung zur Vergeschlechtlichung der Technik differenzierte und präzisierte.

Günstig, im nachhinein meine ich sogar, unerläßlich für das Gelingen meines Vorhabens war, daß ich mich in der Arbeit zunächst extensiv und intensiv mit wichtigen Theoriesträngen der Frauenforschung beschäftigte, die das Verhältnis von Frauen und Technik zum Thema haben. Dabei widerstand ich der Versuchung, die behandelten Konzepte der Frauenforschung zu harmonisieren und in einem einheitlichen Konzept zu integrieren bzw. „aufzuheben“; ich bemühte mich vielmehr, die Differenzen zu verdeutlichen, um so ein möglichst großes Spektrum an Annahmen, Hypothesen, Folgerungen über den subjektiven Technikbezug von Frauen (und Männern) zu gewinnen. So wurde die Grundlage für mein Anliegen geschaffen, über die vereinfachte und deshalb nach wie vor beliebte Vorstellung von einem weiblichen Technikbezug hinauszugehen, die - bei der Zusammenschau unterschiedlicher Analysen und Konzepte oder der großzügigen Interpretation empirischer Befunde - allzu leicht das unbefriedigende Konstatieren einer pauschalen subjektiven Technikdistanz von Frauen beinhalten oder in empirisch nicht begründbare, die soziale Wirklichkeit übergehende, visionäre Technik- und Wissenschaftsalternativen münden könnte. Das Bemühen, beim Zusammenfassen einschlägiger Befunde Differenzen hervorzuheben statt einzuebnen, war auch bei dem in tabellarische Form gebrachten Überblick über 32 empirische Studien bestimmend, die teils der Umfrageforschung, teils der sozialwissenschaftlichen Technikforschung, teils der Frauenforschung zuzurechnen sind und Einstellungen, Sichtweisen, Erfahrungen, Haltungen und Umgangsformen von Frauen (und Männern) in bezug auf Technik erkunden.

Die vielgestaltigen, interpretierbaren wie interpretationsbedürftigen Ergebnisse meiner Untersuchung sprechen dafür, daß sich die theoretische Vorarbeit und Vorbereitung der dann überprüften Fragestellungen lohnte. Es ergeben sich auf diese Weise Rückbezüge zu den zuvor entfalteten Analysen und Überlegungen. Ich könnte sogar noch einen Schritt weitergehen und behaupten, daß die Lücken, die vor allem aus methodologisch bedingten Beschränkungen noch immer zwischen theoretischen Annahmen und Folgerungen und den Untersuchungsergebnissen bestehen (müssen), anregen könnten, auf den eingeschlagenen Forschungsweg fortzufahren, weitere empirische Studien mit umschriebenen Fragestellungen zu entwerfen und durchzuführen. Damit könnte ein weites Feld der Frauenforschung eröffnet werden.

Hier möchte ich mich auf den Ertrag meiner Untersuchung konzentrieren und Antworten auf die Frage zu geben versuchen, was sich aus den gefundenen Ergebnissen an relevanten Folgerungen für Frauenforschung und Frauenpolitik entnehmen läßt. Wenn die häufig konfundierten beruflichen bzw. fachlichen Einflüsse berücksichtigt werden, wie ich das in meiner Untersuchung durch die Einbeziehung unterschiedlich techniknaher studentischer Fachkulturen tat, relativiert sich die Bedeutung der Kategorie „Geschlecht“ und es ergibt sich eindeutig, daß ein besonderer frauenspezifischer Technikbezug nicht generell behauptet werden kann. Zwar negieren längst auch feministische Analysen theoretischer Provenienz die Adäquanz einer generalisierten Technikdistanz und stellen einen spezifisch „weiblichen“ Technikbezug in Frage; aber die theoretisch abgeleiteten Annahmen über die vorfindbaren Technikhaltungen oder sich aktualisierenden Technikpotentiale von Frauen bleiben manchmal pauschal oder werden zu stark verallgemeinert, zumal wenn aufgrund empirisch erscheinender, jedoch apriorischer Vorannahmen empirische Detailuntersuchungen für überflüssig oder gar für unangemessen gehalten werden (etwa weil dadurch Geschlechterunterschiede artifiziell konstruiert würden). Statt einer generellen subjektiven Technikdistanz zeigt sich in meiner Untersuchung, daß die befragten Frauen Technik zwar ich-ferner als Männer in ihrem Selbstkonzept ansiedeln, daß sie aber - soweit es Ingenieurstudentinnen betrifft - an Technik interessierter als ihre männlichen Kommilitonen zu sein scheinen. Technikbewertung und

Komplexität des Technikbegriffs differieren dagegen statistisch nicht signifikant zwischen den Geschlechtern. Bei diesen Dimensionen des subjektiven Technikbezugs zeigen sich nur Unterschiede zwischen den Fachkulturen. Frauen und Männer unterscheiden sich allerdings bei ihren Technikkognitionen, das heißt, bei dem begrifflichen Inhalt und Umfang, bei den Assoziationen und Werturteilen, die ihr subjektives Technikkonzept konstituieren. Die Haltungen und Einstellungen von Frauen richten sich somit auf einen anders akzentuierten Gegenstand „Technik" als die von Männern. Geschlechterunterschiede lassen sich etwa bei der Anerkennung der Gesellschaftlichkeit der Technik nachweisen: Bei Frauen wird häufiger als bei Männern auf diese Weise eine bloß instrumentalistische Auffassung technischer Errungenschaften transzentiert. Und hinsichtlich der Steuerbarkeit der Technik durch den Menschen und der Perspektiven künftiger Technikentwicklungen herrscht bei Frauen eine vorsichtige, problembewußte Auffassung vor.

Weitergehend werden durch meine Ergebnisse Argumente, die für besondere Maßnahmen zur beruflichen Förderung von Frauen plädieren, gestützt. Bei der befragten - beruflich und arbeitsmarktpolitisch wichtigen - Gruppe von Frauen scheint die Annahme begründet zu sein, daß diese durchaus innovatorisch auf die Entwicklung und Gestaltung von Technik und technischen Prozessen Einfluß nehmen könnten, würden sie in größerer Zahl in qualifizierten technischen Berufen arbeiten. Die verstärkte Präsenz von Frauen in qualifizierten technischen Berufen brächte nach den vorliegenden Ergebnissen wohl keine Revolutionierung der Technik, schon gar nicht eine Wiederbelebung archaischer Formen weiblichen Wissens mit sich. In den Antworten der Frauen deutet sich aber eine mögliche Prioritätenänderung einiger bestehender Parameter an, die in den bestehenden Natur- und Ingenieurwissenschaften angelegt, aber von der Mehrzahl der Männer und gemäß dem vorherrschenden maskulinen Habitus der Technik nachrangig behandelt werden: z.B. Überlegungen zur Steuerbarkeitsproblematik technischer Prozesse, Beachtung der gesellschaftlichen Einbettung von Technik und nicht nur deren vordergründige Nützlichkeit für beliebige Zwecke. Festzustellen ist weiterhin eine Zurückhaltung und Skepsis von Frauen im Hinblick auf technische Weiterentwicklungen. Es sind demnach von Frauen in Ingenieurberufen womöglich nicht unbedingt völlig andere, humanere (?) Projekte und Projektionen künftiger Technik zu erwarten, eher vielleicht Vorsicht gegenüber allzu leichtfertig propagierten technischen Visionen. Offen bleibt letztlich auch, inwieweit durch eine größere Anzahl von Naturwissenschaftlerinnen und Ingenieurinnen bisher wenig berücksichtigte spezielle Belange von Frauen in diese Disziplinen und Berufe eingebracht würden.

Bei der gesonderten Untersuchung der Studentinnen der Natur- und Ingenieurwissenschaften (die Untersuchung zu Fragestellung 3) wurden entsprechend der ermittelten Identitätsmuster die Studentinnen danach unterschieden, wie ich-nah sie einerseits Weiblichkeit, andererseits Technik einschätzten. Erwartungsgemäß gibt es Studentinnen, die entsprechend konventionellen Rollenvorstellungen und -klischees entweder einem überkommenen Weiblichkeitsbild folgen oder in ihrem Selbstkonzept die traditionell männlich geprägte Technik ich-nah einstufen. Die Mehrzahl der Studentinnen der Natur- und Ingenieurwissenschaften versucht für sich die Geschlechterrollen zu modifizieren, aus der Dichotomie, entweder weiblich oder technikorientiert sein zu sollen, auszubrechen. Man kann dieses Ergebnis als Indiz dafür ansehen, daß von Frauen bereits in signifikantem Ausmaß Veränderungen traditioneller Geschlechterrollen angestrebt werden. Die subjektiven Begleitumstände dieser Versuche konnte ich mit meiner Untersuchung nicht feststellen. Allerdings läßt sich nach meinen Ergebnissen begründet annehmen, daß beispielsweise die generelle Ambivalenz zwischen Geschlechtsrollenorientierung und (technischer) Berufsorientierung, die Metz-Göckel als Charakteristikum der Frauen in technischen Berufen ansieht, in den einzelnen von mir ermittelten und beschriebenen Identitätsmustern unterschiedlich ausgeprägt ist und deshalb gruppenspezifisch weiteruntersucht werden sollte.

Zum Abschluß möchte ich auf die drei Pointen, eine inhaltliche, eine methodologische und eine frauenpolitische, aufmerksam machen, die meine Untersuchungsergebnisse nahelegen und die zugleich auch erkennen lassen, in welcher Form es sich lohnt, an der Thematik „Frau und Technik" weiterzuarbeiten. Zunächst zur ersten, inhaltlichen Pointe: Was mich zunächst etwas irritierte, nämlich daß bei der Untersuchung von Technikhaltungen die Fachkulturen als Einflußgrößen - vor dem Geschlecht - dominierten, ist auf den zweiten Blick als ein faszinierendes Ergebnis zu werten. Die unterschiedliche Techniknähe der in meiner Untersuchung berücksichtigten Fachkulturen spiegelt nicht allein eine variierende Vertrautheit mit Technik wider, sondern gilt gemeinhin auch als gleichbedeutend - nicht nur für die Frauenforschung - mit einer unterschiedlichen Vergeschlechtlichung der Fächer nach dem binären Code „feminin-maskulin". Diese Folgerung ist berechtigt, wenn man an die berufliche Segmentation denkt, die eine ungleiche Verteilung der Geschlechter auf Berufe impliziert und zum vergeschlechtlichten Habitus der Berufe beiträgt. Im dominanten Einfluß der Fachkulturen auf die Technikhaltungen wirkt sich somit wohl auch der Geschlechtercode aus, indem die „maskuline" Fachkultur der Natur- und Ingenieurwissenschaften insgesamt einen engeren Technikbezug aufweist als vor allem die technikferne Fachkultur Sozialarbeit/Sozialpädagogik, die von ihrer Entstehung her „weiblich" geprägt ist. Allerdings handelt es sich bei dem von den Fachkulturen verkörperten Geschlechtercode gewissermaßen um eine metaphorische Vergeschlechtlichung, die sowohl von den männlichen als auch von den weiblichen Angehörigen der jeweiligen Fachkultur ausgedrückt wird und die - und das ist der entscheidende Punkt - nicht mit dem Einfluß der Strukturkategorie „Geschlecht“ auf die Technikhaltungen zusammenfällt. Die tradierte, erstarrte, trotzdem einflußreiche (metaphorische) Vergeschlechtlichung, die die Fachkulturen durchdringt, scheint den Untersuchungsergebnissen zufolge nicht (mehr) völlig mit den aktuellen Geschlechtsrollenorientierungen von Frauen und Männern übereinzustimmen. Frauen und Männer verfügen also zum Teil über Technikhaltungen, die anders vergeschlechtlicht sind, als sie gemäß der Vergeschlechtlichung in den Fachkulturen tradiert werden. Erschwert wird die Unterscheidung zwischen „metaphorischer“ Vergeschlechtlichung und aktueller Geschlechtsrollenorientierung allerdings durch den Umstand, daß beides nur analytisch - wie es in meiner Untersuchung geschah - zu trennen ist, da ja die Fachkulturen und ihre vergeschlechtlichten Symbole von Frauen und Männern mit ihren je „eigenen“ Geschlechtsrollenorientierungen verkörpert werden. Trotzdem wäre es lohnenswert, die Brechung zwischen der tradierten metaphorischen Vergeschlechtlichung von Berufen und den aktuellen Geschlechtsrollenorientierungen näher zu untersuchen. Um die latente „Mechanik“ und Dynamik dieser Brechung eruieren zu können, sind dann „qualitative“ Studien, i.e. hermeneutische Auswertungen von Tiefeninterviews, Gruppendiskussionen und dergleichen, unerläßlich.

Durch die Ergebnisse meiner Untersuchung wird eine Unterscheidung von Geschlechtercode und Geschlechterrolle angeregt, wobei der Geschlechtercode als der übergreifende Rahmen anzusehen ist, in dem sich Rollen modifizieren lassen. Akzeptiert man diese Unterscheidung, kann man auch verstehen, weshalb es schwierig ist, Veränderungen traditioneller Geschlechterrollen, wie sie sich in den beschriebenen Identitätsmustern zeigen, zu bestimmen. In meiner Untersuchung verhält es sich so, daß diese Rollenveränderungen entlang und mit Hilfe der Kategorie des binären Geschlechtercodes vorgenommen werden. Wann Veränderungen der Rollen in ein Außer-Kraft-Setzen des binären Codes umschlagen, bleibt offen. Insofern werden die Dekonstruktionsversuche in Hinblick auf Geschlechterrollen zumindest in meiner Untersuchung von einer Konstruktion von Geschlecht begleitet. Das *doing gender* ist in meiner Untersuchung und vielleicht generell in empirischen Untersuchungen eine methodologische, aber auch konzeptionelle Vorbedingung, um das Aufbrechen von Geschlechterstereotypen und traditionellen Rollenzuschreibungen beobachten zu können. In meiner Studie wurde durch das Thematisieren und Operationalisieren von Technikassoziationen und der Ich-Nähe von Technik und Weiblichkeit der binäre Geschlechtercode also zwar benutzt; gerade durch dieses Vorgehen wurde jedoch deutlich, wie brüchig traditionelle Geschlechterrollen bei den befragten Studentinnen der Natur- und Ingenieurwissenschaften sind und wie metaphorische Vergeschlechtlichung von Berufen und tatsächliche Geschlechtsrollenorientierung auseinandergehen (müssen). Das gleichzeitige Verbleiben im binären Geschlechtercode und das Transzendieren von traditionellen Geschlechterrollen mag zwar aktuell forschungpraktisch notwendig sein, die Affirmation des binären Geschlechtercodes durch Forschung ist damit nicht impliziert, sofern sich Forschung der Benutzung des binären Codes bewußt und für dessen Veränderung selbst sensibel bleibt. Wenn man wegen der „Rahmung" durch den binären Code Kritik am Methodeninventar meiner Untersuchung üben möchte, sollte bedacht werden, daß man gesellschaftlichen Entwicklungen, in denen der binäre Code seine sprachregulierende und gesellschaftsstrukturierende Funktion verloren hat, nicht vorausgreifen kann, und es deshalb die Möglichkeit wahrzunehmen gilt, empirische Veränderungen der Geschlechterrollen innerhalb des bestehenden gesellschaftsstrukturierenden binären Geschlechtercodes aufzuspüren. Die Differenz zwischen Geschlechterrolle und Geschlechtercode ist es, auf die die Arbeit durch ihre Ergebnisse also aufmerksam macht. Es zeigt sich, daß die wissenschaftliche Methodologie in diese Differenz selbst involviert ist, wenn auch nicht verstrickt sein muß. Voraussetzung dafür ist, die Wechselbeziehungen und Gegensätze zwischen Code und Rolle sorgfältig nachzuzeichnen und Veränderungen dieser Beziehungen nicht nur gedankenexperimentell und visionär zu vollziehen, sondern auch empirisch-konkret zu beschreiben und zu prüfen.

Indirekt wird damit bereits die zweite, die methodologische Pointe der Arbeit tangiert. Quantifizierende Untersuchungen sind an verschiedenen Stellen des Forschungsprozesses mehr oder weniger gezwungen, vereinfachte Kategorien, ja zu Stereotypen verkürzte Konzepte zu benutzen, etwa um eine Vielzahl von Personen befragen und Antworten in verarbeitbare Zahlenwerte transformieren zu können. Ein typisches Beispiel für ein solches Vorgehen ist das von mir verwendete Semantische Differential, mit dem deswegen auch explizit Stereotype erfaßt werden. Ähnliches gilt für die in meiner Studie entwickelte Ich-Nähe-Skala. Die Ergebnisse in meiner Untersuchung zeigen jedoch, daß das Verwenden von stereotypen Konzepten und Kategorien, respektive das methodisch bedingte Verbleiben im binären Geschlechtercode, nicht zu einer schlichten Reproduktion von Stereotypen führt. Meinen Ergebnissen zufolge stellt sich für Studierende in naturwissenschaftlich-technischen und nicht-technischen Studienfächern die Situation komplexer dar, als man gemeinhin vermutet, als es empirisch nichtgeprüfte Alltagsvorstellungen nahelegen. Wie bei der angesprochenen Brechung zwischen der tradierten metaphorischen Vergeschlechtlichung von Berufen und aktuellen Geschlechtsrollenorientierungen vermag das quantitative Vorgehen (bei den Ergebnissen zu Fragestellung 3) die Dichotomie, „techniknah = Ablehnung der Frauenrolle" und „technikfern = Befürwortung der (traditionellen) Frauenrolle", zu überwinden und Selbstkonzepte von Studentinnen aus den Natur- und Ingenieurwissenschaften zu differenzieren. Das Ergebnis besagt zwar nicht, daß Geschlechterstereotypen ihre

Bedeutung verloren hätten, aber ihre Bedeutung wird in einer Weise modifiziert, wie ich sie aufgrund des Studiums einschlägiger Arbeiten der Frauenforschung und bis in die daraus resultierende Formulierung meiner Fragestellungen und Hypothesen hinein nicht unbedingt prognostiziert hätte. Meine quantitative Untersuchung erreicht mithin einen Differenzierungsgrad, über den qualitative Studien zu dieser Thematik bisher nicht hinausgelangen. Trotzdem könnten und sollten meine Untersuchungsergebnisse durch „qualitative" Studien in der angesprochenen Form erweitert werden.

Selbstverständlich mag man die dem empirisch analytischen Vorgehen eigene Diktion und „Logik" mit Skepsis betrachten, in dem man darin Ausläufer überkommener Rationalität vermutet. Und selbstverständlich sind auch andere literarische oder beispielsweise „rhizomatische" (vgl. Deleuze & Guattari, 1976) Denk- und Sprachspiele erlaubt, um das Verhältnis von Frauen und Technik zu analysieren. Problematisch sind solche literarischen Innovationen oder auch der schnell wechselnde Focus auf neueste technische Entwicklungen, wenn diese Gesichtspunkte anstelle der inhaltlichen Auseinandersetzung mit dem Thema treten. Ein nicht untypisches Beispiel hierfür ist etwa der Aufsatz von Herring (1997), die über geschlechtsspezifische Kommunikationsprozesse in Mailboxes berichtet. Sie teilt zwar einige mehr oder weniger kryptische *e-mails* von Männern und Frauen mit, „vergißt" allerdings darzustellen, auf welcher Stichprobe ihre Datensammlung beruhte, über welchem Zeitraum sich die Untersuchung erstreckte und nach welchen Prinzipien die Auswahl der berichteten *mails* erfolgte. Trotzdem sieht Herring sich berechtigt, aus ihren Untersuchungen zu folgern, „daß für Männer und Frauen unterschiedliche *Online*-Stile charakteristisch sind" (Herring, 1997, S.67). Durch die modernistische Hintertür des *Cyberspace* und als ethnografische Studie verbrämt (Herring, 1997, S.65), werden so Geschlechterstereotype und traditionelle Geschlechterrollen lediglich verdoppelt.

Meine Untersuchung verfolgte primär innerwissenschaftliche Ziele, setzte sich mit Thesen der Frauenforschung zum Verhältnis von Frauen und Technik auseinander. Die frauenpolitische Pointe der Arbeit besteht nun darin, daß sie trotz ihrer grundlagenwissenschaftlichen Orientierung einige zentrale Hinweise für die Konzipierung oder Veränderung von Maßnahmen zur Frauenförderung - etwa zur Motivierung von Schülerinnen für ein ingenieurwissenschaftliches Studienfach - beizusteuern vermag. Die berechtigte frauenpolitische Position „Frauen wurden lange genug diskriminiert und wollen hier und jetzt Veränderung" sollte von Zeit zu Zeit mit empirischen Forschungsbefunden konfrontiert werden, um Frauenförderung adressatengerecht zu gestalten und um festzustellen, inwieweit frauenpolitisches Engagement seine Ziele erreicht. Beispielsweise läßt sich aufgrund meiner Untersuchungsergebnisse vermuten, daß es nicht erfolgversprechend ist, Schülerinnen für ein ingenieurwissenschaftliches Studienfach zu motivieren, indem den Mädchen (nur) die Einfachheit, Bewältigbarkeit eines technischen

Studienfaches suggeriert wird, dabei ihr Interesse an einer persönlichen Herausforderung durch ein Studium und die späteren Aufgaben im Beruf vernachlässigt werden. Es sollte zudem nicht außer acht gelassen werden, welche verschiedenen Formen der Akkommodation an die Fachkultur Frauen vollziehen und wie sie die eigene Geschlechtsidentität gestalten, wenn sie ein natur- oder ingenieurwissenschaftliches Studienfach wählen.

Literatur

Ajzen, I., Fishbein, M. (1980) Understanding attitudes and predicting social behavior. Englewood Cliffs

Ajzen, I., Krebs, D. (1994) Attitude theory and measurement: Implications for survey research. In: Borg, I., Mohler, P. Ph. (Hg.): Trends and perspectives in empirical social research. Berlin, S.250-265

Alic, M. (1987) Hypatias Töchter. Zürich

Alt, Ch. (1986) Systematischer Überblick über die Modellversuche 'zur Erschließung gewerblich-technischer Ausbildungsberufe für Mädchen'. Zeitschrift für Berufs- und Wirtschaftspädagogik, Beiheft 6

Alt, Ch., Wolf, B., Arndt, H. (1988) Thesen zur Erschließung gewerblich-technischer Ausbildungsberufe für Mädchen. Berichte zur beruflichen Bildung, H.98. Berlin

Aufenanger, S. (1991) Qualitative Analyse semi-struktureller Interviews - Ein Werkstattbericht. In: Garz, D., Kraimer, K. (Hg.): Qualitativ-empirische Sozialforschung. Opladen, S.35-59

Aulenbacher, B. (1993) Technologieentwicklung und Geschlechterverhältnis. In: Aulenbacher, B., Goldmann, M. (Hg.): Transformationen im Geschlechterverhältnis. Frankfurt a. M., S.17-46

Bammé, A. et al. (1986) Maschinen-Menschen, Mensch-Maschinen. Reinbek

Beck, Ulrich (1995) Was Chirac mit Shell verbindet. In: Die Zeit vom 8.9.1995

Beck-Gernsheim, E. (1981) Der geschlechtsspezifische Arbeitsmarkt. Frankfurt a.M.

Becker-Schmidt, R. (1987a) Die doppelte Vergesellschaftung - die doppelte Unterdrückung: Besonderheiten der Frauenforschung in den Sozialwissenschaften. In: Unterkirchner, L., Wagner, I. (Hg.): Die andere Hälfte der Gesellschaft. Wien, S.10-25

Becker-Schmidt, R. (1987b) Frauen und Deklassierung. Geschlecht und Klasse. In: Beer, U. (Hg.): Klasse Geschlecht. Bielefeld, S.187-235

Becker-Schmidt, R. (1991a) Offene Fragen in der Technikforschung. In: Fricke, W. (Hg.): Jahrbuch Arbeit und Technik. Bonn, S.263-272

Becker-Schmidt, R. (1991b) Individuum, Klasse und Geschlecht aus der Perspektive der Kritischen Theorie. In: Zapf, W. (Hg.): Die Modernisierung moderner Gesellschaften. Verhandlungen des 25. Deutschen Soziologentages in Frankfurt am Main 1990. Frankfurt a. M., S.383-394

Beer, U. (1987) Einleitung. 'Herrschaft über Natur und Menschen' als Gegenstand feministischer Gesellschaftsanalyse und Wissenschaftskritik. In Beer, U. (Hg.): Klasse Geschlecht. Bielefeld, S.1-24

Bem, S.L. (1981) Gender schema theory: A cognitive account of sex typing. Psychological Review, 88, S.354-364
Benhabib, S. et al. (Hg.) (1993) Der Streit um Differenz. Feminismus und Postmoderne in der Gegenwart. Frankfurt a. M.
Bennholdt-Thomsen, V. (1983) Die Zukunft der Frauenarbeit und die Gewalt gegen Frauen. Beiträge zur feministischen Theorie und Praxis, 9/10, Köln, S.202-222
Berger, H. (1980) Untersuchungsmethode und soziale Wirklichkeit. Frankfurt a. M. (1. Auflage 1974)
Berg-Peer, J. (1981) Ausschluß von Frauen aus den Ingenieurwissenschaften. Technische Universität Berlin. Berlin
Berg-Peer, J. (1985) Als vereinzelte Frau in Herrenclubs. Männliche Exclusivität der *professions* und weibliche Anpassungszwänge. In: Berg-Peer, J. et al. (Hg.): Ingenieurinnen. Untersuchung ihrer Studien- und Arbeitsbedingungen. Berlin, S.87-94
Berghahn, S. et al. (Hg.) (1984) Wider die Natur? Frauen in Naturwissenschaft und Technik. Berlin
Bergler, R. (1975) Einführung. In: Bergler, R. (Hg.): Das Eindrucksdifferential. Theorie und Technik. Bern, S.11-31
Bergler, R. (1981) Die Technik zwischen Selbstverständnis, Skepsis und Notwendigkeit. Siemens-Zeitschrift, 55, H.3, S.2 u. 4-5
Bierhoff-Alfermann, D. (1989) Androgynie. Opladen
Böhme, G. (1980) Alternativen der Wissenschaft. Frankfurt a. M.
Bolte, K.M., Kappe, D., Neidhardt, P. (1975) Soziale Ungleichheit. Opladen
Bourdieu, P. (1987a) Die feinen Unterschiede. Frankfurt a. M.
Bourdieu, P. (1987b) Sozialer Sinn: Kritik der theoretischen Vernunft. Frankfurt a. M.
Brämer, R., Nolte, G. (1983) Das Männlichkeitssyndrom - Über das beiderseitige Angstverhältnis von Naturwissenschaft und Frauen. In: Brämer, R., Nolte, G.: Die heile Welt der Wissenschaft. Zur Empirie des 'typischen Naturwissenschaftlers'. Marburg, S.9-46
Brandes, U. (1987) Peripherie und Zentrum - Zur Ausgrenzung der Frauen aus den Zentren der Computer-Technologie. Frauenforschung, H. 1+2, S.25-30
Brandes, U. et al. (1985) Workshop im IFG. Computer-Bildung für Frauen - Didaktisch-methodische Ansätze. Frauenforschung, 3, H.4, S.36-46
Brandes, U., Schreiber, R. (1988) Man kann die Technologie auch übertreiben. Abwehr, Aneignung, Ambivalenz. Hannover
BRIGITTE/Brandes, U., Schiersmann, Ch. (1986) Frauen, Männer und Computer. Hamburg
Bruder, K.-H. (1988) Selbst-Findung am Computer. Psychologie heute, H.7, S.60-67
Bruder, K.-H. (1990) Männliche Sozialisation und ihre Folgen für die Einstellung zur Technik. In: Schorb, B., Wielpütz, R. (Hg.): Basic für Eva? Frauen und Computerbildung. Opladen, S.41-58
Bundesminister für Bildung und Wissenschaft (BMBW) (Hg.) (1982) Jugend und Technik - Technik und Schule. Bad Honnef
Bundesminister für Bildung und Wissenschaft (BMBW) (Hg.) (1989) Jugendliche, Computer und Bildung. Bad Honnef

Bundesminister für Bildung und Wissenschaft (BMBW) (Hg.) (1992) Mädchen und Computer. Ergebnisse und Modelle zur Mädchenförderung in Computerkursen. Bad Honnef

Butler, J. (1993) Kontingente Grundlagen: Der Feminismus und die Frage der 'Postmoderne'. In: Benhabib, S., et al. (Hg.): Der Streit um Differenz. Feminismus und Postmoderne in der Gegenwart. Frankfurt

Chodorow, N. (1985) Das Erbe der Mütter. München

Cockburn, C. (1984) Weibliche Aneignung der Technik. Das Argument, 144, S.199-209

Cockburn, C. (1988) Die Herrschaftsmaschine. Geschlechterverhältnisse und technisches Know-how. Berlin

Cyba, E. (1993) Überlegungen zu einer Theorie geschlechtsspezifischer Ungleichheiten. In: Frerichs, P., Steinrücke, M. (Hg.) Soziale Ungleichheit und Geschlechterverhältnisse. Opladen, S.33-49

Davies, B., Banks, Ch. (1993) Zum Mann werden. Die Aneignung männlicher Identitäten - eine Kindheitsperspektive. Psychologie & Gesellschaftskritik, Nr. 67/68, S.5-24

Deleuze, G., Guattari, F. (1977) Rhizom. Berlin

Denzin, N.K. (1977) The research act. A theoretical introduction to sociological methods. New York

Derichs-Kunstmann, K. (1989) Zwischen Technikskepsis und Pragmatismus. Einstellungen von Frauen zu neuen Technologien. In: Sotech-Rundbrief Heft 14, S.6-8

Diezinger, A. et al. (Hg.) (1994) Erfahrung mit Methode. Freiburg

Dippelhofer-Stiem, B., Odebrett, E. (1994) Computertechnik im Büro. Bielefeld

Dörner, D. (1979) Problemlösen als Informationsverarbeitung. Stuttgart

Eckes, T., Six, B. (1994) Fakten und Fiktionen in der Einstellungs-Verhaltens-Forschung: Eine Meta-Analyse. Zeitschrift für Sozialpsychologie, 25, S.253-271

EMNID-Institut (1991) Technischer Fortschritt und Technik-Akzeptanz. Bielefeld

Engler, S. (1993) Fachkultur, Geschlecht und soziale Reproduktion. Eine Untersuchung über Studentinnen und Studenten der Erziehungswissenschaft, Rechtswissenschaft, Elektrotechnik und des Maschinenbaus. Weinheim

Engler, S. (1994) 'Technik und Geschlecht': Symbolische Ordnung und kulturelle Ausschlußmechanismen. In: Kucklich, C. (Hg.): Unternehmen Zukunft. Frauen erobern die Naturwissenschaft und die Technik. Frankfurt a. M., S.59-70

Engler, S., Friebertshäuser, B. (1989) Zwischen Kantine und WG. Studienanfang in Elektrotechnik und Erziehungswissenschaften. In: Faulstich-Wieland, H. (Hg.): Weibliche Identität. Bielefeld, S.123-136

Engler, S., Friebertshäuser, B. (1992) Die Macht des Dominanten. In: Wetterer, A. (Hg.): Profession und Geschlecht. Frankfurt a. M., S.101-120

Epstein, S. (1984) Entwurf einer Integrativen Persönlichkeitstheorie. In:Filipp, S.-H. (Hg.): Selbstkonzept-Forschung. Probleme, Befunde, Perspektiven. Stuttgart, S.15-45

Erb, U. (1994) Technikmythos als Zugangsbarriere für Frauen zur Informatik? Zeitschrift für Frauenforschung, 12, H.3, S.28-40

Erb, U. (1996) Frauenperspektiven auf die Informatik. Informatikerinnen im Spannungsfeld zwischen Distanz und Nähe zur Technik. Münster

Erdheim, M. (1984) Die gesellschaftliche Produktion von Unbewußtheit. Frankfurt a. M.
Erzberger, Ch. (1995) Die Kombination von qualitativen und quantitativen Daten. Methodologie und Forschungspraxis von Verknüpfungsstrategien. ZUMA Nachrichten, Nr.36, S.35-60
Faulstich-Wieland, H. (1989) Weibliche Identität und technische Entwicklung. In: Faulstich-Wieland, H. (Hg.): Weibliche Identität. Dokumentation der Fachtagung der AG Frauenforschung in der Deutschen Gesellschaft für Erziehungswissenschaft. Bielefeld, S.37-47
Faulstich-Wieland, H. (1990) Technikdistanz von Mädchen? Die Deutsche Schule, 1. Beiheft, S.110-125
Faulstich-Wieland, H. (1992) Mädchenbildung und neue Technologien. Das hessische Entwicklungs- und Forschungsprojekt. In: Bundesminister für Bildung und Wissenschaft (Hg.): Mädchen und Computer. Ergebnisse und Modelle zur Mädchenförderung in Computerkursen. Bonn, S.142-154
Faulstich-Wieland, H., Dick, A. (1988) 'Wir Mädchen können das, auch wenn die Jungen lachen ...'. Hessisches Institut für Bildungsplanung und Schulentwicklung, H.27, Wiesbaden
Faulstich-Wieland, H., Dick, A. (1989) Mädchenbildung und neue Technologien. Hessisches Institut für Bildungsplanung und Schulentwicklung, H.29, Wiesbaden
Fauser, R. (1992) Neue empirische Untersuchungen über geschlechtsspezifische Unterschiede im Interesse am Computer. Voraussetzungen und Folgen. In: Bundesminister für Bildung und Wissenschaft (Hg.): Mädchen und Computer. Ergebnisse und Modelle zur Mädchenförderung in Computerkursen. Bonn, S.22-45
Fauser, R., Schreiber, N. (1989) Die wissenschaftliche Begleitung zum Modellversuch HEKTOR. Ziele, Methoden und Sekundäranalysen. Forschungsstelle für Informationstechnische Bildung. Arbeitsbericht 3. Konstanz
Feyl, R. (1983) Der lautlose Aufbruch. Frauen in der Wissenschaft. Berlin
Filipp, S.-H. (1984) Entwurf eines heuristischen Bezugsrahmens für Selbstkonzept-Forschung: Menschliche Informationsverarbeitung und naive Handlungstheorie. In: Filipp, S.-H. (Hg.): Selbstkonzept-Forschung: Probleme, Befunde, Perspektiven. Stuttgart, S.129-152
Fisseni, H.-J. (1990) Lehrbuch der psychologischen Diagnostik. Göttingen
Flammer, A., Züblin, C., Grob, A. (1988) Sekundäre Kontrolle bei Jugendlichen. Zeitschrift für Entwicklungspsychologie & Pädagogische Psychologie, 20, S.239-262
Foucault, M. (1974) Die Ordnung der Dinge. Frankfurt a. M.
Fox Keller, E. (1986) Liebe, Macht und Erkenntnis. Männliche oder weibliche Wissenschaft? München
Garbrecht, D. (1980) Das System der Gewalt. Ingenieure und Technik. Wechselwirkung, H. 5, S.41-45
Garz, D., Kraimer, K. (1991) Qualitativ-empirische Sozialforschung im Aufbruch. In: Garz, D., Kraimer, K. (Hg.): Qualitativ-empirische Sozialforschung. Opladen, S.1-33.

Genth, R. (1988) Patriarchale Naturbeherrschung, Weiblichkeit und phallokratische Naturzerstörung. In: Kulke, C. (Hg.): Rationalität und sinnliche Vernunft: Frauen in der patriarchalen Realität. Pfaffenweiler, S.129-144

Gildemeister, R., Wetterer, A. (1992) Wie Geschlechter gemacht werden. Die soziale Konstruktion der Zweigeschlechtlichkeit und ihre Reifizierung in der Frauenforschung. In: Knapp, G.A., Wetterer, A. (Hg.): TraditionenBrüche. Entwicklungen feministischer Theorie. Freiburg, S.201-254

Goffman, E. (1975) Stigma. Über Techniken der Bewältigung beschädigter Identität. Frankfurt a. M.

Gottschall, K. (1990) Frauenarbeit und Bürorationalisierung. Zur Entstehung geschlechtsspezifischer Trennungslinien in großbetrieblichen Verwaltungen. Frankfurt a. M.

Hagemann-White, C. (1984) Sozialisation: Weiblich - männlich? Opladen

Hagemann-White, C. (1988) Wir werden nicht zweigeschlechtlich geboren... In: Hagemann-White, C., Rerrich, M.S. (Hg.): FrauenMännerBilder. Bielefeld, S.224-235

Hagemann-White, C. (1993) Die Konstrukteure des Geschlechts auf frischer Tat ertappen? Methodische Konsequenzen einer theoretischen Einsicht. Feministische Studien, 11, H.2, S.68-78

Hannover, B. (1991) Zur Unterrepräsentanz von Mädchen in Naturwissenschaften und Technik: Psychologische Prädiktoren der Fach- und Berufswahl. Zeitschrift für pädagogische Psychologie, 5, S.169-186

Hannover, B. (1992) Spontanes Selbstkonzept und Pubertät. Bildung und Erziehung, 45, S.31-46

Hannover, B., Scholz, P., Schindler, A. (1989) Mehr Mädchen in Naturwissenschaften und Technik. Technische Universität Berlin. Berlin (Forschungsbericht)

Happ, D., Wiegand, U. (Hg.) (1990) Frauen im Trend. Beruf - Bildung - Bewußtsein. München

Harding, S. (1990) Feministische Wissenschaftstheorie: Zum Verhältnis von Wissenschaft und sozialem Geschlecht. Hamburg

Harding, S. (1994) Das Geschlecht des Wissens: Frauen denken Wissenschaften neu. Frankfurt a. M.

Hecker, U., Jansen, R. (1986) Chip - Chip: Nun ja - Über die Erfahrungen und Einstellungen der heutigen Jugend zum Computer. Berufsbildung in Wissenschaft und Praxis, H.4, S.105-108

Hentschel, U., Klintman, H. (1974) A 28-variable semantic differential. Psychological Research Bulletin, 14, 4, S.1-27

Heppner, G. et al. (1990) Computer? 'Interessieren tät's mich schon, aber ...' Wie sich Mädchen in der Schule mit Neuen Technologien auseinandersetzen. Bielefeld

Herring, S. (1997) Geschlechtsspezifische Unterschiede in computergestützter Kommunikation. Feministische Studien, 15, H.1, S.65-76

Heymann, D. (1991) Feministische Naturwissenschaftskritik bei Evelyn Fox Keller - Eine Diskussion. In: Verein Feministische Wissenschaft Schweiz und FrauenForum Naturwissenschaften (Hg.): Im Widerstreit mit der Objektivität. Zürich, S.55-65

Hickel, E. (1992) Ansätze feministischer Naturwissenschaft: Die Auflösung der Widersprüche? In: Kremer, A., Städel, L., Zolg, M. (Hg.): Naturwissenschaftlich-technische Bildung - Für Mädchen keine Chance? Marburg, S.121-137

Hoffmann, U. (1987) Computerfrauen. Welchen Anteil haben Frauen an Computergeschichte und -arbeit? München

Hoffmann, U. (1989) Frauenspezifische Zugangsweisen zur (Computer-)Technik. In: Technik und Gesellschaft. Jahrbuch 5. Frankfurt a. M., S.159-174

Hofstätter, P.R. (1970) Sozialpsychologie. Berlin

Hofstätter, P.R. (1973) Einführung in die Sozialpsychologie. Stuttgart

Hofstätter, P.R. (1979) Angst vor der Technik. VdTÜV e.V.: Mitgliederversammlung 1979. Hamburg

Horkheimer, M. (1977) Traditionelle und kritische Theorie. In: Horkheimer, M.: Kritische Theorie. Frankfurt a. M., Studienausgabe, S.521-575 (1937)

Huber, J. (1989) Technikbilder. Opladen

Huber, J., Krainz, E.E. (1994) Identität. In: Grubitzsch, S., Rexilius, G. (Hg.): Psychologische Grundbegriffe. Reinbek bei Hamburg, S.474-478

Huber, L., Liebau, E. (1985) Die Kultur der Fächer. Neue Sammlung, 25, S.314-339

Institut für Demoskopie Allensbach (Hg.) (1985) Mißtrauen gegenüber Computern. Allensbacher Berichte Nr.36, S.1-15

Janshen, D. (1985) Hat die Technik ein Geschlecht? Anmerkungen zum Verhältnis von Frauen und Technik. In: Immenkötter, M., Pauls, M. (Hg.): Frauen im Ingenieurberuf. Bericht eines Symposiums. Düsseldorf, S.9-16

Janshen, D. (1986) Frauen und Technik - Facetten einer schwierigen Beziehung. In: Hausen, K., Nowotny, H. (Hg.): Wie männlich ist die Wissenschaft? Frankfurt a. M., S.279-292

Janshen, D. (1989) Eros im Abwind. Zur geschlechtsspezifischen Konstitution technischer Kreativität. In: Schelhowe, H. (Hg.): Frauenwelt - Computerräume. GI-Fachtagung, Bremen, 1989. Berlin, S.80-92

Janshen, D. und Mitautorinnen (1990) Was wir wollen... In: Janshen, D. (Hg.): Hat die Technik ein Geschlecht? Denkschrift für eine andere technische Zivilisation. Berlin, S.7-30

Janshen, D., Rudolph, H. (Hg.) (1988) Frauen gestalten Technik. Pfaffenweiler

Janshen, D., Rudolph, H. et al. (1987) Ingenieurinnen. Frauen für die Zukunft. Berlin

Jaufmann, D., Jänsch, G. (1990) Technikakzeptanz in der Bundesrepublik Deutschland - Unterschiede zwischen Jugendlichen und Erwachsenen und der Einfluß von Parteipräferenzen. In: Kistler, E., Jaufmann, D. (Hg.): Mensch - Gesellschaft - Technik. Opladen, S.71-100

Jayaratne, T.E., Stewart, A.J. (1991) Quantitative and qualitative methods in the social sciences: Current feminist issues and practical strategies. In: Fonow, M.M., Cook, J.A. (Hg.): Beyond methodology. Bloomington, S.85-106

Johnson, G. (1980) Der Computer und die Technologisierung des Inneren. Psyche, 34, S.790-811

Jones, E.E., Gerard, H.B. (1967) Foundations of social psychology. New York

Jugendwerk der Deutschen Shell (Hg.) (1981) Jugend '81: Lebensentwürfe, Alltagskulturen, Zukunftsbilder. Bd. 1 u. 3. Hamburg

Jugendwerk der Deutschen Shell (Hg.) (1985) Jugendliche und Erwachsene '85: Generationen im Vergleich. Bd. 5. Opladen
Jugendwerk der Deutschen Shell (Hg.) (1992) Jugend '92: Lebenslagen, Orientierungen. Bd. 2. Opladen
Kanter, R. M. (1977a) Men and women of the corporation. New York
Kanter, R.M (1977b) Some effects of proportions on group life: Skewed sex ratios and responses to token women. American Journal of Sociology, 82, 1977, S.965-990
Kaplan, K., Derichs-Kunstmann, K. (1991) Zwischen Ablehnung und Annäherung. Die widersprüchlichen Reaktionen von Frauen auf das Vordringen der neuen IuK-Technologien in den Alltag. Ergebnisse einer Befragung. Werkstattbericht Nr.94. Recklinghausen
Kistler, E., Pfaff, M. (1990) Technikakzeptanz im internationalen Vergleich: Ergebnisse zur globalen Technikbeurteilung und zur Akzeptanz der Gentechnologie. In: Kistler, E., Jaufmann, D. (Hg.): Mensch - Gesellschaft - Technik. Opladen, S.41-70
Kistler, E., Jaufmann, D. (Hg.) (1990) Mensch - Gesellschaft - Technik. Opladen
Knapp, G.-A. (1987) Arbeitsteilung und Sozialisation: Konstellationen von Arbeitsvermögen und Arbeitskraft im Lebenszusammenhang von Frauen. In: Beer, U. (Hg.): Klasse Geschlecht. Bielefeld, S. 236-273
Knapp, G.-A. (1988) Das Konzept 'weibliches' Arbeitsvermögen - theoriegeleitete Zugänge, Irrwege, Perspektiven. Frauenforschung, H.4, S.8-19
Knapp, G.-A. (1989a) Zur Mikropolitik von 'Technikdistanz'. Das Argument, 175, S.409-419
Knapp, G.-A. (1989b) Männliche Technik - weibliche Frau? Zur Analyse einer problematischen Beziehung. In: Becker, D. et al.: Zeitbilder der Technik. Bonn, S.193-253
Knapp, G.A., Wetterer, A. (Hg.) (1992) TraditionenBrüche. Entwicklungen feministischer Theorie. Freiburg
Krampen, G. (Hg.) (1989) Diagnostik von Attributionen und Kontrollüberzeugungen. Göttingen
Krappmann, L. (1973) Soziologische Dimensionen der Identität. Stuttgart
Krech, D., Crutchfield, R.S., Ballachey, E.L. (1962) Individual in society. A textbook of social psychology. New York
Kreckel, R. (Hg.) (1983) Soziale Ungleichheiten. Soziale Welt, Sonderband 2, Göttingen
Kreckel, R. (1992) Politische Soziologie der sozialen Ungleichheit. Frankfurt a. M.
Krüger, H. (1990) Gehören technische Fähigkeiten vielleicht auch zum 'weiblichen Arbeitsvermögen?'. In: Rabe-Kleberg, U. (Hg.): Besser gebildet und doch nicht gleich. Frauen und Bildung in der Arbeitsgesellschaft. Hannover, S.141-159
Kuhn, Th.S. (1995) Weltbilder der Wissenschaft. In: Die Zeit vom 28.04.95 (Interview)
Kulke, C. (Hg.) (1988) Rationalität und sinnliche Vernunft: Frauen in der patriarchalen Realität. Pfaffenweiler
Kulke, C., Scheich, E. (Hg.) (1992) Zwielicht der Vernunft. Die Dialektik der Aufklärung aus der Sicht von Frauen. Pfaffenweiler
Lamnek, S. (1988) Qualitative Sozialforschung. Bd. 1, Methodologie. München

Lamnek, S. (1989) Qualitative Sozialforschung. Bd. 2, Methoden und Techniken. München

Lange, K. (1984) Das Image des Computers in der Bevölkerung. St. Augustin

LaPiere, R.T. (1934) Attitudes versus actions. Social Forces, 13, S.230-237

Lenz, I. (1992) Geschlechterordnung oder Geschlechteraufbruch in der postindustriellen Veränderung? Zur Kritik der Zweigeschlechtlichkeit in der Frauenforschung. In: Kulke, Ch., Scheich, E. (Hg.): Zwielicht der Vernunft. Pfaffenweiler, S.107-118

Lisch, R., Kriz, J. (1978) Grundlagen und Modelle der Inhaltsanalyse. Reinbek

Löchel, E. (1994) Die Angst, etwas kaputtzumachen. Ein Beitrag zur Psychodynamik geschlechtsspezifischer Umgangsformen mit dem Computer. Zeitschrift für Frauenforschung, 12, H.3, S.49-62

Lompe, K. (Hg.) (1987) Techniktheorie - Technikforschung - Technikgestaltung. Opladen

Lorber, J., Farell, S.A. (Hg.) (1991) The social construction of gender. Newbury Park

Marcuse, H. (1967) Der eindimensionale Mensch. Neuwied

Mathes, R. (1988) 'Quantitative' Analyse 'qualitativ' erhobener Daten? Die hermeneutisch-klassifikatorische Inhaltsanalyse von Leitfadengesprächen. ZUMA Nachrichten, Nr.23, S.60-78

Maurer, M. (1986) Die Verdrängung der Frauen aus Naturwissenschaften und Technik. In: Schlüter, A., Kuhn, A. (Hg.): Lila Schwarzbuch. Zur Diskriminierung von Frauen in der Wissenschaft. Düsseldorf, S.234-256

Mayntz, R., Holm, K., Hübner, P. (1972) Einführung in die Methoden der empirischen Soziologie. Opladen

Mayring, Ph. (1991) Qualitative Inhaltsanalyse. In: Flick, U. et al. (Hg.): Handbuch Qualitative Sozialforschung. München, S.209-213

McGuire, W.J. (1969) The value of attitudes and attitude change. In: Lindzey, G., Aronson, E. (Hg.): The handbook of social psychology, Vol.3. Reading, S.136-314

McGuire, W.J. (1984) Search for the self: Going beyond self-esteem and the reactive self. In: Zucker, R.A., Aronoff, J., Rabin, A.I. (Hg.): Personality and the prediction of behavior . Orlando

McGuire, W.J., Padawer-Singer, A. (1976) Trait salience in the spontaneous self-concept. Journal of Personality and Social Psychology, 33, S.743-754

Meesmann, H., Sill, B. (Hg.) (1994) Androgyn. Weinheim

Merbold, C. (1981) Die Deutschen und die Technik. Siemens-Zeitschrift, 55, H.3, S.3

Merchant, C. (1987) Der Tod der Natur. München

Merten, K. (1983) Inhaltsanalyse. Opladen

Metz-Göckel, S. (1990a) Von der Technikdistanz zur Technikkompetenz. In: Metz-Göckel, S., Nyssen, E. (Hg.): Frauen leben Widersprüche. Weinheim, S.139-152

Metz-Göckel, S. (1990b) Technik- und Naturwissenschaftspotentiale von Frauen - mehr als nur eine Ergänzung? In: Happ, D., Wiegand, U. (Hg.): Frauen im Trend. Beruf - Bildung - Bewußtsein. München, S.116-127

Metz-Göckel, S. (1992) Bildung, Lebenslauf und Selbstkonzepte von 'Arbeitertöchtern'. Ein Beitrag zur sozialen Mobilität und Individualisierung von Frauen aus bildungsfernen Schichten. In: Schlüter, A. (Hg.): Arbeitertöchter und ihr sozialer Aufstieg. Weinheim, S.36-65

Metz-Göckel, S. et al. (1991) Mädchen, Jungen und Computer. Opladen

Metz-Göckel, S., Kauermann-Walter, J. (1992) Geschlechterordnung und Computerbildung. Forschungsergebnisse zur Koedukation und unterschiedlichen Umgangsformen mit dem Computer. In: Kreienbaum, M.A., Metz-Göckel, S. (Hg.): Koedukation und Technikkompetenz von Mädchen. Weinheim, S.71-92

Meyer, W.U. (1984) Das Konzept von der eigenen Begabung. Bern

Mies, M. (1983) Gesellschaftliche Ursprünge der geschlechtlichen Arbeitsteilung. In: von Werlhof, C. et al. (Hg.): Frauen, die letzte Kolonie. Reinbek bei Hamburg, S.164-193

Mies, M. (1985) Neue Technologien - Wozu brauchen wir das alles? In: Huber, M., Bussfeld, B. (Hg.): Blick nach vorn im Zorn. Weinheim, S.211-229

Mozans, H.J. (1974) Women in science. (Neuauflage des Werkes von 1913). Cambridge (Mass.)

Müller, U. (1991) Gleichheit im Zeitalter der Differenz: Einige methodologische Erwägungen zur Frauenforschung. Psychologie & Gesellschaftskritik, 15, H.3/4, S.73-89

Müller, U. (1992) Soziologie: Wissenschaftstheorie und Methodologie. Dialog zwischen Ursula Müller und Hartmut Esser. In: Interdisziplinäre Forschungsgruppe Frauenforschung (IFF) (Hg.) : Zweierlei Welten? Feministische Wissenschaftlerinnen im Dialog mit der männlichen Wissenschaft. Frankfurt a. M., S.56-90

Müller, U. (1994) Feminismus in der empirischen Forschung: Eine methodologische Bestandsaufnahme. In: Diezinger, A. et al. (Hg.): Erfahrung mit Methode. Freiburg, S.31-68

Mummendey, H.-D. (1984) Methoden und Probleme der Messung von Selbstkonzepten. In: Filipp, S.-H. (Hg.): Selbstkonzept-Forschung: Probleme, Befunde, Perspektiven. Stuttgart, S.171-189

Neef, W. (1990) Zur Maschinerie der Männertugenden. In: Janshen, D. (Hg.): Hat die Technik ein Geschlecht? Berlin, S.75-79

Noelle-Neumann, E., Köcher, R. (Hg.) (1993) Allensbacher Jahrbuch der Demoskopie 1984-1992, Bd. 9. München

Noller, P., Paul, G. (1991) Jugendliche Computerfans. Selbstbilder und Lebensentwürfe. Frankfurt a. M.

Nunner-Winkler, G. (1989) Gibt es eine weibliche Moral? In: Haller, M., Hoffmann-Nowottny, H.-J., Zapf, W. (Hg.) Kultur und Gesellschaft. Verhandlungen des 24. Deutschen Soziologentags, des 11. Österreichischen Soziologentags und des 8. Kongresses der Schweizerischen Gesellschaft für Soziologie in Zürich 1988. Frankfurt a. M., S.165-178

Odebrett, E. (1993) Die Tüftlerinnen. Zum Mythos der weiblichen 'Inkompetenz' am Computer. Zeitschrift für Frauenforschung, 11, H.4, S.73-83

Offe, C., Hinrichs, K. (1984) Sozialökonomie des Arbeitsmarktes: primäres und sekundäres Machtgefälle. In: Offe, C.: 'Arbeitsgesellschaft': Strukturprobleme und Zukunftsperspektiven. Frankfurt a. M., S.44-86

Osgood, C.E., Suci, G.J., Tannenbaum, P.H. (1957) The measurement of meaning. Urbana

Osnabrügge, G., Stahlberg, D., Frey, D. (1985) Die Theorie der kognizierten Kontrolle. In: Frey, D., Irle, M. (Hg.): Theorien der Sozialpsychologie. Bd. III. Bern, S.127-172

Ostner, I. (1979) Beruf und Hausarbeit. Frankfurt a. M.

Ostner, I. (1991) 'Weibliches Arbeitsvermögen' und soziale Differenzierung. Leviathan, 19, S.192-207

Ostner, I. (1992a) Zum letzten Male: Anmerkungen zum 'weiblichen Arbeitsvermögen'. In: Krell, G., Osterloh, M. (Hg.): Personalpolitik aus der Sicht von Frauen. Was kann die Personalforschung von der Frauenforschung lernen? Mering, S.107-121

Ostner, I. (1992b) Einleitung: Differenzen - unendlich ungleiche? In: Ostner, I., Lichtblau, K. (Hg.): Feministische Vernunftkritik. Ansätze und Traditionen. Frankfurt a. M., S.7-25

Ostner, I., Lichtblau, K. (Hg.) (1992) Feministische Vernunftkritik. Ansätze und Traditionen. Frankfurt a. M.

Pflüger, J., Schurz, R. (1987) Der maschinelle Charakter. Sozialpsychologische Aspekte des Umgangs mit Computern. Opladen

Pörzgen, B. (1994) Das Selbstverständnis und das Selbstkonzept von männlichen und weiblichen Personen in den Lebensbereichen Beruf und Partnerschaft. Frankfurt a. M.

Prein, G., Kelle, U., Kluge, S. (1993) Strategien zur Integration quantitativer und qualitativer Auswertungsverfahren. Sonderforschungsbereich 186 der Universität Bremen. Arbeitspapier Nr. 19

Projekt 'Studium und Biografie' (Hg.): Berichte Nr.1 - Nr.8. aus den Jahren 1988-1990, Universität-Gesamthochschule-Siegen, Siegen

Rammert, W. (1988) Technikgenese. Stand und Perspektiven der Sozialforschung zum Entstehungszusammenhang neuer Techniken. Kölner Zeitschrift für Soziologie & Sozialpsychologie, 40, S.747-761

Rammert, W. (1989) Techniksoziologie. In: Endruweit, G., Trommsdorff, G. (Hg.): Wörterbuch der Soziologie, Bd. 3, Stuttgart

Reichardt, R.H. (1983) Segregationstendenzen in der Einstellung zur Technik. Journal für Sozialforschung, 23, H.2, S.261-271

Reinharz, S. (1992) Feminist methods in social research. New York

Rheinberg, F., Weich, K.-W. (1988) Wie gefährlich ist Lob? Eine Untersuchung zum paradoxen Effekt von Lehrersanktionen. Zeitschrift für Pädagogische Psychologie, 2, S.227-233

Ritter, M. (1994) Computer oder Stöckelschuh? Frankfurt a. M.

Ritsert, J. (1975) Inhaltsanalyse und Ideologiekritik. Frankfurt a. M.

Roloff, Ch. (1990) Konzeptualisierung des Versteckten. Überlegungen zum Frauenforschungsschwerpunkt 'Technik- und Naturwissenschaftspotentiale von Frauen' am Hochschuldidaktischen Zentrum der Universität Dortmund. In: Schlüter, A., Roloff, Ch., Kreienbaum, M.A. (Hg.): Was eine Frau umtreibt. Frauenbewegung - Frauenforschung - Frauenpolitik. Pfaffenweiler, S.97-109

Roloff, Ch. (1993) Weiblichkeit und Männlichkeit im Feld der Technik. Zum Erwerb technischer Kompetenz. In: Aulenbacher, B., Goldmann, M. (Hg.): Transformationen im Geschlechterverhältnis. Frankfurt a. M., S.47-70

Roloff, Ch., Evertz, B. (1992) Ingenieurin (k)eine lebbare Zukunft. Weinheim

Roloff, Ch., Metz-Göckel, S. (1995) Das Potentiale-Konzept und Debatten der Frauenforschung. In: Wetterer, A. (Hg.): Die soziale Konstruktion von Geschlecht in Professionalisierungsprozessen. Frankfurt a. M., S.263-286

Rosenberg, M.J., Hovland, C.I. (1960) Cognitive, affective and behavioral components of attitudes. In: Rosenberg, M.J. et al. (Hg.): Attitude organization and change. New Haven, S.1-14

v. Rosenbladt, B. (1988) Einstellungen zu Wissenschaft und Technik - Perspektiven der Umfrageforschung. In: Jaufmann, D., Kistler, E. (Hg.): Sind die Deutschen technikfeindlich? Opladen, S.95-110

Rothbaum, F., Weisz, J.R., Snyder, S.S. (1982) Changing the world and changing the self: A two process model of perceived control. Journal of Personality and Social Psychology, 42, S.5-37

Rothschild, J. (Hg.) (1983) Machina ex Dea. New York

Rotter, J.B. (1966) Generalized expectancies for internal versus external control of reinforcement. Psychological Monographs: General & Applied, 80, S.1-28

Rundnagel, R. (1986) Integrationsprobleme von Ingenieurinnen in den ersten Berufsjahren. Marburg

Scheele, B., Groeben, N. (1988) Dialog-Konsens-Methoden zur Rekonstruktion subjektiver Theorien. Tübingen

Scheich, E. (1985) Was hält die Welt in Schwung? Feministische Ergänzungen zur Geschichte der Impetustheorie. Feministische Studien, 4, H.1, S.10-32

Scheich, E. (1987) Frauen-Sicht. Zur politischen Theorie der Technik. In: Beer, U. (Hg.): Klasse Geschlecht. Feministische Gesellschaftsanalyse und Wissenschaftskritik. Bielefeld, S.116-141

Scheich, E. (1993) Naturbeherrschung und Weiblichkeit: Denkformen und Phantasmen der modernen Wissenschaften. Pfaffenweiler

Schelhowe, H. (1993) Frauenforschung kann nicht in der Pflege einer weiblichen Informatikkultur bestehen! InfoTech, 5, H.3, S.11-14

Scheuch, E.K. (1990) Bestimmungsgründe für Technik-Akzeptanz. In: Kistler, E., Jaufmann, D. (Hg.): Mensch - Gesellschaft - Technik. Opladen, S.101-140

Schiersmann, Ch. (1987a) Computerkultur und weiblicher Lebenszusammenhang. Bonn

Schiersmann, Ch. (1987b) Zugangsweisen von Mädchen und Frauen zu den neuen Technologien - Eine Bilanz vorliegender Untersuchungsergebnisse. Frauenforschung, H. 1+2, S.5-24

Schiersmann, Ch. (1992) Geschlechtstypische Unterschiede beim Zugang zum Computer, Problemstellung und Stand der Forschung. In: Bundesminister für Bildung und Wissenschaft (Hg.): Mädchen und Computer. Ergebnisse und Modelle zur Mädchenförderung in Computerkursen. Bonn, S.7-21

Schiersmann, Ch., Schreiber, R. (1987) Frauen und neue Technologien. Frauenforschung, H. 1+2, S.1-3

Schimpf-Hunnius, S., Hunnius, G. (1990) Technik-Akzeptanz: Geschlechtsspezifische Reaktionsmuster. In: Kistler, E., Jaufmann, D. (Hg.): Mensch - Gesell-

schaft - Technik. Orientierungspunkte in der Technikakzeptanzdebatte. Opladen, S.183-194
Schlüter, A. (1987) Neue Hüte - alte Hüte? Gewerbliche Berufsbildung für Mädchen zu Beginn des 20. Jahrhunderts - Zur Geschichte ihrer Institutionalisierung. Düsseldorf
Schmidt, F.L. et al. (1985) Forty questions about validity, generalization and meta-analysis. Personnel Psychology, 38, S.697-798
Schmitt, B. (1993) Neue Wege - alte Barrieren. Beteiligungschancen von Frauen in der Informatik. Berlin
Schrott, P.R., Lanoue, D.J. (1994) Trends and perspectives in content analysis. In: Borg, I., Mohler, P. Ph. (Hg.): Trends and perspectives in empirical social research. Berlin, S.327-345
Schurz, R., Pflüger, J. (1987) Die Angst des Computermenschen. Psychologie heute, H.2, S.44-51
Schütze, Y. (1993) Geschlechtsrollen. Zum tendenziellen Fall eines Deutungsmusters. Zeitschrift für Pädagogik, 39, S.551-560
Seifert, R. (1992) Entwicklungslinien und Probleme der feministischen Theoriebildung. Warum an der Rationalität kein Weg vorbeiführt. In: Knapp, G.A., Wetterer, A. (Hg.): TraditionenBrüche. Entwicklungen feministischer Theorie. Freiburg, S.255-286
Silberer, G. (1983) Einstellungen und Werthaltungen. In: Irle, M., Bussmann, W. (Hg.): Marktpsychologie als Sozialwissenschaft. Göttingen, S.533-625
Sklorz-Weiner, M. (1989) Jungen und Mädchen und Computer: Verhalten und Einstellungen zu neuen Technologien. Zeitschrift für pädagogische Psychologie, 3, S.129-137
Sklorz-Weiner, M. (1994) Technik, Identität und Geschlecht. Zeitschrift für Frauenforschung, 12, H.3, S.7-15
Sohn-Rethel, A. (1972) Geistige und körperliche Arbeit. Frankfurt a. M.
Sohn-Rethel, A. (1978) Warenform und Denkform. Frankfurt a. M.
Spence, J.T., Helmreich, R. (1978) Masculinity and femininity. Austin
Stanley, L., Wise, S. (1993) Breaking out again. Feminist ontology and epistemology. London (Neuauflage)
Stapf, K.H. (1982) Einstellungsmessung und Verhaltensprognose. Kritische Erörterung einer aktuellen sozialwissenschaftlichen Thematik. In: Stachowiak, H., Herrmann, T., Stapf, K. (Hg.): Bedürfnisse, Werte und Normen im Wandel. Bd.II, Methoden und Analysen. München, S.73-130
Stevens, J. (1992) Applied multivariate statistics for the social sciences. Hillsdale
Strauss, A. (1995) Person, Wissenschaft und Geschlechterverhältnis. Journal für Psychologie, 3, H.1, S.64-75
Sturm, G. (1994) Wie forschen Frauen? Überlegungen zur Entscheidung für qualitatives oder quantifizierendes Vorgehen. In: Diezinger, A. et al. (Hg.): Erfahrung mit Methode. Freiburg, S. 85-104
Teubner, U. (1987) Zur Frage der Aneignung von Technik und Natur durch Frauen - oder der Versuch, gegen die Dichotomien zu denken. In: Verein Sozialwissenschaftliche Forschung und Bildung für Frauen (Hg.): Facetten feministischer Theoriebildung, Bd.1. Frankfurt a. M., S.53-68

Teubner, U. (1989) Neue Berufe für Frauen. Modelle zur Überwindung der Geschlechterhierarchie im Erwerbsbereich. Frankfurt a. M.
Thurstone, L.L. (1967) The measurement of social attitudes. In: Fishbein, M. (Hg.): The measurement of social attitudes. New York 1967, S.14-25 (Erstveröffentlichung: 1931)
Triandis, H.C. (1971) Attitude and attitude change. New York
Triandis, H.C. (1975) Einstellung und Einstellungsänderungen. Weinheim
Turkle, S. (1984) Die Wunschmaschine. Vom Entstehen der Computerkultur. Reinbek
Turkle, S., Papert, S. (1990) Epistemological pluralism: Styles and voices within the computer culture. Signs, 16, 1, S.128-157
Vollmer-Schubert, B. (1991) Weibliche Identität als gesellschaftliche Anforderung. Gießen
Wagner, I. (1986a) Das Erfolgsmodell der Naturwissenschaften. Ambivalenzerfahrungen von Frauen. In: Hausen, K., Nowotny, H. (Hg.): Wie männlich ist die Wissenschaft? Frankfurt a. M., S.237-252
Wagner, I. (1986b) Frauenarbeit im automatisierten Büro: Widersprüchliche Erfahrungen - individuelle und kollektive Bewältigungsstrategien. In: Kolm, P. und Wagner, I. (Hg.): Frauen, Arbeit und Computerisierung. Schriftenreihe des Institutes für berufsbezogene Erwachsenenbildung an der Johannes Kepler Universität Linz. Linz, S.43-59
Wagner, I. (1992) Feministische Technikkritik und Postmoderne. In: Ostner, I., Lichtblau, K. (Hg.): Feministische Vernunftkritik, Frankfurt a. M., S.147-163
Wajcman, J. (1994) Technik und Geschlecht. Die feministische Technikdebatte. Frankfurt a. M.
Weber, C. (1987) Frauen in Männerberufen. 'Soziale Schließung' und Feminisierung. In: Hauser, K. (Hg.): Viele Orte. Überall? Feminismus in Bewegung. Hamburg, S.203-217
Weber, M. (1976) Wirtschaft und Gesellschaft. Tübingen
Weizenbaum, J. (1980) Die Macht der Computer und die Ohnmacht der Vernunft. Frankfurt a. M.
Wetterer, A. (1992) Hierarchie und Differenz im Geschlechterverhältnis. In: Wetterer, A. (Hg.): Profession und Geschlecht. Über die Marginalität von Frauen in hochqualifizierten Berufen. Frankfurt a. M., S.13-44
Wetterer, A. (1993) Professionalisierung und Geschlechterhierarchie: Vom kollektiven Frauenausschluß zur Integration mit beschränkten Möglichkeiten. Kassel
Windolf, P., Hohn, H.-W. (1984) Arbeitsmarktchancen in der Krise. Frankfurt a. M.
Witte, E. H. (1989) Sozialpsychologie. München
Woesler de Panafieu, Ch. (1987) Feministische Kritik am wissenschaftlichen Androzentrismus. In: Beer, U. (Hg.): Klasse Geschlecht. Bielefeld, S.84-115
Woesler de Panafieu, Ch. (1988) Zum Übergang von der instrumentellen zur digitalen Vernunft. In: Kulke, C. (Hg.): Rationalität und sinnliche Vernunft: Frauen in der patriarchalen Realität. Pfaffenweiler, S.30-44
Zachmann, K. (1992) Männerarbeit in Frauenberufen. Zur Wechselwirkung von Maschinisierung und geschlechtsspezifischer Arbeitsteilung in der Textilindustrie. In: Hurrle, G., Jelich, F.-J., Seitz, J. (Hg.): Technik - Kultur - Arbeit. Geschichte und Zukunft der industriellen Arbeit, Bd. 2, Marburg, S.66-75

ANHANG

Fragebogen der Untersuchung

Tabelle A1

Tabelle A2

Tabelle A3

Tabelle A4

Tabelle A5

Abbildung A1

Tabelle A6

Geschlecht:
Alter:
Schulabschluß:
Berufliche Ausbildung (falls vorhanden):
Studienfach:
Fachsemesterzahl:
Beruf des Vaters:

Bitte beurteilen Sie die auf den folgenden Seiten aufgeführten Begriffe, inwieweit diese sich gefühlsmäßig den verschiedenen gegensätzlichen Eigenschaftswortpaaren zuordnen lassen.

Kreuzen Sie das Kästchen unter der Ziffer „3“ an, wenn das auf der linken Seite stehende Eigenschaftswort auf den oben angeführten Begriff sehr gut paßt, die „2“, wenn das Eigenschaftswort paßt, die „1“, wenn die Eigenschaft nur annähernd auf den Begriff paßt. Wenn der Begriff eher auf das gegensätzliche Eigenschaftswort auf der rechten Seite zutrifft, markieren Sie bitte das Feld unter „-1“. Wählen Sie „-2“ und „-3“, wenn das rechte Eigenschaftswort noch stärker zutrifft.

Ist der Begriff nach Ihrem Empfinden keiner der beiden gegensätzlichen Eigenschaften zuzuordnen oder liegt der Begriff in der Mitte zwischen einem der Gegensatzpaare, dann kreuzen Sie bitte das Feld unter der „0“ an.

Es gibt hier keine richtigen oder falschen Antworten.

TECHNIK

	3	2	1	0	-1	-2	-3	
weich	( )	( )	( )	( )	( )	( )	( )	hart
heiter	( )	( )	( )	( )	( )	( )	( )	traurig
verschwommen	( )	( )	( )	( )	( )	( )	( )	klar
stark	( )	( )	( )	( )	( )	( )	( )	schwach
großzügig	( )	( )	( )	( )	( )	( )	( )	sparsam
passiv	( )	( )	( )	( )	( )	( )	( )	aktiv
verspielt	( )	( )	( )	( )	( )	( )	( )	ernst
zurückhaltend	( )	( )	( )	( )	( )	( )	( )	offen
hilfsbereit	( )	( )	( )	( )	( )	( )	( )	egoistisch
triebhaft	( )	( )	( )	( )	( )	( )	( )	gehemmt
kühl	( )	( )	( )	( )	( )	( )	( )	gefühlvoll
redselig	( )	( )	( )	( )	( )	( )	( )	verschwiegen
friedlich	( )	( )	( )	( )	( )	( )	( )	aggressiv
zerfahren	( )	( )	( )	( )	( )	( )	( )	geordnet
nüchtern	( )	( )	( )	( )	( )	( )	( )	verträumt
streng	( )	( )	( )	( )	( )	( )	( )	nachgiebig
zurückgezogen	( )	( )	( )	( )	( )	( )	( )	gesellig
robust	( )	( )	( )	( )	( )	( )	( )	zart
vergnügt	( )	( )	( )	( )	( )	( )	( )	mißmutig
wild	( )	( )	( )	( )	( )	( )	( )	sanft
starr	( )	( )	( )	( )	( )	( )	( )	beweglich
leise	( )	( )	( )	( )	( )	( )	( )	laut
frisch	( )	( )	( )	( )	( )	( )	( )	müde
unterwürfig	( )	( )	( )	( )	( )	( )	( )	herrisch
gesund	( )	( )	( )	( )	( )	( )	( )	krank

BERUF

	3	2	1	0	-1	-2	-3	
weich	( )	( )	( )	( )	( )	( )	( )	hart
heiter	( )	( )	( )	( )	( )	( )	( )	traurig
verschwommen	( )	( )	( )	( )	( )	( )	( )	klar
stark	( )	( )	( )	( )	( )	( )	( )	schwach
großzügig	( )	( )	( )	( )	( )	( )	( )	sparsam
passiv	( )	( )	( )	( )	( )	( )	( )	aktiv
verspielt	( )	( )	( )	( )	( )	( )	( )	ernst
zurückhaltend	( )	( )	( )	( )	( )	( )	( )	offen
hilfsbereit	( )	( )	( )	( )	( )	( )	( )	egoistisch
triebhaft	( )	( )	( )	( )	( )	( )	( )	gehemmt
kühl	( )	( )	( )	( )	( )	( )	( )	gefühlvoll
redselig	( )	( )	( )	( )	( )	( )	( )	verschwiegen
friedlich	( )	( )	( )	( )	( )	( )	( )	aggressiv
zerfahren	( )	( )	( )	( )	( )	( )	( )	geordnet
nüchtern	( )	( )	( )	( )	( )	( )	( )	verträumt
streng	( )	( )	( )	( )	( )	( )	( )	nachgiebig
zurückgezogen	( )	( )	( )	( )	( )	( )	( )	gesellig
robust	( )	( )	( )	( )	( )	( )	( )	zart
vergnügt	( )	( )	( )	( )	( )	( )	( )	mißmutig
wild	( )	( )	( )	( )	( )	( )	( )	sanft
starr	( )	( )	( )	( )	( )	( )	( )	beweglich
leise	( )	( )	( )	( )	( )	( )	( )	laut
frisch	( )	( )	( )	( )	( )	( )	( )	müde
unterwürfig	( )	( )	( )	( )	( )	( )	( )	herrisch
gesund	( )	( )	( )	( )	( )	( )	( )	krank

FRAU

	3	2	1	0	-1	-2	-3	
weich	( )	( )	( )	( )	( )	( )	( )	hart
heiter	( )	( )	( )	( )	( )	( )	( )	traurig
verschwommen	( )	( )	( )	( )	( )	( )	( )	klar
stark	( )	( )	( )	( )	( )	( )	( )	schwach
großzügig	( )	( )	( )	( )	( )	( )	( )	sparsam
passiv	( )	( )	( )	( )	( )	( )	( )	aktiv
verspielt	( )	( )	( )	( )	( )	( )	( )	ernst
zurückhaltend	( )	( )	( )	( )	( )	( )	( )	offen
hilfsbereit	( )	( )	( )	( )	( )	( )	( )	egoistisch
triebhaft	( )	( )	( )	( )	( )	( )	( )	gehemmt
kühl	( )	( )	( )	( )	( )	( )	( )	gefühlvoll
redselig	( )	( )	( )	( )	( )	( )	( )	verschwiegen
friedlich	( )	( )	( )	( )	( )	( )	( )	aggressiv
zerfahren	( )	( )	( )	( )	( )	( )	( )	geordnet
nüchtern	( )	( )	( )	( )	( )	( )	( )	verträumt
streng	( )	( )	( )	( )	( )	( )	( )	nachgiebig
zurückgezogen	( )	( )	( )	( )	( )	( )	( )	gesellig
robust	( )	( )	( )	( )	( )	( )	( )	zart
vergnügt	( )	( )	( )	( )	( )	( )	( )	mißmutig
wild	( )	( )	( )	( )	( )	( )	( )	sanft
starr	( )	( )	( )	( )	( )	( )	( )	beweglich
leise	( )	( )	( )	( )	( )	( )	( )	laut
frisch	( )	( )	( )	( )	( )	( )	( )	müde
unterwürfig	( )	( )	( )	( )	( )	( )	( )	herrisch
gesund	( )	( )	( )	( )	( )	( )	( )	krank

MANN

	3	2	1	0	-1	-2	-3	
weich	( )	( )	( )	( )	( )	( )	( )	hart
heiter	( )	( )	( )	( )	( )	( )	( )	traurig
verschwommen	( )	( )	( )	( )	( )	( )	( )	klar
stark	( )	( )	( )	( )	( )	( )	( )	schwach
großzügig	( )	( )	( )	( )	( )	( )	( )	sparsam
passiv	( )	( )	( )	( )	( )	( )	( )	aktiv
verspielt	( )	( )	( )	( )	( )	( )	( )	ernst
zurückhaltend	( )	( )	( )	( )	( )	( )	( )	offen
hilfsbereit	( )	( )	( )	( )	( )	( )	( )	egoistisch
triebhaft	( )	( )	( )	( )	( )	( )	( )	gehemmt
kühl	( )	( )	( )	( )	( )	( )	( )	gefühlvoll
redselig	( )	( )	( )	( )	( )	( )	( )	verschwiegen
friedlich	( )	( )	( )	( )	( )	( )	( )	aggressiv
zerfahren	( )	( )	( )	( )	( )	( )	( )	geordnet
nüchtern	( )	( )	( )	( )	( )	( )	( )	verträumt
streng	( )	( )	( )	( )	( )	( )	( )	nachgiebig
zurückgezogen	( )	( )	( )	( )	( )	( )	( )	gesellig
robust	( )	( )	( )	( )	( )	( )	( )	zart
vergnügt	( )	( )	( )	( )	( )	( )	( )	mißmutig
wild	( )	( )	( )	( )	( )	( )	( )	sanft
starr	( )	( )	( )	( )	( )	( )	( )	beweglich
leise	( )	( )	( )	( )	( )	( )	( )	laut
frisch	( )	( )	( )	( )	( )	( )	( )	müde
unterwürfig	( )	( )	( )	( )	( )	( )	( )	herrisch
gesund	( )	( )	( )	( )	( )	( )	( )	krank

Was verstehen Sie unter Technik?

Welche persönlichen Voraussetzungen benötigt man für einen qualifizierten technischen Beruf (Ingenieurberuf oder ähnliches)?[1]

oder

Welche persönlichen Voraussetzungen benötigt man für einen qualifizierten Beruf im sozialen Bereich?

oder

Welche persönlichen Voraussetzungen benötigt man für einen qualifizierten Beruf im Dienstleistungs- und Verwaltungsbereich?

1 Diese Frage wurde den IngenieurstudentInnen gestellt. Die folgende Frage richtete sich an die Studierenden der Sozialarbeit/Sozialpädagogik und wurde für die Studierenden des Faches Verwaltung entsprechend ihrem späteren Berufsfeld umformuliert.

Welche verschiedenen Beweggründe spielten für die Wahl Ihres Studienfaches eine Rolle?

Wie beurteilen Sie die technischen Entwicklungen der Gegenwart?

Sehen Sie Fehlentwicklungen (wenn ja, welche)?

Wo sollten Ihrer Meinung nach künftig die Schwerpunkte der technischen Entwicklung gesetzt werden?

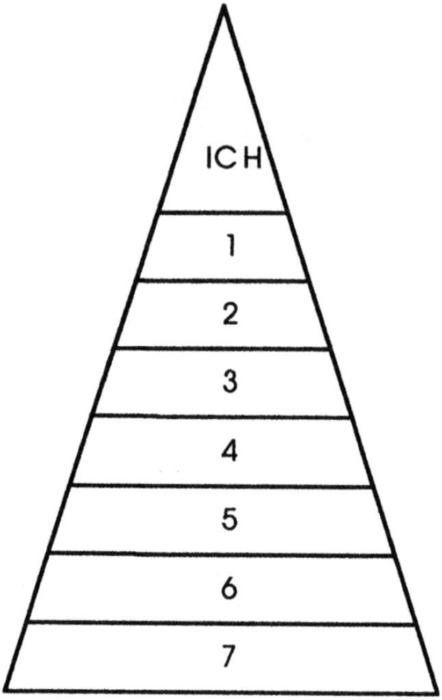

Die nebenstehende Figur veranschaulicht in stark vereinfachter Form den Aufbau der Persönlichkeit. Den Mittelpunkt der Person bildet das ICH. Die verschiedenen Persönlichkeits- und Lebensbereiche liegen mehr oder weniger nahe zum ICH.

In der nebenstehenden Figur bedeutet die 1, daß der betreffende Persönlicheits-/Lebensbereich dem ICH sehr nahe ist. Mit der 7 ist der Bereich bezeichnet, der vom ICH am weitesten entfernt liegt, das heißt, für das ICH vergleichsweise wenig Bedeutung hat.

Bitte konzentrieren Sie sich nun auf Ihr ICH. Beurteilen Sie die unten aufgeführten Begriffe danach, wie nah sie zu Ihrem ICH liegen, also welche Bedeutung sie für Ihre Person haben. Bei den Begriffen mit der größten Nähe zu Ihrem ICH schreiben Sie eine 1 in die Klammer vor dem Begriff. Bei zunehmenden Abstand vom ICH verwenden Sie bitte die Ziffern 2 bis 7, je nachdem, wie weit die einzelnen Begriffe von Ihrem ICH entfernt sind.

( ) Beruf

( ) Kreativität

( ) Soziales Engagement

( ) Sachlichkeit

( ) Stärke

( ) Sensibilität

( ) Technik

( ) Unabhängigkeit

( ) Partnerschaft/Familie

( ) Emotionalität

( ) Theorie

( ) Weiblichkeit
(nur von Frauen zu beantworten)

( ) Männlichkeit
(nur von Männern zu beantworten)

Tabelle A1: Kurzfassung des Kategoriensystems der Inhaltsanalyse

Zur Frage „Was verstehen Sie unter Technik?"

1. KONSTITUTIVE MERKMALE VON TECHNIK
1.1 Technik als vergegenständlichtes Artefakt, konkrete technische Verfahren
1.2 Technik als Verfahrenswissen
1.3 Technik als zivilisatorische Leistung, Gesellschaftlichkeit der Technik
1.4 Technik als Form der Rationalität
1.5 Technik als „System"
1.6 Instrumentalität von Technik

2. TECHNIKGEBIETE/TECHNOLOGIEN
2.1 IuK-Technologien
2.2 Maschinenbau
2.3 Energietechnik
2.4 Biotechnologie; Medizintechnologie
2.5 Bauwesen, Baugewerbe
2.6 Sozialtechnische Methoden und Anwendungen, Verhaltenstechniken

3. EINSATZBEREICHE VON TECHNIK
3.1 Erwerbsbereich/Wirtschaft
3.2 Reproduktionsbereich (Haushalt, Freizeit, Alltagsleben, zwischenmenschliche Beziehungen, Kommunikation)
3.3 Medizin, Gesundheit, Ernährung
3.4 Umwelt, Verkehrswesen
3.5 Militär

4. POSITIVE FUNKTIONEN UND IMPLIKATIONEN VON TECHNIK
4.1 Allgemein
4.2 Konkrete Nennungen: Ökonomie, Reproduktionssphäre (Alltag), Kommunikation und Information, Gesundheitssektor, Ökologie

5. NEGATIVE FUNKTIONEN UND IMPLIKATIONEN VON TECHNIK
5.1 Allgemein
5.2 Konkrete Nennungen: Ökonomie, Reproduktionssphäre (Alltag), Informationsmißbrauch, Gesundheitssektor, Ökologie, Militär

6. TECHNIK UND GESCHLECHT

7. STEUERBARKEIT VON TECHNIK

Beherrschbarkeit oder soziale Steuerbarkeit der Technik,. Übermächtigkeit der Technik, Kontrollprobleme

8. PERSÖNLICHER, SUBJEKTIVER BEZUG ZUR TECHNIK

9. BEWERTUNG VON TECHNIK

Neutral - negativ - inkonsistent - ambivalent - positiv

(*Fortsetzung von Tabelle A1*)

Zum Fragenkomplex „Wie beurteilen Sie die technischen Entwicklungen der Gegenwart? Sehen Sie Fehlentwicklungen (wenn ja, welche)? Wo sollten Ihrer Meinung nach künftig die Schwerpunkte der technischen Entwicklung gesetzt werden?"

1. LEISTUNGSFÄHIGKEIT DER TECHNIK

2. STEUERBARKEIT

   Steuerbarkeit der technischen Entwicklungen durch den Menschen (internal control); Nutzung (auch mißbräuchliche) der Technik durch Personen, Gruppen, Institutionen; Verselbständigung der Technik, Kontrollprobleme (external control 1); Ambivalente bis zynische Aussagen über technische Entwicklungen; Abhängigkeit des Menschen von der Technik, Herrschaft der Technik über den Menschen (external control 2)

3. RISIKEN TECHNISCHER ENTWICKLUNGEN

   bezügl. der Auswirkungen auf den Menschen, bzgl. der Ökonomie, bzgl. der Reproduktionssphäre, bzgl. des Gesundheitssektors, bzgl. der Gen- und Reproduktionstechnologie, bzgl. der Ökologie (Natur- und Umwelt), bzgl. Energieversorgung und Verkehrswesen, bzgl. militärischer Nutzung, moralische Bedenken, sonstige Risiken

5. PERSÖNLICHER, SUBJEKTIVER BEZUG ZUR TECHNISCHEN ENTWICKLUNG

Zur Frage „Welche verschiedenen Beweggründe spielten für die Wahl Ihres Studienfaches eine Rolle?"

1. INTRINSISCHE MOTIVATION

   Interesse am gewählten Studienfach/angestrebten Beruf, (Technikbezug als Motivationsgrund oder Hindernis für die Studienfachwahl), Kreativität und Offenheit, Persönlichkeitsentwicklung, Logisches Denken, Exaktheit, Erfahrung und/oder Eignung, Altruismus

2. EXTRINSISCHE MOTIVATION

   Berufsperspektiven, Berufsprestige, Einflüsse der sozialen Umwelt, Unzufriedenheit mit anderen Berufen oder Zufall, Praxisbezug des Studiums

3. GESCHLECHTSROLLE UND BERUFSWAHL

4. ANDERE MOTIVE

Tabelle A2: Untersuchungsteilstichprobe: Studierende der Natur- und Ingenieurwissenschaften

Studienfach	Weiblich	Männlich	Summe/Prozent
Architektur, Innenarchitektur	41	16	57 21.0%
Mathematik, Naturwissenschaften	8	5	13 4.8%
Informatik	12	15	27 9.9%
Chemische Technologie, Kunststofftechnik	23	24	47 17.3%
Bauingenieurwesen	21	32	53 19.5%
Maschinenbau	10	34	44 16.2%
Elektrotechnik	7	24	31 11.4%
Summe Prozent	122 44.85%	150 55.15%	272 100.0%

Tabelle A3: Faktorenladungen von „Technik" im Semantischen Differential

ITEMS	FAKTOR 1	FAKTOR 2 (EVALUATION)	FAKTOR 3*
AGGRESSIV	-.55135		
AKTIV		-.40810	
BEWEGLICH		-.53042	
EGOISTISCH	-.31017	.40329+	
ERNST	-.32798		.52718
GEFUEHLVOLL	.52315		
GEHEMMT		.45131+	.35080
GEORDNET			.69269
GESELLIG		-.44884+	
HART	-.54384		
HERRISCH	-.50691		
KLAR			.60955
KRANK		.67133+	
LAUT	-.51374		
MISSMUTIG		.55064+	
MUEDE		.55161+	
NACHGIEBIG	.56433		-.30072

(*Fortsetzung von Tabelle A3*)

ITEMS	FAKTOR 1	FAKTOR 2 (EVALUATION)	FAKTOR 3
OFFEN		-.44652	
SANFT	.49753		
SCHWACH	.45699		
SPARSAM			.37629
TRAURIG		.56842+	
VERSCHWIEGEN			
VERTRAEUMT	.38432		-.55326
ZART	.50938		

* Ergebnis der Hauptkomponentenanalyse nach VARIMAX-Rotation (aufgeklärte Varianz durch die extrahierten Faktoren: 33.5%)

+ im Evaluationsscore berücksichtigte Items

Tabelle A4: Extrinsische versus intrinsische Studienfachwahlmotivation

			FACHKULTUR				
			Verwaltung	Ingenieurwiss.	Sozialarbeit		Σ w + m
GESCHL	weibl.	MW	-.69	.84	1.49	MW	.75
		SD	.82	1.18	1.34	SD	1.37
		N	36	122	57	N	215
	männl.	MW	-.82	.26	1.20	MW	.31
		SD	1.12	1.22	1.66	SD	1.42
		N	28	150	43	N	221
	Σ Fachkultur	MW	-.75	.51	1.37	ΣΣ MW	.53
		SD	.96	1.23	1.48	SD	1.41
		N	64	272	100	N	436

MW = Mittelwert; SD = Standardabweichung; N = Anzahl der Befragten.

Tabelle A5: Gruppenzugehörigkeit der technikfernen und techniknahen Personen

Verteilung der *technikfernen* Personen auf die Untergruppen:

Gruppe	Häufigkeit	Prozent	Skalenwert
Verwaltung (weibl.)	24	20.5	
Verwaltung (männl.)	10	8.5	
Ingenieurwiss.(weibl.)	21	17.9	6 - 7
Ingenieurwiss.(männl.)	16	13.7	
Sozialarbeit (weibl.)	32	27.4	
Sozialarbeit (männl.)	14	12.0	
	117	100.0	

Verteilung der *techniknahen* Personen auf die Untergruppen:

Gruppe	Häufigkeit	Prozent	Skalenwert
Verwaltung (weibl.)	0		
Verwaltung (männl.)	5	3.6	
Ingenieurwiss.(weibl.)	46	32.9	
Ingenieurwiss.(männl.)	77	55.0	1 - 3
Sozialarbeit (weibl.)	8	5.7	
Sozialarbeit (männl.)	4	2.9	
	140	100.0	

Abbildung A1: Technikbezug und Fachkultur

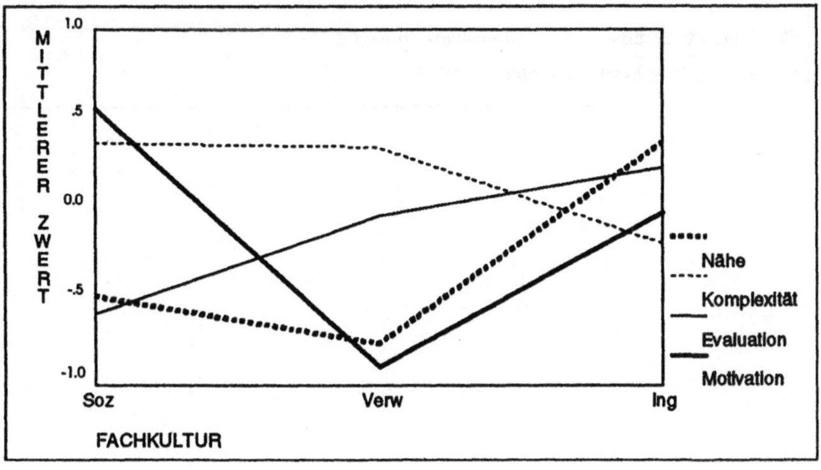

Tabelle A6: Verteilung der Identitätsmuster von Studentinnen der Natur- und Ingenieurwissenschaften nach Studienfächern

		Identitätsmuster				
Studienfächer		„Integration"	„fem.Orientierung"	„Distanzierung"	„Technikorientierung	Summe %
Architektur, Innenarchitektur	b e	8 8.8	4 4.4	10 7.5	4 5.3	26 31.3%
Mathematik, Naturwissenschaften	b e	0 1.3	1 0.7	3 1.2	0 0.8	4 4.8%
Informatik	b e	2 4.0	6 2.0	3 3.5	1 2.5	12 14.5%
Chemische Technologie Kunststofftechnik	b e	9 5.1	0 2.5	2 4.3	4 3.1	15 18.1%
Bauingenieurwesen	b e	4 6.1	3 3.0	0.6 5.2	5 3.7	18 21.7%
Maschinenbau	b e	1 1.0	0 0.5	0 0.9	2 0.6	3 3.6%
Elektrotechnik	b e	4 1.7	0 0.8	0 1.4	1 1.0	5 6.0%
Summe Prozent		28 33.7%	14 16.9%	24 28.9	17 20.5%	83 100.0%

Chi-Quadrat: 34.68 Signifikanz: $p < 0.05$

b = beobachteter Wert, e = erwarteter Wert

GPSR Compliance

The European Union's (EU) General Product Safety Regulation (GPSR) is a set of rules that requires consumer products to be safe and our obligations to ensure this.

If you have any concerns about our products, you can contact us on ProductSafety@springernature.com

In case Publisher is established outside the EU, the EU authorized representative is:

Springer Nature Customer Service Center GmbH
Europaplatz 3
69115 Heidelberg, Germany

Batch number: 10809466

Printed by Printforce, the Netherlands